高等学校计算机教育"十二五"规划教材

Visual FoxPro 数据库基础

刘嘉敏　周　林　主　编

肖　潇　梁艳华　张丽霞　蔡学敬　副主编

李秀苑　彭　博　张庆伟　颜　烨　参　编

王欣如　主　审

中国铁道出版社有限公司

CHINA RAILWAY PUBLISHING HOUSE CO., LTD.

内 容 简 介

本书以 Visual FoxPro 6.0 为平台，从培养应用型人才的角度出发，围绕设计管理信息系统，系统地介绍了关系数据库管理系统的基础理论及应用系统开发知识。全书共分 11 章，内容包括：Visual FoxPro 基础，数据与数据运算，表，数据库，结构化查询语言（SQL）、查询与视图，程序设计基础，表单，菜单，报表与标签，应用程序的开发与发布以及 Visual FoxPro 系统开发案例——工资管理系统等。

本书实例丰富，体系清晰，强调基础，突出应用。内容安排上循序渐进，理论结合实际，特别强调培养学生的数据库应用系统开发能力。

本书适合作为高等学校非计算机专业数据库程序设计类课程教材，也可作为全国计算机等级考试（二级 Visual FoxPro 程序设计）的培训教材和广大计算机爱好者自学 Visual FoxPro 的参考用书。

图书在版编目（CIP）数据

Visual FoxPro 数据库基础 / 刘嘉敏，周林
主编. — 北京：中国铁道出版社，2012.8（2020.1 重印）
高等学校计算机教育"十二五"规划教材
ISBN 978-7-113-15096-9

Ⅰ．①V… Ⅱ．①刘… ②周… Ⅲ．①关系数据库
系统— 数据库管理系统—程序设计—高等学校—教材
Ⅳ．①TP311.138

中国版本图书馆 CIP 数据核字（2012）第 186102 号

书　　名：	Visual FoxPro 数据库基础
作　　者：	刘嘉敏　周　林　主编
策划编辑：	徐学锋
责任编辑：	徐学锋　彭立辉
封面设计：	刘　颖
责任印制：	郭向伟

出版发行：中国铁道出版社有限公司（100054，北京市西城区右安门西街 8 号）
网　　址：http://www.tdpress.com/51eds/
印　　刷：三河市兴达印务有限公司
版　　次：2012 年 8 月第 1 版　　2020 年 1 月第 9 次印刷
开　　本：787mm×1092mm　1/16　印张：18.5　字数：449 千
印　　数：15 301～16 500 册
书　　号：ISBN 978-7-113-15096-9
定　　价：36.00 元

前 言

Visual FoxPro 是适用于微型计算机系统的最优秀的小型关系数据库管理系统之一，它具有强大的性能、丰富的工具、较快的处理速度、友好的界面以及完备的兼容性等特点，备受众多计算机用户的喜爱。

本书以 Visual FoxPro 6.0 为平台，从培养应用型、技能型人才的角度出发，围绕设计管理信息系统，系统地介绍了关系数据库管理系统的基础理论、基本操作及应用系统开发知识。本书共分 11 章：其中，第 1 章讲述数据库理论的基础知识及 Visual FoxPro 数据库管理系统的初步知识；第 2 章讲述 Visual FoxPro 的基本语法和常用的命令及函数；第 3 章讲述表的基本操作；第 4 章讲述数据库的使用与设置；第 5 章讲述结构化查询语言（SQL）、查询和视图，包括数据的定义、数据的操作、数据的查询以及建立视图和查询的各种方法；第 6 章讲述程序设计基础知识，通过对程序设计的基本概念、结构和流程的介绍，使读者了解程序设计的一般方法；第 7 章讲述表单程序设计，主要介绍表单的创建方法，表单的属性、事件和方法的定义，以及表单可容纳的常用的控件的主要功能、属性、事件以及事件和方法代码的设计；第 8 章讲述菜单，主要介绍菜单的创建方法、菜单选项功能的定义，以及菜单的调用方法；第 9 章讲述报表与标签，包括利用报表设计器、报表向导创建各类格式不同报表，以及报表的修改方法；第 10 章讲述应用程序的开发与发布；第 11 章讲述"工资管理系统"案例的开发过程。

本书根据教育部非计算机专业计算机基础课程教学指导委员会提出的《关于进一步加强高校计算机基础教学的几点意见》，并参考教育部考试中心最新颁发的全国计算机等级考试大纲（二级 Visual FoxPro 程序设计）的要求，结合目前高等学校非计算机专业学生的实际情况，融汇作者多年从事数据库教学和程序设计开发的实践经验编写而成。本书实例丰富，体系结构清晰，强调基础，突出应用。在内容安排上力求循序渐进，理论结合实际，特别强调培养学生开发数据库应用系统的能力。

本书适合作为高等学校非计算机专业数据库程序设计类课程教材，也可作为全国计算机等级考试（二级 Visual FoxPro 程序设计）的培训教材和广大计算机爱好者自学 Visual FoxPro 的参考用书。

本书由刘嘉敏、周林任主编，肖潇、梁艳华、张丽霞、蔡学敬任副主编，王欣如主审。其中，第 1 章由蔡学敬编写，第 2 章、第 5 章、第 6 章、第 11 章和附录部分由周林编写，第 3 章和第 4 章由肖潇编写，第 7 章和第 8 章由梁艳华编写，第 9 章和第 10 章由张丽霞编写，李秀苑参与了部分例题程序的调试工作。

本书在编写过程中得到了中国铁道出版社和重庆大学的深切关心和大力支持，在此一并表示诚挚的谢意。

在编写过程中，我们力求做到严谨细致、精益求精，但由于时间仓促，编者水平有限，书中难免有疏漏和不妥之处，恳请广大读者与同仁批评指正。

编 者
2012 年 6 月于重庆

目　录

第1章

数据库概述

Visual FoxPro 6.0（简称 VFP 6.0）是 Microsoft 公司推出的基于 Windows 操作系统的 32 位关系数据库管理系统，也是目前微机上最优秀的数据库管理系统之一。它除了支持面向过程的程序设计方法外，还支持面向对象的可视化程序设计方法。采用面向对象的可视化程序设计方法，能简化应用系统的开发过程，提高系统的模块性和紧凑性。本章主要介绍数据库的基本知识、关系数据库的基本特点、Visual FoxPro 6.0 语言及开发环境。

1.1　数据库的基本知识

数据库是按一定方式把相关数据组织、存储在计算机中的数据集合。可以形象地将数据库看成存储数据的仓库，但是这个仓库不仅存储数据，还存储数据间的联系。

1.1.1　数据与信息

数据是指表达信息的某种物理符号，在计算机中，数据是指能被计算机存储和处理的、反映客观事物的物理符号序列。数据不仅包括各种文字或字符组成的文字形式的数据，还包括图形、图像、动画、声音、影像等多媒体数据。数据形式可以是多样的，例如，学号、姓名、年龄、性别、班级、手机号码等都是数据。

信息是对客观世界的抽象描述，泛指通过各种方式传播的、可被感受的声音、文字、图像、符号等所表征的某一特定事物的消息、情报或知识。表达信息的符号可以是数字、字母、文字和其他特殊字符组成的文本形式的数据，也可以是图形、图像、动画、影像、声音等多媒体数据。

信息=数据+处理。数据反映信息，而信息依靠数据来表达。同一信息可以有不同的数据表示方式。

1.1.2　数据库技术的发展

数据库技术是 20 世纪 60 年代末兴起的一种数据管理技术，用于研究在计算机环境下如何合理组织数据、有效管理数据和高效处理数据。数据处理的核心问题是数据管理，随着计算机和数据管理的需要而不断发展，经历了人工管理、文件系统、数据库系统这 3 个阶段。

1. 人工管理阶段（20 世纪 50 年代）

在人工管理阶段，计算机主要用于科学计算，外存储器只有卡片、纸带、磁带等，没有磁盘等可以直接访问、存储的硬件存储设备；软件方面，没有对数据进行管理的软件，只能使用应用程序管理数据，且数据只能包含在计算、处理它的程序中，一组数据对应于一个程序，数据不能共享、也不具有独立性，如图 1-1 所示。

2．文件系统阶段（20 世纪 60 年代）

在 20 世纪 50 年代后期至 60 年代中期，计算机技术有了很大的发展。硬件方面，有了可以直接存取的大容量磁盘，数据可保存在磁盘上，可重复使用；软件方面，出现了操作系统和高级编程语言。在这一阶段，计算机开始大量应用于各种数据处理、管理工作，有了程序文件和数据文件的区别，程序和数据具备独立性，数据存储在数据文件中，由文件管理系统使用数据，如图 1-2 所示。

在这一阶段，由于文件系统中的数据文件是为了满足特定目的而有针对性设计的，为特定的程序所使用，从而造成数据文件和程序文件相互依赖，程序和数据之间的独立性差。同一数据可能出现在多个文件中，数据具有共享性，但共享性差、独立性差、冗余度大；由于不能统一更新数据，容易造成数据的不一致性。

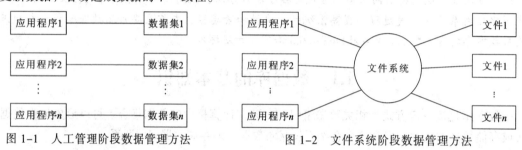

图 1-1　人工管理阶段数据管理方法　　　　　图 1-2　文件系统阶段数据管理方法

3．数据库系统阶段（20 世纪 70 年代）

文件系统虽然数据具有共享性，但共享性差、独立性差，冗余度高而被数据库系统所代替。数据库技术面向整个系统组织数据，能够有效地管理和存取大量的数据资源，允许多个应用程序存取数据，实现数据共享，减小数据的冗余度，提高了数据的完整性和一致性，如图 1-3 所示。

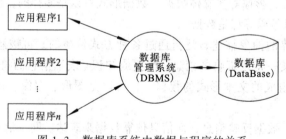

图 1-3　数据库系统中数据与程序的关系

在 20 世纪 60 年代末，美国 IBM 公司成功地研制出第一个商品化的数据库系统 IMS（Information Management System）系统，以后又相继出现了 dBASE、FoxBASE、FoxPro、VFP 等数据库系统，如图 1-4 所示。

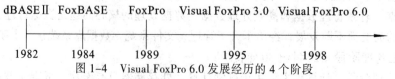

图 1-4　Visual FoxPro 6.0 发展经历的 4 个阶段

1.1.3　数据库系统的组成

数据库系统（见图 1–5）是指引进数据库技术后的计算机系统，该系统包括硬件系统、数据库集合、数据库管理系统（DBMS）及相关软件、数据库管理员（DBA）和用户 4 个部分。各个组成部分之间相互配合和依赖，构成一个完整的系统，为用户提供数据处理服务。

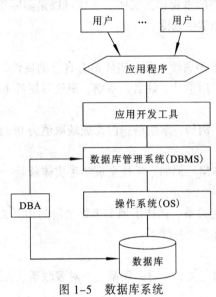

图 1–5　数据库系统

各组成部分说明如下：

① 硬件系统：运行数据库系统需要的计算机硬件平台（主机和外设）。

② 数据库集合：统一管理的相关数据的集合，包含若干设计合理、满足客户应用要求的数据库。

③ 数据库管理系统及相关软件：包括操作系统、数据库管理系统、数据库应用系统，以及作为主语言的高级语言和编译系统等。

④ 数据库管理员（DBA）和用户：具有较高计算机应用技术水平，对数据库系统进行全面维护和管理的工作人员称为数据库管理员。用户就是指使用数据库中数据的人员。

1.1.4　数据库系统的特点

与前两个阶段相比，数据库系统有以下特点：

① 数据结构化，便于对数据进行统一控制和管理。

② 数据共享性高，冗余性低，易扩充。

③ 数据独立性高，弱化了应用程序和数据结构之间的相互依赖性。

④ 数据由 DBMS 统一管理和控制，DBMS 提供了并发访问控制、安全性控制、完整性控制。

1.2　数　据　模　型

数据模型是用来描述现实世界中的事物及其联系的，它将数据库中的数据按照一定的结构组织起来，以反映事物本身及事物之间的各种联系。例如，学校教学系统中的教师、学生、课程、成绩都是相互联系的。

1.2.1　数据模型的基本概念

1. 实体

客观存在并可以相互区别的事物称为实体。实体可以是实际事物，如教师、学生、课程、成绩；也可以是抽象事物，如学生选课。

2. 属性

实体所具有的某一特性称为属性。每个实体都有自己的属性，并且不同实体间可以通过属性加以区分。例如，学生可以用学号、姓名、系别、班级等属性来描述。

3. 域

属性的取值范围称为域。例如，学生的一门课成绩取值为 0～100 之间。

4. 实体集

同型实体的集合称为实体集。例如，学校全班学生实体就是一个实体集。

5. 联系

联系是指实体之间的对应关系，描述了现实事物之间的相互关联。例如，一个班级可以有多个学生，一个教研室可以有多个教师。

6. 实体间的联系

实体集之间的联系可分为三类：一对一联系、一对多联系、多对多联系，如图 1-6 所示。

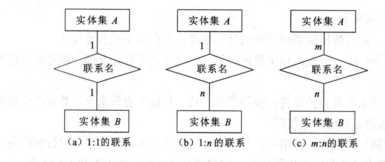

图 1-6　实体集间联系

（1）一对一联系

若实体集 A 中的每一个实体在实体集 B 中至多只有一个实体相对应，反之亦然，则称实体集 A 与实体集 B 有一对一联系，记为 1:1。例如，实体集学校与实体集校长之间的联系就是 1：1 的联系。

（2）一对多联系

实体集 A 中的一个实体与实体集 B 中有 n 个实体相对应，反之实体集 B 中的一个实体最多与实体集 A 中的一个实体相对应，则称实体集 A 与实体集 B 有一对多联系，记为 1:n。例如，实体集学校与实体集教师之间的联系为一对多的联系。

（3）多对多联系

实体集 A 中的一个实体与实体集 B 中的 n 个实体相对应，反之实体集 B 中的一个实体与实体集 A 中的 M 个实体相对应，则称实体集 A 与实体集 B 有多对多联系记为 m:n。例如，教师实体集与学生实体集之间的联系、学生实体集和课程实体集之间的联系均是多对多的联系。

1.2.2　概念模型及其表示方法

概念模型主要用于表示数据的逻辑特性，如实体、属性和联系，描述静态数据结构的概念模式。最常见概念模型是实体-联系（E-R）模型。实体集用矩形框表示，联系用菱形框表示，属性用椭圆形框表示。例如，学生-课程实体集之间的联系用 E-R 图表示，如图 1-7 所示。

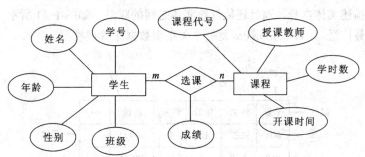

图 1-7　学生-课程实体集 E-R 图

1.2.3　常用的数据模型

目前，数据库领域中较常用的数据模型是层次模型、网状模型、关系模型和面向对象模型。

1. 层次模型

层次模型是用树形结构表示实体及其联系的数据模型，树的结点是实体，树枝是联系，实体之间的联系是 1:n 联系（包括 1:1 联系），如图 1-8 所示。数据库的数据模型如果满足以下两个条件，就称为层次模型。

① 有且仅有一个结点无父结点，该结点称为根结点。
② 其他结点有且仅有一个双亲。

2. 网状模型

使用网状结构来表示实体及实体之间联系的模型称为网状模型，实体间可以是多对多的联系，如图 1-9 所示。数据库的数据模型如果满足以下两个条件，就称为网状模型。

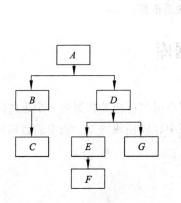

图 1-8　层次模型

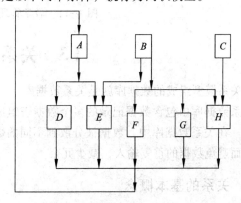

图 1-9　网状模型

① 一个结点可以有多于一个的双亲结点。

② 可以有一个以上的结点没有双亲结点。

3．关系模型

关系模型是一种以关系数据理论为基础的数据模型，用二维表格表示实体集中的实体之间的联系，如图 1-10 所示。一个二维表就是一个关系，抽象地讲，就是定义在事物或对象的所有属性域上的多元关系，关系的一般表示形式为：关系名（属性名 1，属性名 2，…，属性名 n）。一个关系不仅能描述实体本身，而且还能反映实体之间的联系，如图 1-11 所示。模型简单、使用方便，应用也最广泛。 Visual FoxPro 是一个关系型数据库管理模型。

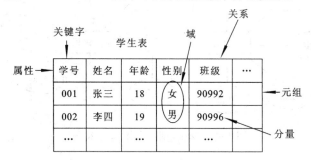

图 1-10　关系模型：学生表（学号、姓名、年龄、性别、班级…）

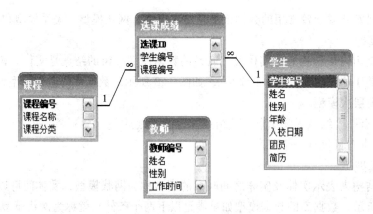

图 1-11　教学管理系统关系模型

1.3　关系数据库

由关系模型组成的数据库就是关系数据库。

关系数据库由包含数据记录的多个数据表组成，用户可在有相关数据的多个表之间建立相互联系。在关系数据库中，数据被分散到不同的数据表中，以便使每一个表中的数据只记录一次，从而避免数据的重复输入，减少冗余。

1.3.1　关系的基本概念

1．关系与表

关系的逻辑结构就是一张二维表，如课程表、成绩表。表是存放一组同类实体的集合。在

Visual FoxPro 中，一个关系存储为一个文件，文件扩展名为 dbf，称为"表"。对关系的描述为关系模型，一个关系的模式对应一个关系的结构，其格式为：关系名（属性名 1，属性名 2，…，属性名 n），在 VFP 中表示为表结构：表名(字段名 1,字段名 2,…,字段名 n)。

2．元组

二维表中，水平方向的行称为元组，在 Visual FoxPro 中称为记录，即一条记录就是一个元组。

3．属性

表中的一列称为一个属性,每一列有一个属性名。每个属性有属性名、数据类型、宽度，在 Visual FoxPro 中表示为字段。

4．域

域指属性的取值范围，不同的属性有不同的取值范围，取不同的域。例如，职工表中，年龄的取值范围是 18～60 岁。

5．主关键字（Primary Key，PK）

用来唯一标识表中记录的字段（属性）或字段（属性）的组合，其值能唯一确定一个记录。例如，学生表中的学号字段就是主关键字。

6．候选关键字

满足关键字特性的最小属性组合都称为候选关键字。每个关系都必须选择一个候选关键字作为主关键字。

7．外部关键字（Foreign Key，FK）

如果表中的一个字段不是本表的主关键字或候选关键字，而是另外一个表的主关键字或候选关键字，则这个字段就称为外部关键字。例如，成绩表中的学号可以作为外部关键字，可以与学生表进行联接。

1.3.2　关系的基本特点

关系的基本特点如下：

① 关系必须规范化，即每一个关系模式都必须满足一定的要求。每个属性必须是不可分割（每个字段必须是初等项）的原子数据，表中不再包含表。

② 在同一类关系中不能出现相同的属性名，即一个表中不能有相同的字段名（列唯一）。

③ 关系中不允许有完全相同的元组，即行唯一。

④ 在一个关系中元组的次序无关紧要，即行次序可以任意交换。

⑤ 在一个关系中列的次序无关紧要，即列次序可以任意交换。

1.3.3　关系运算

在对关系数据库进行查询时，为了找到用户需要的数据，需要对关系进行一定的运算，这些关系以一个或两个关系作为输入，结果将产生一个新的关系。关系的基本运算有两类：一类是传统的集合运算；另一类是专门的关系运算（选择、投影、联接）。关系运算主要是指选择、投影、联接 3 种运算。

1．传统的集合运算

传统的集合运算主要是指并、差、交 3 种运算，进行运算的关系须有相同的结构。

（1）并运算

假设有 n 元关系 R（见图 1-12）和 n 元关系 S（见图 1-13），它们相应的属性值取自同一个域，则它们的并运算结果仍然是一个 n 元关系，它由属于关系 R 或属于关系 S 的元组组成，并记为 $R \cup S$，如图 1-14 所示。并运算满足交换律，即 $R \cup S$ 与 $S \cup R$ 是相等的。

（2）差运算

假设有 n 元关系 R 和 n 元关系 S，它们相应的属性值取自同一个域，则 n 元关系 R 和 n 元关系 S 的差运算结果仍然是一个 n 元关系，它由属于关系 R 而不属于关系 S 的元组组成，并记为 $R-S$，如图 1-15 所示。差运算不满足交换律，即 $R-S$ 与 $S-R$ 是不相等的。

（3）交运算

假设有 n 元关系 R 和 n 元关系 S，它们相应的属性值取自同一个域，则它们的交运算结果仍然是一个 n 元关系，它由属于关系 R 且又属于关系 S 的元组组成，并记为 $R \cap S$，如图 1-16 所示。交运算满足交换律，即 $R \cap S$ 与 $S \cap R$ 是相等的。

A	B	C
A_1	B_1	C_1
A_1	B_2	C_2
A_2	B_2	C_1

图 1-12　关系 R

A	B	C
A_1	B_2	C_2
A_3	B_3	C_2
A_2	B_2	C_1

图 1-13　关系 S

A	B	C
A_1	B_1	C_1
A_1	B_2	C_2
A_2	B_2	C_1
A_1	B_3	C_2

图 1-14　$R \cup S$

A	B	C
A_1	B_1	C_1

图 1-15　$R-S$

A	B	C
A_1	B_2	C_2
A_2	B_2	C_1

图 1-16　$R \cap S$

2．专门的关系运算

专门的关系运算主要有选择、投影、联接等运算。

（1）选择

选择运算是在指定的关系中找出满足给定条件的元组（选行操作），构成一个新的关系，而这个新的关系是原关系的一个子集，条件由逻辑表达式给出。例如，显示总分在 400 分以上的考试记录，所进行的操作就是选择操作。

（2）投影

投影运算是从给定关系中选出所需的若干字段（选列操作），通过投影运算可以从一个表中选择出所需要的字段成分，并且按要求排列成一个新的关系。例如，显示学生表中的学号、姓名、特长 3 个字段组成的新表，进行的操作就是投影操作。

（3）联接

联接运算就是从两个关系中选取满足联接条件的元组，组成新关系，它是关系的横向结合。例如，从学生表和成绩表中按对应学号相同条件给出学号、姓名、成绩，所进行的操作就是联接操作。

1.4 Visual FoxPro 系统概述

1.4.1 Visual FoxPro 的特点

1．简单、易学、易使用

Visual FoxPro 改进了用户界面，提供了标准的 Windows 程序界面，建立字段、填入数据、修改数据、查询数据库、程序设计都在不同的窗口中完成；提供了"向导"、"生成器"和"设计器"3 种工具，使用图形交互界面方式，能帮助用户能够快速完成数据操作任务。Visual FoxPro 添加了新的"应用程序向导"，其提供了新的 Project Hook 对象，改进了的应用程序框架功能可以使用户的应用程序更有效率。VFP 6.0 中还添加了一些功能来增强开发环境，以便更容易地向应用程序中添加有效功能，另外还提供了更多、更好的生成器、工具栏和设计器等，这些工具可以帮助用户快速开发应用程序。可以借助"项目管理器"创建和集中管理应用程序中的任何元素；也可以访问所有向导、生成器、工具栏和其他易于使用的工具。

2．功能更强大

Visual FoxPro 有大型数据库的框架结构，数据库把有关系的表组合在一起，关系清晰、合理、处理方便。采用了可视化编程方法，大大简化了开发人员的工作，在用户编辑表单、报表、菜单时，可以直接运行，极为方便。

Visual FoxPro 仍然支持标准的面向过程的程序设计方式，但更重要的是它现在提供真正的面向对象程序设计的能力。借助 Visual FoxPro 的对象模型，用户可以利用面向对象程序设计的编程特性：继承性、封装性、多态性和子类；用户也可以自定义类。Visual FoxPro 支持数量众多的 ActiveX 控件，在 VFP 中可以充分利用现成的控件资源节省投入成本，加快开发进度，提升软件功能。

3．增强的网络应用功能

可以开发客户/服务器（Client/Server）解决方案，增强客户/服务器性能。利用微软的 ODBC 驱动程序，还可存取其支持的数据库。因此，可将自己的数据库与远端联接，存取远端数据库的数据，构成 Client/Server 的设计结构。

1.4.2 Visual FoxPro 的安装

1．通过 CD-ROM 驱动器安装

操作步骤如下：

① 将 VFP 系统光盘插入 CD-ROM 驱动器中。

② 采用以下 2 种方法之一：

- 通过"我的电脑"或"资源管理器"找到 setup.exe 文件，双击该文件以后，按照安装向导的进一步提示完成安装即可。
- 单击"开始"按钮，选择"运行"命令，输入光盘盘符:\setup.exe 并按【Enter】键，运行安装向导，并按照安装向导的进一步提示完成安装即可。

2．在网络上用 CD-ROM 安装

对于网络上的用户，可以实现资源共享，按照如下方法进行安装：

① 将 CD 插入与网络相连的工作站共享的 CD-ROM 驱动器中。

② 在"资源管理器"的目录中，选择"映射网络驱动器"将 CD-ROM 进行映射。

③ 在"资源管理器"的目录中，选择映射的驱动器，找到并运行 setup.exe 文件。

④ 按照安装向导，选择安装形式并完成安装。

1.4.3　Visual FoxPro 的启动、退出及界面组成

1．Visual FoxPro 6.0 启动

用以下方法之一就可以启动 VFP：

① 双击桌面上的 VFP 6.0 图标。

② 选择"开始"→"程序"→"Microsoft Visual FoxPro 6.0"命令。

2．Visual FoxPro 6.0 退出

采用以下方法之一就可以退出 VFP：

① 单击右上角关闭按钮。

② 选择"文件"菜单中的退出命令。

③ 在命令窗口中输入 quit，然后按【Enter】键。

④ 按【Alt+F4】组合键。

⑤ 双击主窗口左上角的控制菜单。

3．Visual FoxPro 6.0 界面

当启动 VFP 后就进入如图 1-17 所示的 VFP 主窗口。

VFP 的主窗口主要由标题栏、菜单栏、工具栏、主窗口、命令窗口、状态栏 6 部分组成。

1．标题栏

用于显示 Microsoft Visual FoxPro 并且有 3 个常用的按钮，分别是关闭按钮、最大化按钮、最小化按钮。

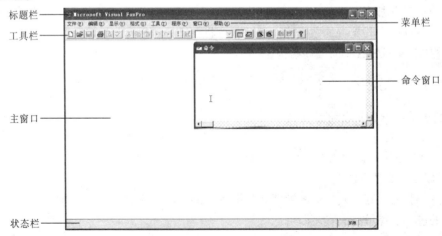

图 1-17　Visual FoxPro 主窗口

2．菜单栏（主菜单）

菜单栏提供了多种选项供用户选择，如图 1-17 所示。每个选项都有下拉菜单，下拉菜单又提供了多个选项供用户使用。VFP 菜单是动态可变的，根据 VFP 状态的不同，菜单栏中的选项及各下拉菜单的选项会有一些变化。

3. 工具栏

工具栏由若干个按钮组成，也称为常用工具栏，每个按钮实现一个功能或命令供用户方便地使用。除常用工具栏以外，VFP 还有若干个其他的工具栏。在编辑相应的文档时可根据需要定制、编辑、隐藏、创建工具栏，这将在后续章节中加以介绍。

4. 命令窗口

可以输入、编辑、执行命令。

5. 主窗口

用于显示结果。

6. 状态栏

显示当前的状态，显示对用户有用的信息。

1.5 Visual FoxPro 系统基本操作

1.5.1 Visual FoxPro 的操作方式

1. 菜单操作方式

菜单操作方式是 Visual FoxPro 的一种重要的工作方式，大部分功能都可以通过菜单操作来实现，在图形用户界面下，菜单操作实际上就是对菜单项和对话框的综合运用。

（1）选择菜单项

要选择菜单栏中的某一菜单项时，只要用鼠标单击该菜单项，或者同时按下【Alt】键和选项的带下画线的字母，即可弹出该菜单项菜单。例如，选择"文件"菜单项或按【Alt+F】组合键，即可弹出"文件"菜单。

（2）对话框的使用

对话框实际上是一个特殊的窗口，它可以用来要求用户输入某些信息或做出某些选择，对话框通常由文本框、列表框、单选按钮、复选框、命令按钮等部件组成。用鼠标实现对话框的操作很方便，只要将鼠标指针移到对话框中的选项处，单击即可。

2. 命令操作方式

启动 Visual FoxPro 后，命令操作窗口就出现在主窗口上，光标停留在命令窗口等待命令的输入，这时就进入命令操作方式。在命令窗口可以直接运行程序，也可以直接输入命令。

1.5.2 Visual FoxPro 系统环境的设置

一般情况下，Visual FoxPro 6.0 中是按系统默认的配置来设置的，但是由于不同用户或不同应用程序对系统环境有着不同的要求，因此进入 VFP 系统后，有时需要对系统默认环境进行修改，以满足个人化的要求。对 VFP 系统环境所做的配置，可以分为临时配置和永久配置两种。临时配置信息保存在内存中，重新启动 VFP 后不再有效；永久配置信息保存在 Windows 的注册表中，重新启动 VFP 时作为系统默认设置。配置 VFP 系统环境通常有 4 种途径：

1. 执行 SET 命令

在命令窗口或程序中执行 SET 命令，如 SET STATUS BAR OFF 和 SET CLOCK ON。通过此种方式进行的配置为临时配置。

2．执行菜单命令

选择"工具"→"选项"命令进行配置。在配置结束时，如果单击了"设置为默认值"按钮，则为永久配置，否则为临时配置。

3．更改 Windows 注册表

使用 Windows 的注册表编辑器（Regedit.exe）配置 VFP 系统环境，通过此种途径的配置为永久配置。操作过程如下：

① 选择"开始"→"运行"命令，输入 Regedit.exe，单击"确定"按钮后进入"注册表编辑器"程序。

② 在"注册表编辑器"中，使 HKEY_CURRENT_USER\Software\Microsoft\VisualFoxPro\6.0\Options 成为当前表项，在右窗口中找到要修改的"名称"，在其右键菜单中选择"修改"命令，输入新值。

4．编写 CONFIG.FPW 文件

CONFIG.FPW 是文本文件，可以通过 Windows 的记事本程序或 VFP 的程序编辑器进行创建和编辑。其方法为：

（1）SET 命令

VFP 中 SET 命令可归结成 SET<关键字> <值>和 SET<关键字> TO <值>两种形式。例如，在 SET STATUS BAR ON | OFF 命令中，关键字为 STATUS BAR，值为 ON 或 OFF；SET 开头命令写入 CONFIG.FPW 中的格式为：<关键字> = <值>。

（2）专用术语

格式为：<术语名>= <值>。常用专用术语有：

① INDEX = <单独索引文件扩展名>：系统默认单独索引文件扩展名为 IDX，使用此项，可以指定其他扩展名。例如，在 CONFIG.FPW 中加入：INDEX=NTX，将单独索引文件的默认扩展名设为 NTX。

② Title = <字符串>：改变主窗口标题内容。例如，在 CONFIG.FPW 中加入：Title=学习 VFP，将主窗口标题内容变为"学习 VFP"。

③ MVCOUNT = <内存变量个数>：设置可以同时使用的最多内存变量个数，系统默认值是 1 024，取值范围从 128～65 000。例如，在 CONFIG.FPW 中加入：MVCOUNT =512，将允许同时使用 512 个内存变量。

④ COMMAND = <命令>：用于设置启动 VFP 后要执行的第一条命令。例如，在 CONFIG.FPW 中加入：COMMAND= _Screen.Caption = "学习 VFP"，重新启动 VFP 后，主窗口标题变为"学习 VFP"；在 CONFIG.FPW 文件中加入：COMMAND = DO FORM MainForm.scx，重新启动 VFP 后立即打开表单 MainForm.scx。在 Config.fpw 文件中写多条 COMMAND 时，只有最后一条生效。

1.5.3　Visual FoxPro 的向导、生成器和设计器

1．向导

向导是一个交互式程序，能帮助用户快速完成一般性的任务，如创建表单、设置报表格式、建立查询等。用户通过选择"文件"→"新建"命令，弹出"新建"对话框，选择某种类型的文件后，单击"向导"按钮，可启动向导创建相应的文件。也可以利用"工具"→"向导"子菜单，直接访问某类向导。启动向导后，用户可以通过在每一系列屏幕的显示内容，回答问题

和选择选项，最后单击"完成"按钮，退出向导，就建立了一个文件。Visual FoxPro 6.0 几乎为所有的设计对象都提供了向导，其所提供的向导如表 1-1 所示。

表 1-1 Visual FoxPro 向导

向 导 名 称	功 能 说 明
项目向导	快速创建一个 Visual FoxPro 项目
数据库向导	快速创建一个 Visual FoxPro 的数据库
表向导	快速创建一个 Visual FoxPro 的自由表
查询向导	快速创建一个标准的查询或图形等特殊的查询
表单向导	快速创建一个表或多个表的表单
报表向导	快速创建一个表或多个表的报表
标签向导	快速创建一个标签
视图向导	快速创建一个本地或远程试图

2. 生成器

VFP 的生成器是带有选项卡的对话框，用于简化表单、复杂控件和参照完整性代码的创建和修改过程。每个生成器显示一系列选项卡，用于设置选中对象的属性。在 Visual FoxPro 中，由于操作对象的不同，启动生成器的方式也有所不同，启动生成器的常用方式是右击操作对象，在弹出的快捷菜单中选择"生成器"命令。Visual FoxPro 常用生成器如表 1-2 所示。

表 1-2 Visual FoxPro 常用的生成器

生 成 器 名 称	功 能 说 明
文本框生成器	使用该生成器设置文本框的格式、样式和值
组合框生成器	使用该生成器设置组合框的列表项、样式、布局和值
列表框生成器	使用该生成器设置列表框的列表项、样式、布局和值
编辑框生成器	使用该生成器设置编辑框的格式、样式和值
命令按钮组生成器	使用该生成器设置命令按钮组的按钮和布局
选项按钮组生成器	使用该生成器设置选项按钮组的按钮、布局和值
表单生成器	使用该生成器设置表中字段的选取和样式
表格生成器	使用该生成器设置表格的表格项、样式、布局和关系
表达式生成器	使用该生成器设置生成 Visual FoxPro 表达式
参照完整性生成器	指定当表中进行插入、删除、更新操作时如何保证数据参照完整性

3. 设计器

VFP 提供了各类设计器，利用这些可视化的设计工具，用户无须涉及命令即可快速、方便地创建并定制应用程序的组件，如表、表单、报表、查询等，为用户进行项目的设计和开发提供了极大帮助。Visual FoxPro 提供的各类设计器名称和功能如表 1-3 所示。

表 1-3　Visual FoxPro 设计器

生 成 器 名 称	功 能 说 明
表设计器	创建或修改自由表或数据库表，并在其上建立索引
数据库设计器	设置数据库，显示数据库中的表和视图，查看并创建表间关系
表单设计器	帮助用户创建、修改表单和表单集
数据环境设计器	只用于表单及报表，用来添加或显示表单和报表所需的表
报表设计器	创建和修改报表，预览和打印报表
标签设计器	创建和修改标签
查询与视图设计器	创建和修改查询、视图及显示相应的 SQL 语句
菜单设计器	创建和修改菜单或快捷菜单，预览和运行菜单
联接设计器	创建远程视图的联接

1.5.4　Visual FoxPro 的主要文件类型

Visual FoxPro 6.0 具有多种类型的文件，不同类型的文件以文件扩展名来标识和区别，分别表示其特定的内容和用途。表 1-4 列出了 Visual FoxPro 6.0 中常见的文件类型。

表 1-4　Visual FoxPro 文件类型

扩 展 名	文件类型	扩 展 名	文件类型
.app	应用程序文件	.fxp	源程序编译后的文件
.bak	备注文件	.lbx	标签文件
.dbc	数据库文件	.lbt	标签备注文件
.dct	数据库备注文件	.mem	内存变量文件
.dbx	数据库索引文件	.mnx	菜单文件
.dbf	表文件	.mnt	菜单备注文件
.idx	单项索引文件	.mpr	自动生成的菜单源程序文件
.cdx	复合索引文件	.mpx	编译后的菜单程序文件
.dll	动态链接库文件	.pjt	项目备注文件
.err	编译错误的信息文件	.prg	程序文件
.frx	报表文件	.qpr	生成的查询程序文件
.frt	报表备注文件	.scx	表单文件
.exe	可执行文件	.sct	表单备注文件

1.5.5　项目管理器的建立

一个 VFP 应用项目是文件、数据、文档和 VFP 对象的集合，包含多种不同类型的文件，项目管理器将一个应用项目所有文件都集合成一个有机的整体，并以文件的形式存于磁盘上，形成一个扩展名为.pjx 的项目文件，实现相应应用程序文件的有效集中管理。

创建项目文件方法有菜单法和命令法两种。

1. 菜单法

在 D 盘上新建一个文件夹，名称为 VFP。创建一个新项目，名称为"教学"，保存在 VFP

文件夹中。

操作步骤如下：

① 选择菜单栏中的"文件"→"新建"命令，出现如图 1-18 所示的"新建"对话框。

② 选择"项目"单选按钮，然后单击"新建文件"按钮，弹出如图 1-19 所示的"创建"对话框。

③ 在"保存在"下拉列表框中选择"D:"盘，再单击新建文件夹图标 ，则在"D:"盘下新建了一个文件夹，并将其重新命名为 Vfp98。然后，在"项目文件"右侧的文本框中输入"教学"文件名。

④ 单击"保存"按钮，则会启动如图 1-20 所示的"项目管理器"对话框。

图 1-18　"新建"对话框

图 1-19　"创建"对话框

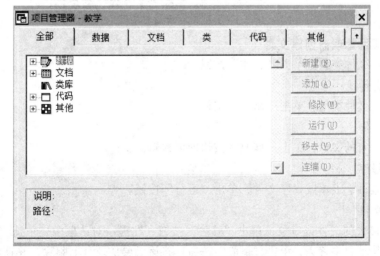

图 1-20　"项目管理器"对话框

2．命令法

在命令窗口输入 CREATE PROJECT，弹出如图 1-19 所示对话框，其余操作过程同菜单法。

1.5.6　项目管理器的使用

项目管理器窗口主要由选项卡与命令按钮组成，如图1-21所示。

（1）选项卡

① 全部：项目管理器中所有的项目。

② 数据：数据库、数据表、查询等。

③ 文档：表单、报表、标签等。

④ 类：类和类库。

⑤ 代码：管理程序、API库、程序代码文件。

⑥ 其他：其他类型文件，如管理菜单、文本文件和其他文件。

（2）命令按钮

项目管理器窗口中的右边有6个命令按钮，这些按钮主要用于对选项卡中的对象进行操作，它们会随着所选选项卡的不同而发生变化。

主要的命令按钮有：新建、添加、修改、运行、移去、连编。

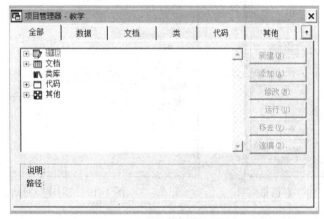

图1-21　项目管理器对话框

1．使用项目管理器创建文件

选择相应的文件类型，单击"新建"按钮。

2．添加文件

选择相应的文件类型，单击"添加"按钮。

3．修改文件

选定一个已有的文件，单击"修改"按钮即可编辑该文件。

4．运行程序

选定一个查询、表单或程序文件，单击"运行"按钮。

5．移去文件

选择需要移去的文件或对象，单击"移去"按钮，在提示对话框中，单击"移去"按钮，将选定的对象从项目中移去；单击"删除"按钮，将该对象从硬盘上删除，并且不可恢复。

6．连编应用程序

把项目编译为应用程序文件或可执行文件。

小　结

本章介绍了 Visual FoxPro 的初步知识，阐述了有关概念、数据模型、关系数据库、系统概述及数据库管理系统的基本操作，重点讲解了关系模型的特点和关系运算。本章内容是开发数据库应用系统必备的基础知识，建议读者在学习过程中经常翻阅。

习　题

一、选择题

1. 数据管理技术的发展经历了 3 个阶段，以下不属于这 3 个阶段的是（　　）。
   A. 人工管理阶段　　　　　　　　B. 数据库系统阶段
   C. 文件系统阶段　　　　　　　　D. 机器管理阶段

2. 下列叙述中（　　）不属于数据库系统的特点。
   A. 数据冗余度高　　　　　　　　B. 数据共享程度高
   C. 数据结构化好　　　　　　　　D. 数据独立性高

3. 数据库（DB）、数据库系统（DBS）、数据库管理系统（DBMS）三者之间的关系是（　　）。
   A. DBMS 包括 DB 和 DBS　　　　B. DB 包括 DBS 和 DBMS
   C. DBS 包括 DB 和 DBMS　　　　D. DBMS 包括 DBS

4. Visual FoxPro 是一种关系数据库管理系统，所谓关系是指（　　）。
   A. 表中各条记录彼此之间有一定的关系
   B. 表中各个字段彼此之间有一定的关系
   C. 一个表与另一个表之间有一定的关系
   D. 数据模型符合满足一定条件的二维表格式

5. Visual FoxPro 数据库管理系统的数据模型是（　　）。
   A. 结构型　　　　B. 关系型　　　　C. 网状型　　　　D. 层次型

6. 在关系运算中，查找满足一定条件的元组的运算称之为（　　）。
   A. 复制　　　　　B. 选择　　　　　C. 投影　　　　　D. 联接

7. 在关系模型中，将两个关系通过共同字段名组成一个新的关系，是（　　）关系运算。
   A. 选择　　　　　B. 投影　　　　　C. 联接　　　　　D. 层次

8. 如果把学生看作实体，某个学生的姓名叫"王刚"，则"王刚"应看成（　　）。
   A. 记录型　　　　B. 记录值　　　　C. 属性型　　　　D. 属性值

9. 在概念模型中，一个实体相对于关系数据库中一个关系中的一个（　　）。
   A. 属性　　　　　B. 元组　　　　　C. 列　　　　　　D. 字段

10. 以下关于项目管理器的叙述中，正确的是（　　）。
    A. 项目管理器是一个大文件夹，包含有若干个小文件夹
    B. 项目管理器是管理各种文件、数据和对象的工具
    C. 项目管理器只管理项目不管理数据
    D. 项目管理器不可以使用向导创建

二、填空题

1. 支持数据库各种操作的软件系统是_____。

2. 在关系数据库中，表格的每一行在 VFP 中称为_____，表格的每一列在 VFP 中称为_____。

3. 从关系中找出满足条件的元组的操作是_____运算。

4. 用实体名及其属性名集合来抽象和刻画同类实体称为_____。

5. 数据模型不仅表示反映事物本身的数据，而且表示_____。

6. 用二维表的形式来表示实体之间联系的数据模型叫做_____。

7. 对关系进行选择、投影或联接运算之后，运算的结果仍然是一个_____。

第2章

数据与数据运算

Visual FoxPro 是进行数据处理强有力的工具，而不同类型的数据处理方式是不同的。根据计算机处理数据的形式来划分，Visual FoxPro 有常量、变量、表达式和函数 4 种形式的数据。常量和变量是数据运算和处理的基本对象，而表达式和函数则体现了语言对数据进行运算和处理的能力及功能。本章将主要介绍 Visual FoxPro 的各种数据的概念以及相应的数据运算。

2.1 数 据 类 型

数据是数据库中存储的基本对象。凡是能够被存储到计算机中可以进行加工、处理的一切原始资料，如文字、图形、图像、声音和动画等都是数据。广义的理解，数据是描述事物的符号记录。

在计算机中处理的数据是各种各样的，每一个数据都有一定的类型。数据类型是简单数据的基本属性，它描述和规定了数据可能取值的范围以及该种数据的存储方式和运算方式。

在 Visual FoxPro 6.0 中，为了使用户建立和操作数据库更加方便，将系统中所处理的数据主要分为 14 种不同的数据类型。其中，既适用于内存变量又适用于字段变量的有如下 6 个。

1. 字符型

字符型（Character）数据用于表示文本信息，不能进行算术运算，用字母 C 表示。字符型数据是由任意中文字符、英文字符、数字字符、空格和其他 ASCII 字符组成的一个字符串，其长度不超过 254 个字节，如"重庆"。

> 注意：一个字符占 1 个字节的存储空间，而一个汉字占 2 个字节的存储空间。

2. 数值型

数值型（Numeric）数据是用于表示数量并可以进行算术运算的数据，用字母 N 表示。数值型数据由数字、小数点和正负号组成，如–725。数值型数据的长度为 1~20 位，在内存中占 8 个字节。

3. 货币型

货币型（Currency）数据是为存储货币值并可以进行货币金额计算的数据，它需要在数字前面加上一个"$"符号，如$237.222。货币型数据一般占用 8 个字节，默认保留 4 位小数，小数位超过 4 位时，系统将进行四舍五入。货币型数据用字母 Y 表示。

4. 逻辑型

逻辑型（Logical）数据是用于描述客观事物真假的数据，表示逻辑判断的结果，如婚否（未婚、已婚）。逻辑型数据只有真（.T.）和假（.F.）两个值，长度固定为 1 位。逻辑型数据用字母 L 表示。

5．日期型

日期型（Date）数据是用于表示日期的数据，如{^2012-12-25}。日期型数据的长度固定为 8 位，默认的输出格式是{mm/dd/yy}，其中，mm 表示月份，dd 表示日期，yy 表示年度。日期型数据用字母 D 表示。

> **注意：** 日期型数据的输出格式有多种，它受系统日期格式设置的影响。

6．日期时间型

日期时间型（Date Time）数据是用于表示日期和时间的数据，如{^1987-9-10 8:30AM}。日期时间型数据的长度固定为 8 位，默认的输出格式是{mm/dd/yy hh:mm:ss am|pm}，其中，mm、dd、yy 的意义与日期型相同，而 hh 表示小时，mm 表示分钟，ss 表示秒数，am 表示上午，pm 表示下午。日期时间型数据用字母 T 表示。

与日期型数据一样，日期时间型数据的输出格式也有很多种，它受系统日期时间格式设置的影响。

Visual FoxPro 6.0 提供的数据类型中，只适用于字段变量的有如下几种：

1．整型

整型（Integer）数据用于存储不包含小数部分的数值型数据，在表中以二进制形式存储，长度为 4 个字节，用字母 N 表示。整型数据的取值范围为 -2 147 483 647 ~ 2 147 483 647。

2．浮点型

浮点型（Float）数据在功能上完全等价于数值型数据，用字母 N 表示。

3．双精度型

双精度型（Double）数据是具有更高精度的一种数值型数据，用于表示双精度浮点类型数据。该数据表示的数据范围远远大于数值型数据和浮点型数据。双精度型数据用字母 N 表示。

4．备注型

备注型（Memo）数据是用来存放内容较多，且长度不确定的文本信息，如个人简历等。备注型数据实质上是用于存储指向一个字符型数据块的指针，备注的实际内容存放在与表文件同名的备注文件中，可以把它看成是字符型数据的特殊形式。

备注型数据的长度固定为 4 个字节，用字母 M 表示。

5．通用型

通用型（General）数据是用于存储 OLE 对象的数据，其中的 OLE 对象可以是电子表格、文档、图片和声音等。通用型数据的字段长度固定为 4 个字节，用字母 G 表示。

6．二进制字符型

二进制字符型（Character Binary）数据的使用方法与字符型数据类似，只是它直接以二进制形式将字符存储在文件中，最多可以存放 254 个字符。二进制字符型数据用字母 C 表示。

7．二进制备注型

二进制备注型（Memo Binary）数据的使用方法与备注型数据类似，只是它直接以二进制形式保存在备注文件中。二进制备注型数据用字母 M 表示。

2.2　常量与变量

在 Visual FoxPro 中，常量和变量是最基本的两种数据表现形式。在进行数据库操作时，需要掌握各种类型常量的表示方法以及变量的命名、赋值等有关操作。

2.2.1　常量

常量是指在程序的运行过程中，其值保持不变的数据。它用于表示一个具体的、固定不变的值。不同类型的常量有不同的书写格式。在 Visual FoxPro 中定义的常量主要有如下几种：

1．数值型常量

数值型常量也就是常数，可以是整数或实数，由数字、小数点和正负号组成，用以表示一个数量的大小。例如，237、222.567、-519。为了表示那些绝对值很大或很小而有效位数不太长的数值型常量，也可以用科学计数法形式书写，例如，用 1E-6 表示 1.0×10^{-6}，用 0.78E15 表示 0.78×10^{15}。

2．字符型常量

字符型常量指用半角单引号''、双引号""或方括号[]括起来的一串字符。这里的单引号、双引号或方括号称为定界符。许多常量都有定界符。定界符虽然不作为常量本身的内容，但它规定了常量的类型以及常量的起始和终止界限。

定界符一般都是成对出现，且必须在英文状态输入。对字符型常量来说，也是如此。不能一边是单引号，而另一边是双引号或方括号。当字符串本身包含某种定界符时，则要选择另一种定界符来作为该字符常量的定界符以示区别。例如，[He said: "I love Chongqing."]是合法的字符串。

> **注意**：不包含任何字符的字符串（""）称为空串，其长度为 0。与包含空格的字符串（"　"）不同，空格串的长度是空格的个数。

3．货币型常量

货币型常量用来表示货币值，书写格式同数值型常量类型，但要在数值前加上货币符号$，如$123.456。

4．逻辑型常量

逻辑型常量用来表示逻辑判断的结果，只有"真"和"假"两种值。在 Visual FoxPro 中，逻辑真用.T.或.t.或.Y.或.y.表示，逻辑假用.F.或.f.或.N.或.n.表示。注意，前后两个圆点作为逻辑型常量的定界符是必需的，不能省略。

5．日期型常量

日期型常量必须用定界符（{}）将数据括起来，如{^2008-8-8}，表示日期数据"2008 年 8 月 8 日"。花括号内包括年、月和日三部分内容，彼此之间用分隔符分隔。分隔符可以是"/"、"-"、"."和空格，其中"/"是系统在显示日期型数据时默认的分隔符。

6．日期时间型常量

日期时间型常量包括日期和时间两部分内容，也必须用定界符（{}）将数据括起来。例如，{^2006-7-15 08:30:25}表示 2006 年 7 月 15 日 8 时 30 分 25 秒。

说明：空白的日期时间常量用{/:}表示。

2.2.2 变量

变量是指在操作过程中或程序的执行过程中其值可以改变的数据。变量在程序代码中对应着一个标识符，在程序运行期间对应着一块内存空间。变量有 3 个要素：变量名、变量值和变量的数据类型。

1. 变量的命名

为了便于变量的使用和管理，每个变量都有一个名称，叫做变量名。在 Visual FoxPro 中，往往通过变量的名称在内存中提取相应的数据，即通过变量名来引用变量的值。变量名的命名规则如下：

① 变量的名字由字母、数字、下画线和汉字组成，只能以字母、下画线或汉字开头，中间不能有空格。

② 长度为 1~128 个字符，每个汉字占 2 个字符。

③ 为避免误解、混淆，不应使用 Visual FoxPro 的系统保留字。所谓系统保留字是指 Visual FoxPro 系统内部使用过的标识符，如 DISPLAY、RELEASE、USE 等。

例如，CCDD_、usename1、姓名等都是合法的变量名；而 5AB、X+Y、JIE CHENG 等都是非法的变量名。

2. 变量的分类

在 Visual FoxPro 中，变量可以分为一般内存变量、系统内存变量、字段变量和数组变量 4 类。

（1）一般内存变量

内存变量是在内存中定义的、一个临时的存储单元，可以用来存放在数据表操作过程中所要临时保存的数据或程序运行的中间结果和最终结果。用户可以通过给内存变量赋值来定义内存变量，其值存储在内存里，一旦程序运行完毕，这些变量大多会自动释放。

（2）系统内存变量

系统内存变量是由系统创建和维护的内存变量。这类变量的名称由系统定义，一般以字符"_"开头。系统内存变量主要用于控制外围设备、屏幕输出格式等方面的信息。

（3）字段变量

字段变量是数据库表文件中的字段名，是属于表文件的，同时也是表中最基本的数据单元。字段变量由用户在建立表结构时所定义，修改表结构时可重新定义或增删字段变量。字段变量是一个多值变量，它的取值就是当前表记录指针所指的那条记录对应字段的值。例如，职工表的结构如图 2-1 所示，则职工表中的职工 id、姓名、性别、出生日期、政治面貌等都是字段变量。

当字段变量与内存变量同名时，字段变量名优先级高于相同名称的内存变量。例如，有字段变量姓名与内存变量姓名，在使用内存变量时，可写成"M.姓名"或"M->姓名"以示区别。

字段变量与内存变量的区别主要有以下 3 点：

① 定义方式不同。字段变量在创建表结构的时候定义；而内存变量使用赋值命令"="或 STORE 进行定义。

② 使用方式不同。字段变量在使用前必须用命令 USE 打开相应的表文件；而内存变量定义后就可以使用。

③ 生存期不同。字段变量是属于表文件的，驻留在外存；而内存变量驻留在内存。

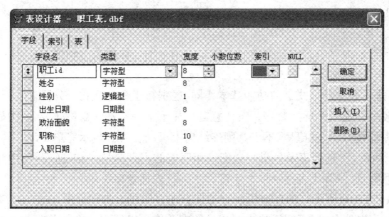

图 2-1　"职工表"表结构

（4）数组变量

数组变量简称数组，是在内存中定义的一种由多个数据元素组成的临时变量。数组中的各个数据元素称为数组元素，可通过下标来访问。

3．内存变量的操作

（1）内存变量的赋值

在 Visual FoxPro 中，有多种命令可以定义内存变量和给内存变量赋值。常用的赋值命令有两种格式：

命令格式 1：<内存变量名>=<表达式>

命令格式 2：STORE <表达式> TO <内存变量名列表>

功能：计算< 表达式>的值并将该值赋给内存变量。

说明：

① 等号一次只能给一个内存变量赋值。STORE 命令可以同时给多个变量赋予相同的值，各个内存变量名之间用逗号隔开。

② 内存变量的数据类型由赋值表达式的类型决定。

③ 可以通过对内存变量重新赋值来改变其内容和类型。

④ 内存变量在使用之前不需要特别声明或定义。

【例 2-1】内存变量的定义和值的输出。

```
R=1                          &&定义数值型变量R并赋值1
BIRTH= {^1997-7-1}           &&定义日期型变量BIRTH并赋值{^1997-7-1}
性别=.T.                      &&定义逻辑型变量性别并赋值.T.
STORE "ABC" TO X,Y,Z          &&对3个内存变量X、Y、Z赋予相同值"ABC"
? R,BIRTH,性别,X,Y,Z          &&主窗口显示结果为: 1 07/01/97 .T. ABC ABC ABC
```

说明：

① 命令后的符号"&&"称为注释符，表示该符号后跟随的是本命令行的注解，它只对命令起注释作用，与命令的执行无关。

② 命令"?"用于显示内存变量的值。

（2）内存变量的显示

如果需要了解当前已定义的内存变量的有关信息，包括变量名、作用域、类型和取值等，可以使用内存变量显示命令。

命令格式 1：DISPLAY MEMORY [LIKE <通配符>][TO PRINTER][TO FILE <文件名>]

命令格式 2：LIST MEMORY [LIKE <通配符>][TO PRINTER][TO FILE <文件名>]

功能：显示当前内存中的内存变量的名称、作用范围、数据类型和值。

说明：

① 命令格式 1 和命令格式 2 的功能基本相同。区别在于命令格式 1 分屏显示所有内存变量，如果内存变量较多，显示一屏后暂停，按任意键后显示下一屏；命令格式 2 一次显示所有内存变量，如果内存变量多，一屏显示不下，则连续向上滚动，直到显示完毕。

② LIKE <通配符>选项表示显示与通配符相匹配的内存变量，在<通配符>中允许使用符号"?"和"*"。通配符"?"代表任意单个字符，"*"代表任意字符串。

③ TO PRINTER 短语可将内存变量的有关信息在打印机上打印出来。

④ TO FILE <文件名>短语用于将内存变量的有关信息以给定的文件名存入文本文件中。

【例 2-2】内存变量的显示。

```
RADIUS=5
AREA=3.14*RADIUS*RADIUS
NAME="重庆大学"
ABC=.T.
CBA="中国职业篮球联赛"
DISPLAY MEMORY LIKE CBA                    &&显示内存变量 CBA
LIST MEMORY LIKE A*                        &&显示所有变量名开头字符为 A 的变量
```

内存变量的显示结果如图 2-2、图 2-3 所示。

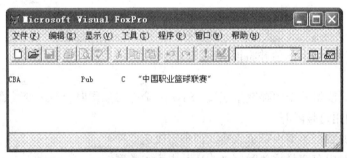

图 2-2　DISPLAY MEMORY LIKE CBA 的显示结果

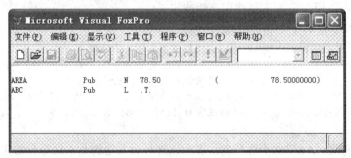

图 2-3　DISPLAY MEMORY LIKE A* 的显示结果

（3）内存变量文件的建立

如果需要将已定义的内存变量的所有信息全部都保存到一个文件中，可以使用建立内存变量文件的命令。

命令格式：SAVE TO <内存变量文件名> [ALL [LIKE|EXCEPT <通配符>]]

功能：将指定的内存变量存入给定的内存变量文件。

说明：

① 内存变量文件的扩展名为.MEM，系统自动为其添加。

② ALL LIKE <通配符>短语表示内存变量中所有与通配符相匹配的内存变量都存入指定的内存变量文件；ALL EXCEPT <通配符>短语表示将所有与通配符不匹配的内存变量都存入指定的内存变量文件。

③ 缺省可选项时，表示将当前所有的内存变量存入指定的内存变量文件。

【例 2-3】内存变量文件的建立。

```
A=1
AA="111"
ABC=$789
SAVE TO FM1                &&将当前所有的内存变量存入名称为 FM1.MEM 的内存变量文件
SAVE TO FM2 ALL LIKE A*    &&将以字符 A 开头的内存变量存入 FM2.MEM
SAVE TO FM3 ALL LIKE ?B*   &&将以第二个字符为 B 的内存变量存入 FM3.MEM
```

（4）内存变量的恢复

内存变量的恢复是指将已存入内存变量文件中的内存变量重新载入内存，其命令格式如下：

命令格式：RESTORE FROM <内存变量文件名> [ADDITIVE]

功能：将指定内存变量文件中的所有内存变量从文件中读出，装入内存中。

说明：[ADDITIVE]表示系统不覆盖内存中现有的内存变量，并附加文件中的内存变量；缺省可选项时，调入的内存变量将覆盖内存中现有的内存变量。

（5）内存变量的清除

在程序设计过程中，为了提高程序的运行效率，有时需要将一些不需要的内存变量清除并释放相应的内存空间。清除内存变量的命令格式如下：

命令格式 1：RELEASE <内存变量名表>

命令格式 2：RELEASE ALL [LIKE|EXCEPT <通配符>]

命令格式 3：CLEAR MEMORY

功能：清除所选择的内存变量并释放内存空间。

说明：

① 命令格式 1 清除当前内存中指定的内存变量，多个变量名之间用逗号分隔。

② 在命令格式 2 中，ALL LIKE <通配符>短语表示清除所有与通配符相匹配的内存变量；ALL EXCEPT <通配符>短语表示清除所有与通配符不匹配的内存变量。若缺省可选项，则清除当前内存中所有的内存变量和数组变量。

③ 命令格式 3 清除当前内存中所有的内存变量和数组变量，其功能与 RELEASE ALL 相同。

【例 2-4】内存变量的清除。

在命令窗口中依次输入下列命令：

```
M="北京欢迎您"
MN={^2010-5-20}
NN=123
LIST MEMO LIKE *
```

此时在主窗口中显示的结果如图 2-4 所示。

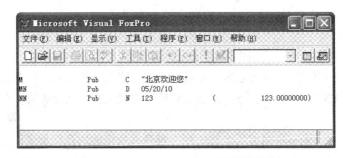

图 2-4 LIST MEMO LIKE *的显示结果

接下来，再输入命令：

```
RELEASE ALL LIKE  M*      &&将所有以 M 开头的内存变量清除
LIST MEMO LIKE *
```

由于内存变量 M、MN 已被清除，此时主窗口中仅显示内存变量 NN 的信息，结果如图 2-5 所示。

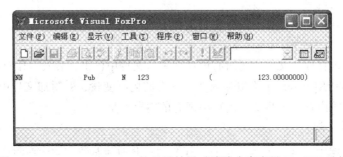

图 2-5 LIST MEMO LIKE *的显示结果（清除内存变量 M、MN 后）

4．数组

数组是具有一定顺序关系的若干简单变量的集合体，对应着计算机内存中连续的一片存储区域。组成数组的变量称为该数组的元素，可以通过数组名后接下标来表示。在 Visual FoxPro 中，每一个数组元素可以有不同的数据类型。

（1）数组的定义

数组与简单变量的区别之一是简单内存变量在使用前不必事先定义，赋值即表示定义了简单内存变量。数组在使用前一般要用 DIMENSION 或 DECLARE 命令显示创建，确定数组是一维数组还是二维数组以及数组名和数组的大小。

定义数组的命令格式如下：

命令格式 1：DIMENSION <数组名 1>(<数组下标 1>[,数组下标 2])[,…]

命令格式 2：DECLARE <数组名 1>(<数组下标 1>[,数组下标 2])[,…]

功能：定义一维或二维数组，及其下标的上界。

说明：

① 以上两种格式的功能完全相同，指的是创建一维数组或二维数组。只有一个下标的数组称为一维数组；有两个下标的数组称为二维数组，两个下标之间用逗号分隔。例如，DIMESION A(5)，表示数组 A 是一维数组；DIMESION B(3，4)，表示数组 B 是二维数组。

② 数组的下标也可以用方括号（[]）括起来。

③ Visual FoxPro 规定，数组的下标可以是常量、变量和表达式，其下界为 1。

④ 二维数组可以按一维数组来表示其数组元素。例如，DIMESION D[2,3]，表示它的数组元素顺序为 D [1,1]、D [1,2]、D [1,3]、D [2,1]、D [2,2]、D [2,3]，那么可以用 D [5]来表示 D [2,2]。

【例 2-5】使用命令定义一个长度为 5 的一维数组 X。

命令如下：

```
DIMENSION X[5]
```

该语句的功能是定义一个一维数组，数组名为 X，数组 X 中共有 5 个元素，分别为 X[1]、X[2]、X [3]、X [4]和 X[5]。

【例 2-6】使用命令定义一个 2 行 3 列的二维数组 Y。

命令如下：

```
DIMENSION  Y[2,3]
```

该语句的功能是定义一个 2 行 3 列的二维数组 Y，数组 Y 中共有 6 个数组元素，分别为 Y [1,1]、Y [1,2]、Y [1,3]、Y [2,1]、Y [2,2]、Y [2,3]。

（2）数组的赋值

数组赋值的命令与简单内存变量基本相同，但有以下几点需要注意：

① 数组创建后，系统自动给数组中的每个数组元素赋以逻辑值假.F.。

【例 2-7】在命令窗口中输入以下命令：

```
DIMENSION T[3]
?T[1]，T[2]，T[3]
```

分别按【Enter】键执行，输出结果如下：

```
.F.    .F.    .F.
```

屏幕显示如图 2-6 所示。

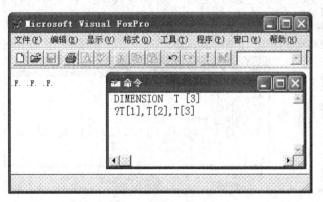

图 2-6 【例 2-7】的执行过程及结果

② 用 STORE 命令和赋值符号 "=" 既可以为数组赋值，也可以为数组元素赋值。

【例 2-8】在命令窗口中输入以下命令：

```
DIMENSION  A[3,2]
A=1                      && 用赋值命令时未指明下标，则为数组赋值
?A[1,1],A[1,2],A[2,1],A[2,2],A[3,1],A[3,2]
```

分别按【Enter】键执行，输出结果如下：

```
1        1        1        1        1        1
```

屏幕显示结果如图 2-7 所示。

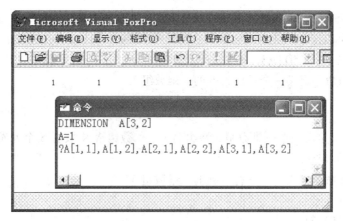

图 2-7 【例 2-8】的执行过程及结果

【例 2-9】在命令窗口中输入以下命令：

```
DIMENSION  A[3,2]
A[1,2]="Hello"              &&为数组元素 A[1,2]赋值
A[2,1]= .T.                 &&为数组元素 A[2,1]赋值
A[3,2]= {^1982-08-12}       &&为数组元素 A[3,2]赋值
?A[1,1],A[1,2],A[2,1],A[2,2],A[3,1],A[3,2]
```

分别按【Enter】键执行，输出结果如下：

.F. Hello .T.   .F.   .F.   08/12/82

屏幕显示结果如图 2-8 所示。

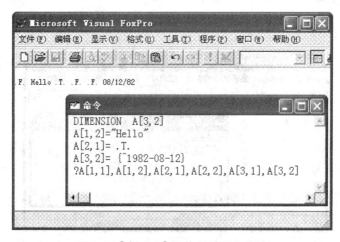

图 2-8 【例 2-9】的执行过程及结果

③ 同一数组中各个数组元素可以存放不同类型的数据，如图 2-8 所示，A[1,1]、A[2,1]、A[2,2]、A[3,1]是逻辑型，A[1,2]是字符型，A[3,2]是日期型。

2.3 Visual FoxPro 的命令

命令是用于完成某一特定操作的指令。在 Visual FoxPro 中，对数据的操作都可用命令来完成。为了更好地掌握命令的书写格式与使用方法，从命令的结构和功能出发，正确地理解各种命令的构成是十分必要的。

2.3.1　Visual FoxPro 命令的一般格式

Visual FoxPro 中的命令除少数几个只有一个命令动词以外，一般由命令动词和命令短语两部分组成。命令动词规定了该命令应执行的某种特定操作，命令短语是对执行的命令做进一步的说明。

Visual FoxPro 6.0 命令的一般形式如下：

<命令动词>[<范围>][FIELDS<字段名表>][FOR<条件>][WHILE<条件>]

以上命令格式中，"<>"中的内容表示必选项，"[]"中的内容表示可选项。注意：在输入一条实际的命令时，命令格式中的<>或[]是不能输入的。对上述命令格式的详细说明如下：

1．命令动词

在一般格式中，命令动词是必选的，是一个英文单词，用于指示计算机要完成的操作。如 DISPLAY 就是指显示功能。

2．范围短语

范围短语用于指出该命令所作用的记录范围，通常有以下 4 种选择。

① ALL：表示对当前数据表中的所有数据进行操作。

② RECORD<n>：表示仅对第 n 条记录进行操作。

③ NEXT<n>：表示对当前数据表中从当前记录开始的连续 n 条记录进行操作。

④ REST：表示对当前数据表中从当前记录开始到表尾的所有记录进行操作。

3．条件短语

条件短语用于把命令的操作限制于符合<条件>的记录，其中，条件是一个关系表达式或逻辑表达式，计算的结果是一个逻辑值。如果表达式计算的结果为真，表示条件成立，否则条件不成立。

条件短语包括 FOR 子句和 WHILE 子句。它们的区别在于：FOR<条件>表示对指定范围内的所有满足条件的记录进行操作；WHILE<条件>则由当前记录开始顺序对记录按条件进行比较，一旦遇到不符合条件的记录就停止本命令的执行。

说明：范围短语、FOR<条件>和 WHILE<条件>可以同时使用。它们的优先级是：范围短语优先于 FOR<条件>和 WHILE<条件>，WHILE<条件>优先于 FOR<条件>。

4．FIELDS 短语

FIELDS 短语确定需要操作的字段，缺省时表示对当前表中除了备注型和通用型以外的所有字段进行操作。<字段名表>中的各个字段名之间需要用逗号分隔。

事实上，在许多情况下，FIELDS 可省去不写。

2.3.2　Visual FoxPro 命令的书写规则

在 Visual FoxPro 中，命令在书写时或在输入计算机时需要遵循以下的规则：

① 每条命令均以命令动词开头，其后各个短语的顺序可以是任意的，但必须符合命令的语法格式。

② 命令动词与命令短语、命令短语和命令短语以及命令短语内的各个部分之间用一个或多个空格分隔。

③ 一般情况下，命令动词与各短语中的保留字，可以只写前 4 个字符，且不区分大小写。

④ 每一行只能书写一条命令。

⑤ 一条命令的长度最多为 8 192 个字符，若一行写不下，可以换行，并在分行处加上分号"；"作为续行符。

⑥ 一条命令书写完毕后，需以【Enter】键作为结束标志。

2.4　Visual FoxPro 的函数

为了增加系统的功能和帮助用户完成各种操作和管理，Visual FoxPro 提供了大量的函数。函数不仅是一种数据元素，而且是各种软件广为采用的一种数据处理手段。

函数实质上就是预先编制好的一段程序代码，调用函数实际上就是执行函数所对应的这段程序代码，从而实现特定的功能。每一个函数都有特定的数据运算或转换功能，它往往需要若干自变量，即运算对象，但只能有一个运算结果，称为函数值或返回值。函数的一般格式为：

函数名([参数1[,参数2]…])

Visual FoxPro 的函数按其功能大致可以分为数值函数、字符函数、日期和时间函数、类型转换函数、其他函数。下面详细介绍各分类中的一些常用函数，其他的函数请查阅书后的附录。

2.4.1　数值函数

数值函数主要用于常用的一些数学运算，其自变量和返回值在大部分情况下均为数值型数据，常用的数值运算函数如下：

1．求绝对值函数

格式：ABS(<数值表达式>)

功能：求指定数值表达式的绝对值。

【例 2-10】求绝对值函数示例。

在命令窗口中输入以下命令：

```
X=-58
? ABS(X),ABS(-X)
```

分别按【Enter】键执行，输出结果为：58　58。

2．求平方根函数

格式：SQRT(<数值表达式>)

功能：求指定数值表达式的平方根。

【例 2-11】求平方根函数示例。

在命令窗口中输入以下命令：

```
X=16
? SQRT(X),SQRT(16*SQRT(X))
```

分别按【Enter】键执行，输出结果为：4.00　8.00。

3．求整数函数

格式：INT(<数值表达式>)

功能：求指定数值表达式的整数部分。

【例 2-12】求整数函数示例。

在命令窗口中输入以下命令：

```
X=1234.567
? INT(X)
```

分别按【Enter】键执行，输出结果为：1234。

4．四舍五入函数

格式：ROUND(<数值表达式 1>，<数值表达式 2>)

功能：求指定数值表达式在指定位置四舍五入的结果。<数值表达式 1>表示在指定位置要进行四舍五入的数据，<数值表达式 2>指明四舍五入的位置。若<数值表达式 2>大于等于 0，表示要保留的小数位数；若<数值表达式 2>小于 0，表示整数部分的舍入位数。

【例 2-13】四舍五入函数示例。

在命令窗口中输入以下命令：

```
x=12345.6789
? round(x,1),round(x,0),round(x,-2)
```

分别按【Enter】键执行，输出结果为：12345.7　12346　12300。

5．求余数函数

格式：MOD(<数值表达式 1>，<数值表达式 2>)

功能：求<数值表达式 1>除以<数值表达式 2>所得出的余数。如果被除数与除数同号，那么函数值为两数相除的余数；如果被除数与除数异号，则函数值为两数相除的余数再加上除数的值。

【例 2-14】求余数函数示例。

在命令窗口中输入以下命令：

```
X=19
Y=7
? MOD(X,Y), MOD(-X,Y), MOD(X,-Y), MOD(-X,-Y)
```

分别按【Enter】键执行，输出结果为：5　2　-2　-5。

6．求最小值函数

格式：MIN(<数值表达式 1>，<数值表达式 2>[,<数值表达式 3>…])

功能：计算各自表达式的值，并返回其中的最小值。

【例 2-15】求最小值函数示例。

在命令窗口中输入以下命令：

```
? MIN(1,2,3)
```

按【Enter】键执行，输出结果为：1。

7．求最大值函数

格式：MAX (<数值表达式 1>，<数值表达式 2>[,<数值表达式 3>…])

功能：计算各自表达式的值，并返回其中的最大值。

【例 2-16】求最大值函数示例。

在命令窗口中输入以下命令：

```
? MAX(1,2,3)
```

按【Enter】键执行，输出结果为：3。

8．指数函数

格式：EXP(<数值表达式>)

功能：计算以 e 为底的指数幂。

【例 2-17】指数函数示例。

在命令窗口中输入以下命令:

```
? EXP(5)            &&相当于求 e^5
```

按【Enter】键执行,输出结果为: 148.41

9. 对数函数

格式: LOG(<数值表达式>)

功能: 求指定数值表达式的自然对数。

【例 2-18】对数函数示例。

在命令窗口中输入以下命令:

```
? LOG(148.41)
```

按【Enter】键执行,输出结果为: 5.00

10. 随机数函数

格式: RAND(<数值表达式>)

功能: 产生 0~1 之间的伪随机数。

【例 2-19】随机数函数示例。

在命令窗口中输入以下命令:

```
X=1
? RAND(X),RAND(-X)
```

按【Enter】键执行,输出结果为: 0.03   0.49

11. 圆周率函数

格式: PI()

功能: 返回圆周率的数值。

说明: 圆周率函数是没有自变量的函数。

2.4.2　字符函数

字符函数是处理字符型数据的函数,其自变量或函数值中至少有一个是字符型的数据,常用的字符处理函数如下:

1. 求字符串长度函数

格式: LEN(<字符表达式>)

功能: 求指定字符表达式的长度。

说明: 一个字母或一个字符的长度为 1,一个汉字的长度为 2。

【例 2-20】求字符串长度函数示例。

在命令窗口中输入以下命令:

```
S1="Visual FoxPro 6.0"
S2="龙洞湾 LDW"
? LEN(S1),LEN(S2)
```

分别按【Enter】键执行,输出结果为: 17   9。

2. 大小写转换函数

格式: LOWER(<字符表达式>)

　　　　UPPER(<字符表达式>)

功能: LOWER()将指定字符表达式中的大写字母转换为小写字母,其他字符保持不变。

UPPER()将指定字符表达式中的小写字母转换为大写字母，其他字符保持不变。

【例 2-21】大小写转换函数示例。

在命令窗口中输入以下命令：

```
S="中文 MyEclipse 8.5"
? LOWER(S)，UPPER(S)
```

分别按【Enter】键执行，输出结果为：中文 myeclipse 8.5　　　　中文 MYECLIPSE 8.5。

3．删除空格函数

格式：TRIM(<字符表达式>)
　　　LTRIM(<字符表达式>)
　　　ALLTRIM(<字符表达式>)

功能：TRIM()删除指定字符表达式尾部的空格。
　　　LTRIM()删除指定字符表达式的前导空格。
　　　ALLTRIM()删除指定字符表达式前导和尾部的空格。

【例 2-22】删除空格函数示例。

在命令窗口中输入以下命令：

```
S="   中文 Visual Studio "        &&字符串S有3个前导空格和1个尾部空格
S1=TRIM(S)
S2=LTRIM(S)
S3=ALLTRIM(S)
? S1
? S2
? S3
? LEN(S1)，LEN(S2)，LEN(S3)
```

分别按【Enter】键执行，输出结果如图 2-9 所示。

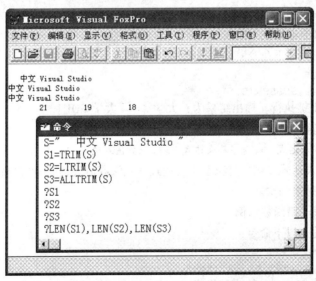

图 2-9　【例 2-12】的执行过程及结果

4．空格函数

格式：SPACE(<数值表达式>)

功能：返回由数值表达式中指定数目的空格组成的字符串。

【例 2-23】空格函数示例。

在命令窗口中输入以下命令：

```
?LEN(SPACE(2)), LEN(SPACE(12)),  LEN(SPACE(0))
```

按【Enter】键执行，输出结果为：2　　12　　　0。

5. 取左子串函数

格式：LEFT(<字符表达式>, <数值表达式>)

功能：从<字符表达式>的最左边开始取出由<数值表达式>规定长度的子串。

【例 2-24】取左子串函数示例。

在命令窗口中输入以下命令：

```
?LEFT("重庆大学 CQU",2)
```

按【Enter】键执行，输出结果为：重。

6. 取右子串函数

格式：RIGHT(<字符表达式>, <数值表达式>)

功能：从<字符表达式>的最右边开始取出由<数值表达式>规定长度的子串。

【例 2-25】取右子串函数示例。

在命令窗口中输入以下命令：

```
?RIGHT("重庆大学 CQU",2)
```

按【Enter】键执行，输出结果为：QU。

7. 截取子串函数

格式：SUBSTR(<字符表达式>, <数值表达式 1>[,<数值表达式 2>])

功能：从<字符表达式>的指定起始位置提取指定长度的子串。<数值表达式 1>规定了提取子串的开始位置，<数值表达式 2>规定了提取子串的长度。若缺省<数值表达式 2>，则函数从指定位置一直取到最后一个字符。

【例 2-26】截取子串函数示例。

在命令窗口中输入以下命令：

```
S="重庆大学 CQU"
?SUBSTR(S,5,4),SUBSTR(S,5)
```

分别按【Enter】键执行，输出结果为：大学　　　大学 CQU。

8. 查找子串函数

格式：AT(<字符表达式 1>, <字符表达式 2>[, <数值表达式>])

功能：在<字符表达式 2>中查找<字符表达式 1>第<数值表达式>次出现的位置。若缺省<数值表达式>，则默认是第一次。

【例 2-27】查找子串函数示例。

在命令窗口中输入以下命令：

```
S="AaBbCcBBB"
?AT("B",S,2),AT("B",S), AT("AB",S,2)
```

分别按【Enter】键执行，输出结果为：7　　3　　　0。

9. 子串替换函数

格式：STUFF (<字符表达式 1>, <数值表达式 1>, <数值表达式 2>, <字符表达式 2>)

功能：用<字符表达式 2>的值去替换<字符表达式 1>中第<数值表达式 1>个字符起的<数值

表达式 2>个字符。如果<数值表达式 2>的值是 0，<字符表达式 2>则插在由<数值表达式 1>的值指定的字符前面。如果<字符表达式 2>的值是空串，那么<字符表达式 1>中由<数值表达式 1>和<数值表达式 2>指明的子串将被删除。

【例 2-28】子串替换函数示例。

在命令窗口中输入以下命令：

```
S1="I love BeiJing!"
S2="QQ"
?STUFF(S1,8,7,S2)
?STUFF(S1,8,0,S2)
?STUFF(S1,8,7,"")
?STUFF(S1,1,0,S2)
```

分别按【Enter】键执行，输出结果如图 2-10 所示。

图 2-10　【例 2-28】的执行过程及结果

10．宏代换函数

格式：&<字符型内存变量>[.<字符表达式>]

功能：取得指定字符型内存变量的值。

说明：

① [.<字符表达式>]用于实现与其前面字符串的联接。其中"."是宏代换函数的终结符。因此，要利用宏代换实现字符串联接，可用"."将它们分开。

② 宏代换的作用范围是从"&"符号起，直到遇到一个"."或空白为止。

【例 2-29】宏代换函数示例。

在命令窗口中输入以下命令：

```
X="1+2+3"
Y="887"
XM="周海林"
?&X
? "您好! &XM.同志。"
? &Y+1
```

分别按【Enter】键执行，屏幕输出结果如下所示：

```
6
您好! 周海林同志。
888
```

2.4.3 日期和时间函数

日期和时间函数主要用于处理日期或日期时间类型的数据，其自变量一般是日期型数据或日期时间型数据。常用的日期和时间函数如下：

1．系统日期和时间函数

格式：DATE()

　　　TIME()

　　　DATETIME()

功能：DATE()返回当前系统的日期，此日期由系统设置，函数值为日期型。

　　　TIME()返回当前系统的时间，24 小时制，函数返回值为字符型。

　　　DATETIME()返回当前系统的日期和时间，函数值为日期时间型。

【例 2-30】系统日期和时间函数示例。

在命令窗口中输入以下命令：

```
D=DATE()
T=TIME()
DT=DATETIME()
?D,T,DT
```

分别按【Enter】键执行，输出结果为：05/17/12　　　09:32:11　　　05/17/12 09:32:23 AM。

2．求年份、月份和天数函数

格式：YEAR(<日期表达式>|<日期时间表达式>)

　　　MONTH(<日期表达式>|<日期时间表达式>)

　　　DAY(<日期表达式>|<日期时间表达式>)

功能：YEAR()返回指定日期表达式或日期时间表达式所对应的年份值，函数为数值型。

　　　MONTH()返回指定日期表达式或日期时间表达式的月份值，函数为数值型。

　　　DAY()返回指定日期表达式或日期时间表达式所对应的天数，函数为数值型。

【例 2-31】求年、月、日函数示例。

在命令窗口中输入以下命令：

```
STORE {^2006-6-30} TO D
?YEAR(D),MONTH(D),DAY(D)
```

分别按【Enter】键执行，输出结果为：2006　　　6　　　30。

3．时、分和秒函数

格式：HOUR(<日期时间表达式>)

　　　MINUTE(<日期时间表达式>)

　　　SEC(<日期时间表达式>)

功能：HOUR()返回日期时间表达式所对应的小时部分(按 24 小时制)，函数为数值型。

　　　MINUTE()返回指定日期时间表达式所对应的分钟部分，函数为数值型。

　　　SEC()返回指定日期时间表达式所对应的秒数部分，函数为数值型。

【例 2-32】求时、分、秒函数示例。

在命令窗口中输入以下命令：

```
STORE {^2006-1-3 8:30:25 AM} TO DT
?HOUR(DT),MINUTE(DT),SEC(DT)
```

分别按【Enter】键执行，输出结果为：8　　　30　　　25。

4．星期函数

格式：DOW(<日期表达式>|<日期时间表达式>)

　　　　CDOW(<日期表达式>|<日期时间表达式>)

功能：DOW ()返回指定日期表达式或日期时间表达式所对应的用数字表示的星期值，1 表示星期日，2 表示星期一，……，7 表示星期六。函数值为数值型。

CDOW()返回指定日期表达式或日期时间表达式所对应的星期值的英文名称，函数为字符型。

【例 2-33】求星期几函数示例。

在命令窗口中输入以下命令：

```
?DOW({^2006-1-3}),CDOW({^2006-1-3})
```

按【Enter】键执行，输出结果为：3　　　　Tuesday。

2.4.4　类型转换函数

在数据库的应用过程中，经常需要将不同类型的数据进行相应的转换，以满足实际应用的需要。Visual FoxPro 提供了大量的数据类型转换函数，解决了数据类型转换的问题。常用的数据类型转换函数如下：

1．字母与 ASCII 的转换函数

格式：ASC(<字符表达式>)

　　　　CHR(<数值表达式>)

功能：ASC()返回指定字符表达式值的第一个字符的 ASCII 码值，函数值为数值型。

　　　　CHR()返回以数值表达式的值作为 ASCII 码的相应字符，函数值为字符型。

【例 2-34】字母与 ASCII 转换函数示例。

在命令窗口中输入以下命令：

```
?ASC("C"),CHR(67)
```

分别按【Enter】键执行，输出结果为：67　　　C。

2．数值转换成字符串函数

格式：STR(<数值表达式 1>[,<数值表达式 2>[,<数值表达式 3>]])

功能：将指定的数值表达式值转换成字符型数据。<数值表达式 2>是转换的长度，转换结果的理想长度是<数值表达式 1>值的整数部分位数加上小数部分的位数，再加上一个小数点。<数值表达式 3>值指定要转换的小数位数，缺省时不转换小数位。

【例 2-35】数值转换成字符串函数示例。

在命令窗口中输入以下命令：

```
X=12345.678
?STR(X),STR(X,9,1),STR(X,10,3)
```

分别按【Enter】键执行，输出结果为：12346　　　　12345.7　　　　12345.678。

3．字符串转换成数值函数

格式：VAL(<字符表达式>)

功能：将指定的字符表达式值转换成数值型数据。若字符表达式的值中出现非数字字符，那么只转换前面部分；若字符表达式值的首字符不是数字符号，则返回数值 0，但忽略前导空格。

【例 2-36】 字符串转换成数值函数示例。

在命令窗口中输入以下命令：

```
S1="1881.12"
S2="798ABC55.1"
S3="HuXiao798"
?VAL(S1),VAL(S2),VAL(S3)
```

分别按【Enter】键执行，输出结果为：1881.12　　　　798.00　　　　0.00。

4．字符串转换成日期函数

格式：CTOD(<字符表达式>)

功能：将指定的字符表达式值转换成日期型数据。

说明：字符表达式值的日期部分格式要与 SET DATE TO 命令设置的格式一致。其中的年份可以用 4 位，也可以用 2 位，由 SET CENTURY ON 命令指定。

【例 2-37】 字符串转换成日期函数示例。

在命令窗口中输入以下命令：

```
SET DATE TO YMD
SET CENTURY ON
S="2012-10-20"
?CTOD(S),CTOD("1995-7-1")
```

分别按【Enter】键执行，输出结果为：2012/10/20　　　　1995/07/01。

5．日期转换成字符串函数

格式：DTOC(<日期表达式>|<日期时间表达式> [，1])

　　　　DTOS(<日期表达式>|<日期时间表达式>)

功能：DTOC()将指定的日期表达式或日期时间表达式值的日期部分转换成字符型数据。

　　　　DTOS()函数的功能与加参数 1 的 DTOC()函数的功能相同。

说明：对 DTOC()来说，若使用选项[，1]，则转换成 yyyymmdd 的形式。

【例 2-38】 日期转换成字符串函数示例。

在命令窗口中输入以下命令：

```
D={^1986-5-30}
?DTOC(D),DTOC(D,1),DTOS(D)
```

分别按【Enter】键执行，输出结果为：05/30/86　　　　19860530　　　　19860530。

2.4.5　其他函数

1．数据类型测试函数

格式：VARTYPE(<表达式>)

功能：测试指定表达式值的数据类型，返回一个代表<表达式>数据类型的大写字母。

【例 2-39】 数据类型测试函数示例。

在命令窗口中输入以下命令：

```
S="JAVA"
X=520
Y=$1.2
T=.T.
D={^2015-7-15}
?VARTYPE(S),VARTYPE(X),VARTYPE(Y),VARTYPE(T),VARTYPE(D)
```

分别按【Enter】键执行，输出结果为：C　　N　　Y　　L　　D。

2."空"值测试函数

格式：EMPTY(<表达式>)

功能：若<表达式>值为"空"值，则返回逻辑真，否则返回逻辑假。

【例 2-40】"空"值测试函数示例。

在命令窗口中输入以下命令：

```
X=0
Y=$0.0
C=""
T=.F.
?EMPTY(X),EMPTY(Y),EMPTY(C),EMPTY(T),EMPTY(CTOD(""))
```

分别按【Enter】键执行，输出结果为：.T.　　.T.　　.T.　　.T.　　.T.

3．文件测试函数

格式：FILE(<字符表达式>)

功能：测试指定的文件是否存在，若存在，则返回逻辑真，否则返回逻辑假。注意：文件名必须是全称，包含扩展名。

【例 2-41】文件测试函数示例。假设当前目录下有一个表文件"工资表.dbf"。

在命令窗口中输入以下命令：

```
TBNAME="工资表"
?FILE(TBNAME)
?FILE("&TBNAME..dbf")
```

分别按【Enter】键执行，输出结果为：.F.　　.T.

4．自定义对话框函数

格式：MESSAGEBOX(<字符表达式 1>[,<数值表达式>[,<字符表达式 2>]])．

功能：显示一个自定义对话框，函数值为数值型。

说明：

① <字符表达式 1>用于指定在对话框中显示的文本。对话框的大小会根据<字符表达式 1>的值进行调整，以容纳全部信息。

② <数值表达式>用于指定对话框中的按钮和图标、显示对话框时的默认按钮以及对话框的行为。对话框的按钮选择如表 2-1 所示，默认值是 0；对话框的图标选择如表 2-2 所示；显示对话框时的默认按钮选择如表 2-3 所示。

③ <字符表达式 2>指定对话框的标题。

④ MESSAGEBOX()函数的返回值表明选择了对话框中的哪个按钮。函数返回值与对话框操作的对应关系如表 2-4 所示。

表 2-1　对话框中的按钮种类

数值	按 钮 种 类
0	仅有"确定"按钮
1	"确定"、"取消"按钮
2	"终止"、"重试"、"忽略"按钮
3	"是"、"否"、"取消"按钮
4	"是"、"否"按钮
5	"重试"、"取消"按钮

表 2-2 对话框中的图标

数值	图 标 种 类
16	红色叉号"停止"图标
32	蓝色"问号"图标
48	黄色"惊叹号"图标
64	蓝色"信息(i)"图标

表 2-3 对话框默认按钮的设置

数值	默认按钮
0	第 1 个按钮
256	第 2 个按钮
512	第 3 个按钮

表 2-4 对话框操作与函数返回值

数值（函数返回值）	操 作 按 钮
1	确定
2	取消
3	终止
4	重试
5	忽略
6	是
7	否

【例 2-42】自定义对话框函数示例。

在命令窗口中输入以下命令：

```
?MESSAGEBOX("口令错误！请重新输入。",4+64,"提示信息")
```

按【Enter】键执行，输出结果如图 2-11 所示。

图 2-11 MESSAGEBOX()函数的运行结果

2.5 Visual FoxPro 的表达式

表达式是由运算符将参加运算的分量（如常量、变量和函数）联接起来的一个有意义的式子，是 Visual FoxPro 命令和函数的重要组成部分。作为特例，构成表达式的常量、变量和函数在特定环境下也可看成是一个表达式。无论是简单的还是复杂的合法表达式，按照规定的运算规则最终均能计算出一个结果，即表达式的值。根据表达式的值的数据类型，表达式主要可分为数值表达式、字符表达式、日期和时间表达式、关系表达式和逻辑表达式。

2.5.1 数值表达式

数值表达式是由算术运算符将数值型数据联接起来的式子，其中的数值型数据可以为数值型的常量、变量或运算结果为数值型的函数。数值表达式的运算结果仍然为数值型数据。Visual FoxPro 的各种算术运算符按其运算的优先级别由高到低排列，如表 2-5 所示。

表 2-5　算术运算符及其优先级

优先级	运算符	说　明	用法举例	结　果
1	（ ）	圆括号	5*(1+2)	15
2	**或^	乘方运算	3^2, 3**2	9, 9
3	*、/、%	乘运算、除运算、求余运算	1/2*4, 5%9	2, 5
4	+、-	加运算、减运算	3+2-5	0

【例 2-43】计算数学算式（ $1/2-3/5$ ）$\times 2^3+e^2$ 的值。

在命令窗口中输入以下命令：

```
X= (1/2-3/5)*2^3+EXP(2)
? X
```

分别按【Enter】键执行，输出结果为：6.59。

> 注意：求余运算符%与求余数函数 MOD（ ）的功能相同，所得余数的符号与除数保持一致。

【例 2-44】求余运算示例。

在命令窗口中输入以下命令：

```
X=7
Y=3
?X%Y,MOD(X,Y),-X%Y,MOD(-X,Y)
```

分别按【Enter】键执行，输出结果为：1　　1　　2　　2。

2.5.2 字符表达式

字符表达式是由字符运算符将各类字符型数据联接起来的式子，其运算的结果仍然为字符型数据。Visual FoxPro 的字符运算符有以下两种：

1. 加（+）

该运算符把两个指定的字符型数据完全联接，联接的结果仍然为字符型数据。

2. 减（-）

把两个指定字符型数据进行联接，并把运算符前的字符型数据的尾部空格移至结果字符串的尾部。

【例 2-45】字符表达式应用示例。

在命令窗口中输入以下命令：

```
S1="Visual FoxPro  "  &&字符串 S1 尾部有两个空格
```

```
S2="数据库基础"
?S1+S2
?S1-S2
```

分别按【Enter】键执行，输出结果如下：

```
Visual FoxPro  数据库基础
Visual FoxPro 数据库基础
```

2.5.3 日期和时间表达式

日期和时间表达式是指含有日期型或日期时间型数据的表达式。日期时间运算符分别为"+"和"-"两种，合法的日期和时间表达式共有 8 种格式，如表 2-6 所示，其中的<天数>和<秒数>都是数值表达式。

表 2-6 日期和时间表达式的格式

格 式	说 明	结 果 类 型
<日期>+<天数>	指定日期若干天后的日期	日期型
<天数>+<日期>	指定若干天后的日期	日期型
<日期>-<天数>	指定日期若干天前的日期	日期型
<日期>-<日期>	两个指定日期相差的天数	数值型
<日期时间>+<秒数>	指定日期时间若干秒后的日期时间	日期时间型
<秒数>+<日期时间>	指定日期时间若干秒后的日期时间	日期时间型
<日期时间>-<秒数>	指定日期时间若干秒前的日期时间	日期时间型
<日期时间>-<日期时间>	两个指定日期时间相差的秒数	数值型

【例 2-46】日期时间表达式示例。

在命令窗口中输入以下命令：

```
D={^2012-5-17}
T1={^2012-5-17 8:00 PM}
T2={^2012-7-19 11:00 PM}
?D+20,D-10,{^2012-7-19}-D
?T1-60,T2-T1
```

分别按【Enter】键执行，输出结果如下：

```
06/06/12   05/07/12      63
05/17/12  07:59:00 PM     5454000
```

2.5.4 关系表达式

关系表达式是由关系运算符将两个同类型数据联接起来的式子。关系表达式的运算结果为逻辑型数据，关系表达式成立则其值为逻辑真，否则为逻辑假。Visual FoxPro 中的各种关系运算符及其含义如表 2-7 所示。

表 2-7 关系运算符

运 算 符	说 明	用 法 举 例	结 果
>	大于	1*2>2	.F.
>=	大于等于	1*2>=2	.T.

运　算　符	说　　明	用 法 举 例	结　　果
<	小于	1*2<2	.F.
<=	小于等于	1*2<=2	.T.
=	等于	1+2=3+4	.F.
<>、#、!=	不等于	1<>2, 1#2, 1!=2	.T., .T., .T.
==	字符串精确比较	"abc"=="a"	.F.
$	字符串包含测试	"bc"$"abc"	.T.

关系运算符的优先级别相同。其中运算符"$"仅适用于字符型数据，其他运算符适用于任何类型的数据。关系运算符在进行比较运算时，各种类型数据的比较规则如下：

① 数值型和货币型：按数值的大小进行比较。

② 日期和日期时间型：按日期或日期时间的早晚进行比较，越往后的日期或日期时间越大。

③ 逻辑型：逻辑真大于逻辑假。

④ 字符型：在 Visual FoxPro 中，字符型数据的比较相对复杂，默认规则如下：

a. 单个字符：以每个字符的 ASCII 码的大小作为字符的"大小"，也就是先后顺序。

b. 字符串：两个字符串比较的基本原则是从左到右逐个字符比较，但受系统相关设置的影响。

- 相等比较：用运算符"="比较时，如果是非精确环境，即 SET EXACT OFF，则只要"="右边字符串是其左边字符串的首部，比较的结果为逻辑真，否则为逻辑假；如果是精确环境，即 SET EXACT ON，则只有当"="左右两边的字符串长度相同、字符相同、排列一致时才成立，即比较的结果为逻辑真，否则为逻辑假。

- 精确相等比较：用运算符"=="进行两个字符串比较时，不论 SET EXACT 设置如何，比较的结果与通过运算符"="在 SET EXACT ON 时的情形完全相同。

- 大小比较：用运算符"<"或">"进行两个字符串比较时，比较到第一个不相同字符为止，否则，长度较长的字符串大。

- 子串包含测试$：<字符串1>$<字符串2>为表达式，若<字符串2>包含了<字符串1>，则结果为逻辑真，否则为逻辑假。

关系表达式及其结果的例子如表 2-8 所示。

表 2-8　一些关系表达式及其结果的例子

命　　令	结　　果
1<2, 1>2	.T., .F.
$1<$2.1	.T.
.T.>.F., .T.< .F.	.T., .F.
{^2012-2-28}>{^1949-10-1}	.T.
"A">"E", "ABC">"ABE"	.F., .F.
"abcd"="ab", "ab"="abcd", "abcd"=="ab"	.T., .F., .F.
"ab"$"abcd", "abcd"$"ab"	.T., .F.

2.5.5 逻辑表达式

逻辑表达式是用逻辑运算符将逻辑型数据联接起来的式子，其中的逻辑型数据可以为逻辑型的常量、变量或运算结果为逻辑型的函数。逻辑表达式的运算结果仍然为逻辑型数据。Visual FoxPro 的各种逻辑运算符及其含义如表 2-9 所示。

表 2-9 逻辑运算符

优先级	运算符	说明
1	.NOT.或!	逻辑非
2	.AND.	逻辑与
3	.OR.	逻辑或

逻辑运算符两边都是逻辑型数据，当逻辑运算符与参加运算的操作数之间有空格等分隔时，两边的圆点可以省略。对于各种逻辑运算，其运算规则如表 2-10 所示，其中 A、B 表示两个逻辑型数据对象。

表 2-10 逻辑运算规则表

A	B	.NOT.A	A.AND.B	A.OR.B
.T.	.T.	.F.	.T.	.T.
.T.	.F.	.F.	.F.	.T.
.F.	.T.	.T.	.F.	.T.
.F.	.F.	.T.	.F.	.F.

【例 2-47】逻辑表达式示例。

在命令窗口中输入以下命令：

```
X=1
?X>2 AND X<3,X>2 OR X<3,NOT X>2
```

分别按【Enter】键执行，输出结果为：.F.   .T.   .T.。

2.5.6 表达式运算符优先级

以上介绍了各种类型的表达式及其使用的运算符，对于表达式来说，运算符显得尤为重要，是表达式的核心。运算符本身又分很多种，算术运算符、字符运算符、日期和时间运算符、关系运算符和逻辑运算符等。不论何种运算符，都具备两个要素：优先级和结合性。

Visual FoxPro 中的运算符绝大多数都是左结合，如当算术运算符、字符串运算符和日期时间运算符同时出现时，按自左到右的顺序依次执行。

相对来说，Visual FoxPro 运算符的优先级略显复杂。尤其当表达式中包含多种运算时，必须按一定顺序进行相应运算，才能保证运算的合理性和结果的正确性、唯一性。在 Visual FoxPro 中，当不同类型的运算符出现在同一表达式中时，各类运算符的优先级为：圆括号>算术运算符和日期时间运算符>字符串运算符>关系运算符>逻辑运算符。

小   结

本章介绍了 Visual FoxPro 的语言基础，主要包括：数据类型、常量与变量、命令、函数和表达式。重点讲解了变量的基本操作和常用的系统标准函数。本章内容是学习 Visual FoxPro 操作和编程的基础。建议读者在学习过程中，多练习各种表达式的综合应用，熟练掌握本章内容，包括常量、变量、数组、函数和运算符在表达式中的综合使用方法等。

习　　题

一、思考题

1. Visual FoxPro 6.0 的数据类型有哪些？
2. 什么是内存变量？什么是字段变量？在 Visual FoxPro 6.0 中两者的区别是什么？
3. Visual FoxPro 6.0 主要有哪几种类型的表达式？
4. 如何定义数组？数组的最小下标是多少？数组元素的初值是什么？
5. 比较运算符"="和"＝＝"有哪些相同和不同之处？

二、选择题

1. Visual FoxPro 系统允许字符型数据的最大宽度是（　　　　）。
    A. 254　　　　　　　　B. 255　　　　　　　　C. 128　　　　　　　　D. 100
2. 下面对内存变量赋值的语句中，正确的是（　　　　）。
    A. STORE 1,2 TO x,y　　　　　　　　B. STORE 12 TO x,y
    C. x=1,y=2　　　　　　　　　　　　D. x=y=12
3. 在 Visual FoxPro 中，合法的字符串是（　　　　）。
    A. {"广东开平"}　　B. ""广东"开平"]　　C. ["广东开平"]　　D. [[广东开平]]
4. 顺序执行以下赋值命令之后，下列表达式错误的是（　　　　）。

    X="789"
    Y=1*2
    Z="ABC"

    A. &X+Y　　　　　　B. &Y+Z　　　　　　C. VAL(X)+Y　　　　D. STR(Y)+Z
5. 执行以下命令后显示的结果是（　　　　）。

    A="456.789"
    ?&A+"44"

    A. 500.789　　　　　B. 456.789　　　　　C. 456.78944　　　　D. 错误信息
6. 在 Visual FoxPro 的数据中，1.2E-3 是一个（　　　　）。
    A. 数值常量　　　　B. 合法的表达式　　C. 非法的表达式　　D. 字符常量
7. 以下日期值正确的是（　　　　）。
    A. {"2012-07-09" }　　　　　　　　B. {^2012-07-09}
    C. 2012-07-09　　　　　　　　　　D. [2012-07-09]
8. 设 N=1, M=2,K="M+N",表达式 1+&K 的值是（　　　　）。
    A. 121　　　　　　　B. 1+M+N　　　　　C. 4　　　　　　　　D. 数据类型不匹配
9. 表达式 VAL(SUBSTR("VS2008",5,1))*LEN("Visual FoxPro")的结果是（　　　　）。
    A. 26.00　　　　　　B. 0.00　　　　　　C. 200851　　　　　　D. 以上均错
10. 设 K=1 > 2,命令？VARTYPE(K)的输出值是（　　　　）。
    A. L　　　　　　　　B. C　　　　　　　　C. D　　　　　　　　D. N

11. 在下面的 Visual FoxPro 表达式中，运算结果是逻辑真的是（　　　　）。

  A. EMPTY(.NULL.)   B. EMPTY(SPACE(20))

  C. AT("ab",[123abc])   D. FILE(表名)

12. 函数 ROUND(183456.7891,–5)的值是（　　　　）。

  A. 100000   B. 200000   C. 18000   D. 183456.700

13. 设奖学金=5000，职称="讲师"，性别="男"，结果为假的逻辑表达式是（　　　　）。

  A. 奖学金>2000.AND.职称="助教".OR.职称="讲师"

  B. 奖学金>5000.AND.职称="讲师".AND.性别="男"

  C. 性别="女".OR..NOT. 职称="助教"

  D. 奖学金=5000.AND.(职称="教授".OR.性别="男")

14. 以下各表达式中，运算结果为字符型的是（　　　　）。

  A. YEAR='2012'   B. 'IBM'$'Computer'

  C. SUBS("567.891",5)   D. AT('人民','中华人民共和国')

15. TIME()函数值的数据类型为（　　　　）。

  A. 字符型   B. 数值型   C. 日期型   D. 日期时间型

16. 要想将日期型或日期时间型数据中的年份用 4 位数字显示，应当使用设置命令（　　　　）。

  A. SET CENTURY OFF   B. SET CENTURY ON

  C. SET CENTURY TO 4   D. SET CENTURY　4

17. 数组 X(4，5)下标变量的个数是（　　　　）。

  A. 4   B. 5   C. 9   D. 20

18. 用 DIME Y(3,4)命令定义数组 Y，再对数组各元素赋值，Y(1,2)= "ABC"，Y(2,1)= 2，Y(1,3)=3，Y(2,3)=6，Y(3,3)= 9，然后再执行命令?Y(5)，则显示结果是（　　　　）。

  A. 9   B. 3   C. 2   D. 6

19. 运算结果是字符串"love"的表达式是（　　　　）。

  A. LEFT("mylove",2)   B. RIGHT("mylove",2)

  C. ?SUBSTR("mylove",2)   D. SUBSTR("mylove",3,4)

20. 函数 STUFF("计算机信息管理基础",5,8,"VISUAL")的结果是（　　　　）。

  A. 计算 VISUAL 理基础   B. 计算机 VISUAL 理基础

  C. 计 VISUAL 理基础   D. 计算 VISUAL

三、填空题

1. Visual FoxPro 使用 4 种形式的变量：一般内存变量、_____、字段变量和_____。

2. 命令? LEN("THIS IS MY BOOK")的结果是_____。

3. 对应于数学表达式"$10 \leqslant X \leqslant 50$"的 Visual FoxPro 的表达式应该为_____。

4. 在 Visual FoxPro 数据表中，放置相片信息的字段类型应是_____，可用大写字母_____表示此字段类型，该类型字段的长度为_____。

5. 若 BIRTH="12/12/12",则函数&BIRTH 返回值的数据类型是_____。

6. 在 Visual FoxPro 中，如果一个表达式包含数值运算、关系运算、逻辑运算和函数时，运算的优先次序是_____。

第 3 章

表是关系数据库操作的基础，Visual FoxPro 的表由表结构和表内容组成，是存放和管理大量相关数据的基本对象。数据表可以依附于一个指定的数据库，称之为数据库表；也可以不依附于任何数据库，称之为自由表。自由表和数据库表的基本操作类似，包括表结构的创建，表数据的输入、修改、删除、排序、索引、查找和统计等。本章以自由表为例，分别用菜单和命令方式讲解 Visual FoxPro 中对数据表的操作。

3.1 表的基本操作

Visual FoxPro 是关系型数据库管理系统，所谓关系就是二维表，所以 Visual FoxPro 离不开二维表。Visual FoxPro 中的数据表由结构和内容(数据)两部分组成，用其来组织和存放大量相关数据的基本对象。Visual FoxPro 数据库中有的表包含在数据库中，称为数据库表；有的表也可以脱离数据库而独立存在，称为自由表。数据库表是在数据库内部创建的表，直接创建的表是自由表。但是数据库表和自由表是可以相互转换的，自由表可以随时添加到数据库中成为数据库表，数据库表也可以随时移出数据库称为自由表。

3.1.1 表结构概述

Visual FoxPro 中的表是由行和列组成的二维表，表文件的扩展名是.dbf。在 Visual FoxPro 中建立一张新表之前，需要分析表的用途，了解表需要表示的信息，据此设计表中需要的字段，从而确定表的结构。

如在公司职工工资管理系统中，需要建立一张"职工表"来存储公司职工的个人信息，如包括职工 id、姓名、性别、出生日期、政治面貌等信息，这样每位职工的每项信息都是相互独立的，如表 3-1 所示。

表 3-1 职 工 表

职工 id	姓名	性别	出生日期	政治面貌	职称	入职日期	是否在职	备注	部门 id
05G00001	张琪玲	F	02/03/81	团员	助教	01/23/05	T	memo	D01
05G00002	杨峰	T	05/06/79	党员	讲师	02/23/05	T	memo	D01
01G00001	李永	T	05/08/66	党员	教授	02/23/01	T	memo	D02
01G00002	叶琪	F	08/08/76	党员	讲师	02/23/01	T	memo	D03

续表

职工 id	姓名	性别	出生日期	政治面貌	职称	入职日期	是否在职	备注	部门 id
04G00001	陆杰	T	01/01/81	群众	助教	02/23/01	T	memo	D05
04G00002	许娟	F	02/05/72	党员	副教授	02/23/04	T	memo	D02
03G00001	叶诗	F	05/06/78	党员	讲师	03/01/03	T	memo	D04
02G00001	周木	T	02/01/71	群众	副教授	01/01/02	T	memo	D06
02G00002	蔡洁	F	09/10/65	党员	教授	10/02/02	T	memo	D07
03G00002	李诗歌	F	05/28/76	党员	讲师	07/06/03	F	memo	D06
02G00004	张琪	F	02/26/65	群众	讲师	07/18/82	T	memo	D07

在 Visual FoxPro 中，系统规定其数据表文件最多可以由 255 个字段组成。所以，在设计表结构时，需要遵循 Visual FoxPro 系统对字段名、字段类型、字段宽度、小数位数的规定。在二维表中每一项信息需要用一个字段来表示，表 3-1 所示的职工表的结构如图 3-1 所示。

字段名	类型	宽度	小数位数	索引类型
职工 id	字符型	8		
姓名	字符型	10		
性别	逻辑型	1		
出生日期	日期型	8		
政治面貌	字符型	8		
职称	字符型	10		
入职日期	日期型	4		
是否在职	逻辑型	1		
备注	备注型	4		
部门 id	字符型	8		

图 3-1　职工表的结构

1．字段名

字段名又称字段变量，是表中每个字段的名字，它必须以汉字、字母或下画线开头，由汉字、字母、数字或下画线组成，中间不能有空格。字段名最多为 10 个字符。

2．字段类型

字段类型表示该字段中存放数据的类型。表中每一个字段依据数据代表的意义不同选择特定的数据类型。Visual FoxPro 中字段的数据类型一共有 13 种，这些数据类型及说明如表 3-2 所示。

表 3-2　数据类型表

数 据 类 型	符　　号	默认宽度	说　　　明
字符型	C	4	可表示 1~254 个字符
货币型	Y	8	货币数量
数值型	N	8	包括数字、小数点、正负号包括在长度内
浮动型	N	8	同数值型
整型	N	4	整型数据
双精度型	N	8	用于精确计算的数值
日期型	D	8	日期
日期时间型	T	8	日期和时间

续表

数 据 类 型	符　号	默 认 宽 度	说　　明
逻辑型	L	1	逻辑真(.T.)与假(.F.)
备注型	M	4	任何长度的正文
通用型	G	4	OLE 对象
二进制字符型	C	4	最多达 254 个字符的正文或二进制数据
二进制备注性	M	4	任何长度的正文或二进制数据

3．字段宽度

字段宽度用以表明该字段允许存放的最大数据的最大字符个数。各种数据类型的字段宽度如表 3-2 所示，除了字符型、数值型、浮动型和二进制字符型外，其他 9 种字段类型的宽度都是系统固定不变的。

4．小数位数

当字段类型是数值型、双精度型、浮点型与货币型时，数据可以表示小数，所以需要设置小数位数，但要注意小数位数至少应比该字段的宽度值小 2（小数点和正负号均要占 1 位）。若字段值是整数，则应定义小数位数为 0。双精度型字段允许输入小数，但不需事先定义小数位数，小数点将在输入数据时输入。

3.1.2　表结构的创建

建立表结构有 3 种方法，通过"表设计器"创建表、通过"表向导"在系统提供的样表基础上创建新表或者使用命令创建表。相对来说，使用"表向导"新建表的操作相对烦琐些。

1．利用菜单打开"表设计器"新建表

① 指定表名及表文件保存位置。

选择"文件"菜单中的"新建"命令，弹出"新建"对话框，如图 3-2 所示，这个对话框让用户可以选择新建文件的类型。在文件类型中选择"表"单选按钮，然后选择"新建文件"，即弹出"创建"对话框，如图 3-3 所示。在其中可以输入表名，并且选择保存表的位置，然后单击"保存"按钮。此时便打开了"表设计器"窗口，如图 3-4 所示。在该窗口中，有"字段"、"索引"和"表"3 个选项卡，利用字段选项卡就可以建立表结构。

② 在"表设计器"窗口中，可输入表的字段参数。

在如图 3-4 所示的"表设计器"对话框中输入字段名，依次设置字段名的数据类型，字段宽度和小数位数。输入完毕的职工表表结构如图 3-5 所示。

图 3-2　"新建"对话框

③ 设置完字段，为表录入数据。

完成图 3-5 中职工表的字段设置之后，单击"确定"按钮，即弹出图 3-6 所示的确定输入数据记录的对话框，单击"是"按钮，弹出如图 3-7 所示的职工表数据编辑窗口。

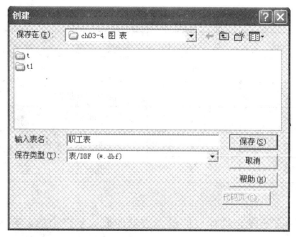

图 3-3 "创建"对话框

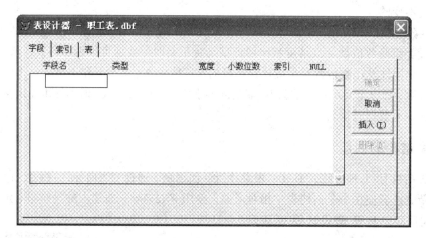

图 3-4 "表设计器"窗口

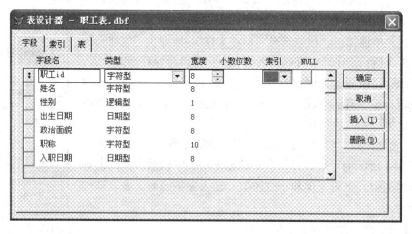

图 3-5 "职工表"表结构

图 3-6 确认对话框 　　　　　　图 3-7 职工表编辑窗口

④ 录入记录后，关闭编辑窗口，系统将自动保存数据，表的创建完成。

2．使用"表向导"方式新建表

下面使用表向导中的样表修改一张职工表。

（1）打开"表向导"窗口

选择"文件"菜单中的"新建"命令，打开图 3-2 所示的对话框，在文件类型中选择单选按钮"表"，然后单击右边的"向导"按钮，即打开图 3-8 所示的"表向导"对话框。

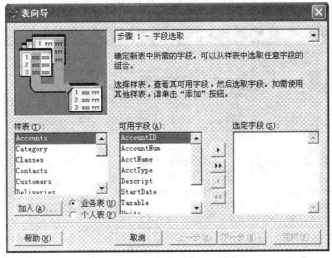

图 3-8 "表向导"对话框

（2）字段选取

在图 3-8 所示的"表向导"对话框中包含一个表结构的内嵌设置，用于简化表的设计。"样本"列表框中列出了 Visual FoxPro 提供的全部样表，可以从中选择所需的样表；"可用字段"列表框中列出了样表中预先设计的字段，可以从中选择要在新表中使用的字段。"可用字段"框右侧有 4 个上下排列的按钮，上面 2 个按钮用于从"可用字段"框移到"选定字段"框中，下面 2 个按钮用于从"选定字段"框移到"可用字段"框，"选定字段"即是新表中所用的字段。

这里在"样表"中选择 Customers 表，在对应的"可用字段"中选择字段 CustomersID、FirstName、LastName、OrgName、Address、City、State、Region、PostalCode、Country 十个字段，如图 3-9 所示。

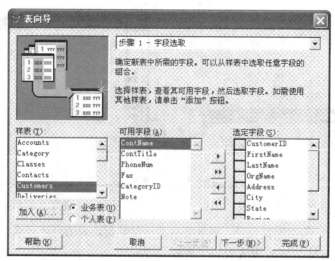

图 3-9 "字段选择"对话框

（3）选择数据库

选取完字段，单击"下一步"，打开选择数据库对话框，从中可以选择创建的新表是自由表还是将表加到指定的数据库里。本章只讲自由表，因此选择默认设置，表示创建独立的自由表，如图 3-10 所示。

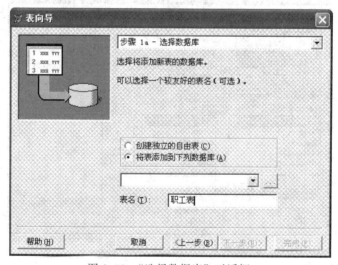

图 3-10 "选择数据库"对话框

（4）修改字段设置

继续单击图 3-10 中的"下一步"按钮，弹出"修改字段设置"对话框，如图 3-11 所示，在此对话框中，可以对每个已经选择的字段进行修改，包括字段名、字段类型、字段宽度和小数位数等，这里修改 CustomersID 字段名为"职工 id"，字段类型设置为字符型，宽度为 8；FirstName 字段名改为"姓名"，字段类型改为字符型，宽度为 10；LastName 字段名改为"性别"，字段类型为逻辑型；OrgName 字段名改为"出生日期"，字段类型改为日期型；Address 字段名改为"政治面貌"，字段类型改为字符型，宽度为 8；City 字段名改为"职称"，字段类型改为字符型，字段宽度改为 10；State 字段名改为"入职日期"，字段类型改为日期型；Region 字段名改为"是否在职",字段类型改为逻辑型;PostalCode 字段名改为"备注",字段类型改为备注型、Country 字段名改为"部门 id",字段类型改为字符型,字段宽度改为 8。

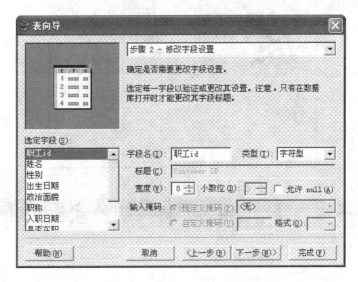

图 3-11 "修改字段设置"对话框

(5)表索引

单击图 3-11 中的"下一步"按钮,弹出如图 3-12 所示的"为表建索引"对话框。所谓索引是指针对不同的字段进行排序,目的是加快数据检索速度。这里选择字段"职工 id"为索引字段。

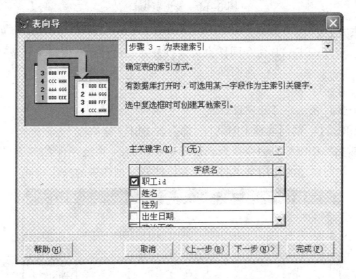

图 3-12 "为表建索引"对话框

(6)完成

单击"下一步"按钮,进入了"表向导"新建表的最后一步,弹出如图 3-13 所示的对话框,选择"保存表,然后浏览该表"单选按钮,单击"完成"按钮弹出如图 3-14 所示的表浏览窗口。

图 3-13 "完成"对话框

职工id	姓名	性别	出生日期	政治面貌	职称	入职日期	是否在职	备注	部门id

图 3-14 表浏览窗口

3. 命令操作方式

在命令窗口中输入 CREATE 命令同样也可以打开"表设计器"窗口来建立表的结构。

命令格式是:

CREATE <表文件名 [.DBF] >

功能: 创建一张新表, 并打开表设计器。

例如, 输入 CREATE 部门表或 CREATE 部门表.DBF。

按【Enter】键后, CREATE 命令执行, 屏幕上弹出如图 3-15 所示的"表设计器"对话框, 以后的操作方法与前面讲述的使用菜单打开"表设计器"创建表的操作相同。

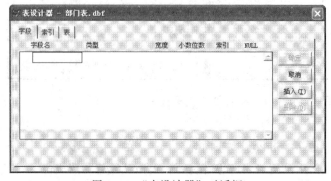

图 3-15 "表设计器"对话框

3.1.3　表结构的修改

当表建立好之后，由于操作的需求，有时候需要修改表的结构，例如，增加字段，删除字段，修改字段名、字段类型、宽度或者小数位数等。通常都是使用菜单打开"表设计器"或者使用命令来修改表结构。

1．菜单方式

选择"文件"菜单中的"打开"命令，在"打开"对话框中选择要打开的表，如选择"职工"表，确定打开；再次选择显示菜单中的"表设计器"命令，即打开图 3-5 所示的"表设计器"对话框。

> 注意：修改表结构同设计表结构类似，但是修改时要注意防止数据的丢失。

2．命令方式

命令格式：MODIFY　STRUCTURE

功能：打开表设计器修改表结构。

> 注意：在使用命令打开表设计器修改表结构前需要先打开相应的表。

修改完需要修改的字段信息后，单击"确定"按钮，即弹出如图 3-16 所示的确认框，单击"是"按钮，表结构更改操作完成。

图 3-16　确认对话框

3.1.4　表结构的显示

不是只有打开"表设计器"才可以看到表结构，在命令窗口中输入以下命令也可以看到当前打开表的表结构，包括表的存放位置、表中记录条数、表的最近更新时间。如果表中有备注字段，还将显示备注字段块的大小、表的代码页，最后依次显示表中每个字段名、数据类型和宽度。如果是数值型、双精度或者浮动型，还将显示小数位数。

命令格式：

LIST STRUCTURE

或

DISPLAY STRUCTURE

功能：显示当前数据表的表结构。

说明：

两条命令都能显示当前数据表的结构，但是 LIST 默认范围是所有记录，而 DISPLAY 是当前记录；LIST 在显示信息时连续输出即连续滚动显示，而 DISPLAY 是分页显示。

例如想要查看职工表的表结构，可以使用例 3-1 中的命令。

【例 3-1】查看职工表的表结构。

```
USE 职工
LIST STRUCTURE
```

此时，屏幕上会显示如图 3-17 所示的职工表的表结构。

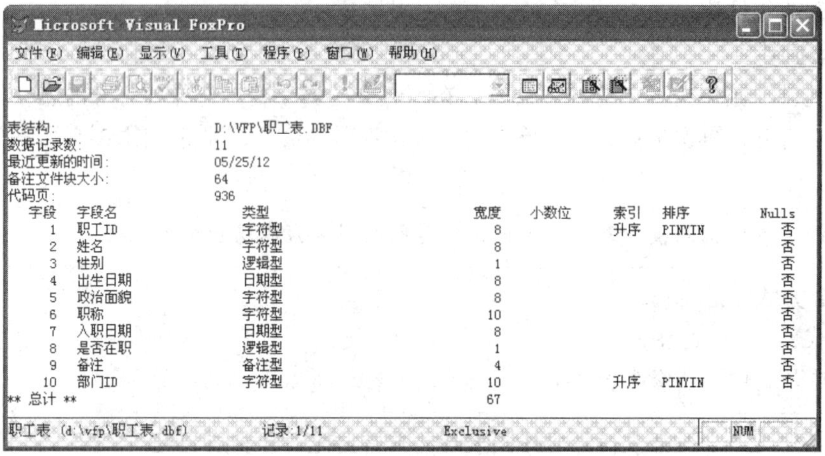

表结构: D:\VFP\职工表.DBF
数据记录数: 11
最近更新的时间: 05/25/12
备注文件块大小: 64
代码页: 936

字段	字段名	类型	宽度	小数位	索引	排序	Nulls
1	职工ID	字符型	8		升序	PINYIN	否
2	姓名	字符型	8				否
3	性别	逻辑型	1				否
4	出生日期	日期型	8				否
5	政治面貌	字符型	8				否
6	职称	字符型	10				否
7	入职日期	日期型	8				否
8	是否在职	逻辑型	1				否
9	备注	备注型	4				否
10	部门ID	字符型	10		升序	PINYIN	否
** 总计 **			67				

图 3-17 职工表的表结构

3.1.5 表结构的复制

除了使用表设计器、表向导或者命令创建表结构之外，有时候当创建的新表和已经有的表结构类似时，也可以通过复制表结构来创建新表。

命令格式：

```
COPY STRUCTURE TO <文件名> [FIELDS <字段名表>]
```

功能：该命令将当前表的结构复制到指定的表中。仅复制当前表的结构，其数据记录不复制。

说明：

① <文件名>是复制产生的表名，复制后只有结构而无任何记录。

② 若给出了 FIELDS <字段名表>选项，则生成的空表文件中只含有<字段名表>中给出的字段，若省略此项，则复制的空表文件的结构和当前表相同。

3.1.6 打开与关闭表

在 Visual FoxPro 中，只有刚刚创建好的表是自动打开的，否则要对任何表进行操作都须先手动打开表，同时为保证表数据的一致性，当表的操作完毕后要及时关闭表文件。

1. 表的打开

当对表进行操作时都需要将表打开，在 Visual FoxPro 中，打开表可以使用菜单方式或者命令方式，这里打开表时主窗口屏幕上不显示任何内容，只是把表调入了内存工作区中。

（1）菜单方式

使用菜单打开表可以有 3 种操作方式：

① 选择“文件”菜单中的“打开”命令。

② 单击工具栏上的“打开”按钮。

③ 选择菜单栏中的"窗口"→"数据工作期"命令，在打开的"数据工作期"窗口中选择"打开"按钮。

采用上面 3 种方式后，均会弹出"打开"对话框，在该对话框中选择需要打开的表之后单击"确定"按钮即打开相应的表文件。

（2）命令方式

命令格式：USE ＜表文件名＞

功能：打开表文件。

说明：

① 表文件的系统默认扩展名是.DBF。

② 如果表中含有备注字段会自动打开备注文件。

③ 表文件打开记录指针指向首记录。

④ 若不写表文件名而是用"?"代替，则会显示打开表文件对话框。

⑤ 连续打开两个表文件时，打开第二个表文件时第一个表文件自动关闭。

2. 表的关闭

关闭表文件的方法有以下几种：

（1）菜单方式

选择"窗口"菜单中的"数据工作期"命令，在弹出的"数据工作期"窗口中选择表的别名后，单击"关闭"按钮。

> **注意**：使用文件菜单中的"关闭"按钮或直接关闭表的浏览窗口，实际并未关闭表文件，只是关闭了浏览窗口而已。

（2）命令方式

命令格式：

① USE：关闭当前工作区已经打开的表文件。

② CLOSE TABLES：关闭所有的自由表文件。

③ CLOSE ALL：关闭工作区的所有文件，不释放内存变量。

④ CLEAR ALL：关闭工作区的所有文件，释放内存变量。

【例 3-2】打开与关闭表文件。

```
USE 职工表    &&打开职工表.DBF 文件
USE          &&不带任何选项的 USE 命令可以关闭当前打开的职工表.DBF 文件
USE 部门表    &&打开部门表.DBF 文件
USE 职工表    &&打开职工表.DBF 文件，同时部门表.DBF 文件自动关闭
```

3.2 表记录的基本操作

打开表文件之后，才可以对表进行操作，例如查看表内容，为表输入记录、添加记录、删除记录、修改记录。

3.2.1 输入记录

在创建表时可以根据系统提示立刻输入记录，也可以暂不输入记录，没有任何记录的数据

表称为空表，可以随时向空表追加记录，也可以向已有记录的表追加记录。

1. 创建表时输入记录

在创建时输入记录参见使用"表设计器"创建表的第③步，在图 3-7 所示的表数据编辑窗口中输入数据后，即成为如图 3-18 所示的表编辑窗口。若想要以二维表的形式浏览职工表中的全部记录，可以选择"显示"菜单中的"浏览"命令，就可以看到如图 3-19 所示的表浏览窗口。

2. 添加记录

当为表添加记录时，打开表后，可以采用菜单或者命令方式追加记录。

图 3-18　表编辑窗口

（1）菜单方式添加记录

选择"显示"菜单中的"浏览"命令打开如图 3-20 所示的浏览窗口后，在"显示"菜单中选择"追加方式"或在"表"菜单下选择"追加新记录"命令，表的浏览窗口中都会在最后一条记录后增加一条空白记录，光标定位在空白记录的第一个字段，随即输入新记录内容。

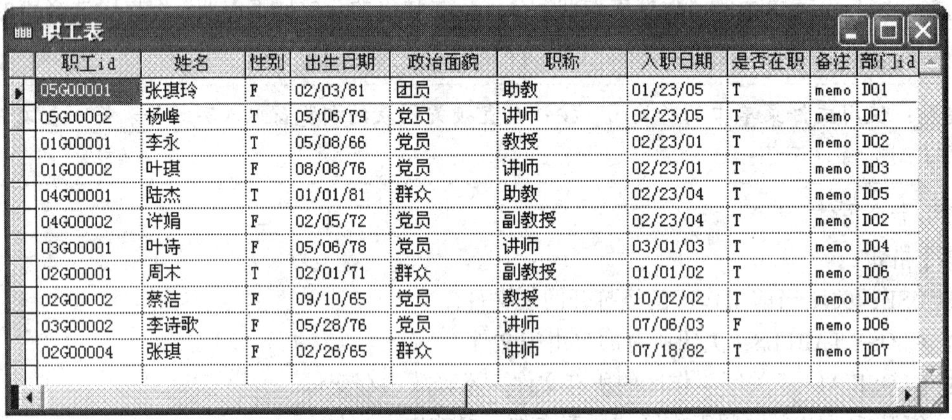

职工id	姓名	性别	出生日期	政治面貌	职称	入职日期	是否在职	备注	部门id
05G00001	张琪玲	F	02/03/81	团员	助教	01/23/05	T	memo	D01
05G00002	杨峰	T	05/06/79	党员	讲师	02/23/05	T	memo	D01
01G00001	李永	T	05/08/66	党员	教授	02/23/01	T	memo	D02
01G00002	叶琪	F	08/06/76	党员	讲师	02/23/01	T	memo	D03
04G00001	陆杰	T	01/01/81	群众	助教	02/23/04	T	memo	D05
04G00002	许娟	F	02/05/72	党员	副教授	02/23/04	T	memo	D02
03G00001	叶诗	F	05/06/78	党员	讲师	03/01/03	T	memo	D04
02G00001	周木	T	02/01/71	群众	副教授	01/01/02	T	memo	D06
02G00002	蔡洁	F	09/10/65	党员	教授	10/02/02	T	memo	D07
03G00002	李诗歌	F	05/28/76	党员	讲师	07/06/03	F	memo	D06
02G00004	张琪	F	02/26/65	群众	讲师	07/18/82	T	memo	D07

图 3-19　表浏览窗口

对于备注类型的字段，因为备注型字段显示 memo 标志，其值通过一个专门的编辑窗口输入双击备注字段，所有需要用【Ctrl+PageUp】、【Ctrl+PageDown】或者双击 memo 来打开备注字段的编辑窗口，编辑完毕后关闭该窗口，memo 标志会变成 Memo。

（2）命令方式添加记录

命令格式：APPEND[BLANK]

功能：在表的末尾增加一条或多条记录

说明：BLANK 的意思是在当前表的末尾增加一条空白记录，使用该参数，Visual FoxPro 不会自动打开表的浏览窗口。

图 3-20　追加新记录

【例 3-3】向职工表中追加记录。

```
USE 职工表
APPEND   &&打开职工表的浏览窗口，如图 3-20 所示
APPEND BLANK   &&在职工表末尾加一条空白记录，但不打开浏览窗口
```

（3）插入记录

INSERT 命令可以在表的指定位置添加新记录

命令格式：`INSERT[BEFORE][BLANK]`

功能：当无 BEFORE 选项时，在当前记录后面插入一条新记录，若有 BEFORE 则在当前记录之前插入一条新记录。

> 注意：在当前记录之前插入一定要有关键字 BEFORE。

【例 3-4】向职工表中插入记录。

```
USE 职工表
GO 3
INSERT  BEFORE BLANK &&在职工表中第 3 条记录前面插入一条空白记录
```

3.2.2 记录的筛选与显示

除了用菜单命令显示表记录外，还可以通过命令设置条件，有选择地显示表中的记录。

命令 1：连续滚动显示 LIST 命令。

命令格式：`LIST [OFF] [<范围>][FOR <条件>][WHILE<条件>][FIELDS <表达式表>]`

命令 2：分屏显示 DISPLAY 命令。

命令格式：`DISPLAY [OFF] [<范围>][FOR <条件>][WHILE<条件>][FIELDS <表达式表>]`

不带任何选项，LIST 命令的默认范围是全部记录，执行完后记录指针指在文件尾部，DISPLAY 命令默认范围是当前记录，指针定位在当前记录。

说明：

（1）<范围>子句

表示对表文件进行操作的记录范围，一般有 4 种：

① ALL：表示对表中所有的记录进行操作。

② NEXT<n>：表示对表中从当前记录开始连续 n 条记录进行操作。

③ RECORD<n>：表示对第 n 条记录进行操作。

④ REST：表示对表中从当前记录开始到表尾的所有记录进行操作。

（2）FIELDS 子句

该子句用于规定当前处理的字段和表达式，有 3 种格式：

① FIELDS<当前表字段名表>。

② FIELDS<字段名表>。

③ FIELDS<表达式表>。

FIELDS 子句可以实现对表的字段筛选，完成关系的投影运算。如果省略 FIELDS 命令，则显示表中所有字段的值，但备注型和通用型字段的内容是不显示的，除非备注型和通用型字段明确地包括在 FIELDS<表达式表>中。

（3）OFF 子句

使用 OFF 子句会省略记录前的记录号，如果省略 OFF，则在每个记录前显示记录号。

（4）FOR 子句和 WHILE 子句

用于决定对哪些记录进行操作。若选定 FOR 子句，则显示满足所给条件的所有记录。若选定 WHILE 子句，显示直到条件不成立时为止，这时后面即使还有满足条件的记录也不再显示。若同时使用，WHILE 子句优先级高。

FOR 子句默认的范围为 ALL，WHILE 子句默认的范围为 REST。如果 FOR 子句或 WHILE 子句以及范围全省略，对于 LIST 默认为所有记录，即取 ALL，对于 DISPLAY 默认为当前记录，即取 NEXT 1。

【例 3-5】显示职工表的记录。

```
USE 职工表
LIST   &&此命令与 DISPLAY ALL 效果一样，显示表中所有记录，如图 3-21 所示
LIST FOR 性别=.T.  &&显示所有男职工的记录，如图 3-22 所示
LIST FOR 性别=.F. FIELDS 姓名，性别，职称  &&显示所有女职工的姓名、性别和职称，如
                                              &&图 3-23 所示
```

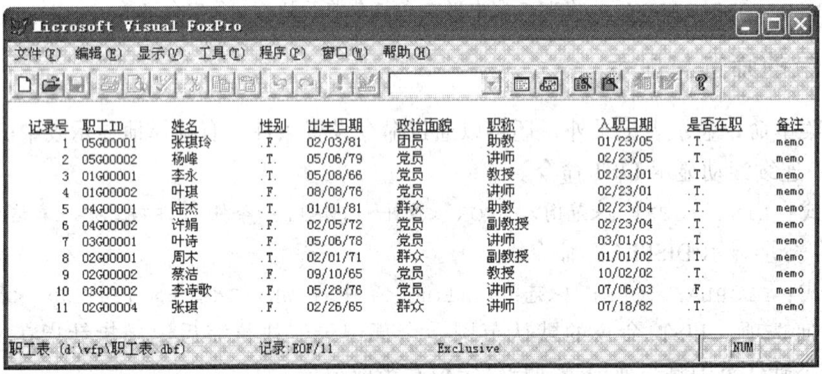

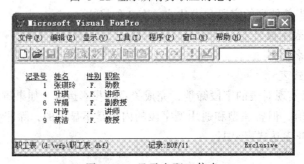

图 3-21　显示职工表中全部记录

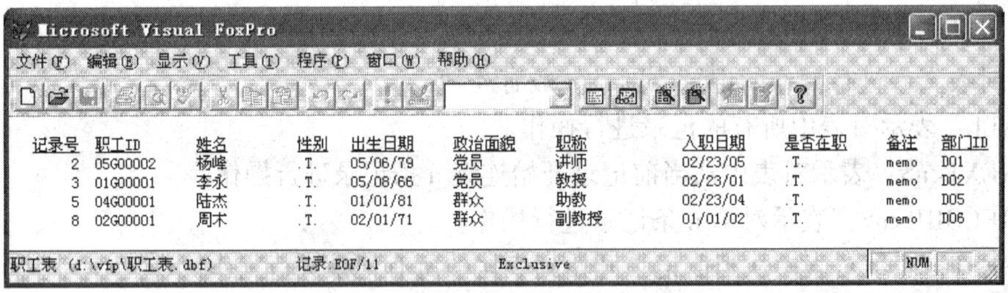

图 3-22　显示所有男职工的记录

图 3-23　显示女职工信息

3.2.3 表记录的定位

对表记录的操作是靠记录指针定位的，它是一种内部标志，用来指出表文件的当前记录。对表文件的许多操作都是对当前记录进行的。在打开表文件时，记录指针指向第一个记录。随着命令的执行，记录指针会发生移动。有时也需要人为移动记录指针，称为记录指针的定位。在表的索引文件未打开的情况下，记录指针是按表的物理顺序移动的。而在表的索引文件打开的情况下，记录指针一般是按表的逻辑顺序移动的。

1. 绝对移动命令

命令格式 1：GO/GOTO [RECORD] <记录号>

命令格式 2：GO/GOTO TOP/BOTTOM

说明：

① RECORD<记录号>：用来指定一个物理记录号，记录指针将移至该记录。该命令所指的物理记录号是记录在表中的物理顺序，执行命令格式 1 这条绝对移动命令，无论索引文件是否打开，均移到物理记录号所指的记录，与表的逻辑顺序无关。

② TOP：记录指针指向表的第一个记录上。

③ BOTTOM：记录指针指向最后一个记录上。

2. 相对移动命令

命令格式：SKIP <±记录数>

功能：使记录指针在表中向前或向后相对移动。

说明：

<±记录数>：用于指定记录指针需要移动的记录数；若缺省，记录指针移到下一条记录，相当于命令 SKIP 1。如果<记录数>为正数，记录指针向文件尾移动<记录数>个记录；如果<记录数>为负数，记录指针将向文件头移动<记录数>个记录。

3.2.4 表记录的修改

需要修改记录内容时也有两种方式，可以采用菜单或者命令方式修改记录。

1. 菜单方式修改记录

打开表的浏览窗口或者编辑窗口，直接单击需要修改的字段对其进行修改即可。

2. 命令方式修改记录

使用 REPLACE 命令在程序中可以动态地更新表记录。

命令格式：REPLACE <字段名 1> WITH <表达式 1>[ADDITIVE] [, <字段名 2> WITH <表达式 2> [ADDITIVE]]… [FOR <条件>][WHILE<条件>]

说明：

① <字段名 1> WITH <表达式 1>[ADDITIVE][, <字段名 2> WITH <表达式 2>：指定用<表达式 1>的值来代替<字段名 1>中的数据，用<表达式 2>的值来代替<字段名 2>中的数据，依此类推。

② 若不选择<范围>和 FOR 子句或 WHILE 子句，则默认为当前记录。如果选择了 FOR 子句，则修改的记录<范围>默认为 ALL；如果选择了 WHILE 子句，则修改记录<范围>默认为 REST。

③ ADDITIVE 只能在替换备注型字段时使用。使用 ADDITIVE，备注型字段的替换内容将附加到备注型字段原来内容的后面，否则用表达式的值改写原备注型字段内容。

【例 3-6】 修改职工表的记录。

USE 职工表

REPLACE 职称　WITH"副教授"FOR 姓名="杨峰"&&修改杨峰的职称为"副教授"，如

&&图 3-24 所示

职工id	姓名	性别	出生日期	政治面貌	职称	入职日期	是否在职	备注	部门id
05G00001	张琪玲	F	02/03/81	团员	助教	01/23/05	T	memo	D01
05G00002	杨峰	T	05/06/79	党员	副教授	02/23/05	T	memo	D01
01G00001	李永	T	05/08/66	党员	教授	02/23/01	T	memo	D02
01G00002	叶琪	F	08/08/76	党员	讲师	02/23/01	T	memo	D03
04G00001	陆杰	T	01/01/81	群众	助教	02/23/04	T	memo	D05
04G00002	许娟	F	02/05/72	党员	副教授	02/23/04	T	memo	D02
03G00001	叶诗	F	05/06/78	党员	讲师	03/01/03	T	memo	D04
02G00001	周木	T	02/01/71	群众	副教授	01/01/02	T	memo	D06
02G00002	蔡洁	F	09/10/65	党员	教授	10/02/02	T	memo	D07
03G00002	李诗歌	F	05/28/76	党员	讲师	07/06/03	F	memo	D06
02G00004	张琪	F	02/26/65	群众	讲师	07/18/82	T	memo	D07

图 3-24　修改杨峰的职称

3.2.5　表记录的删除

Visual FoxPro 中表记录的删除分为逻辑删除和物理删除两种，逻辑删除只是在记录上加上删除标记，并不真正删除，还可以恢复；物理删除则是从表中真正删除，无法恢复。这里的删除也有两种操作方式，菜单和命令删除。

1. 菜单方式删除记录

在表的浏览窗口中，选定想要删除的记录，在"表"菜单中选择"删除记录"命令，则给该记录加上了删除标记，如果不想删除了，再次选择"恢复记录"就取消了删除标记。也可以用光标单击想要删除记录指针与首字段前面的小方框，方框变成黑色表明已经给记录加上了删除标记，若再单击一次黑色就会消失，表示取消了删除标记。

当想要彻底删除某条记录时，要先给需要删除的记录做上删除标记，之后在"表"菜单中选择"彻底删除"命令，Visual FoxPro 便弹出确认删除的对话框，单击"是"按钮即可完成表记录的彻底删除。

2. 命令方式删除记录

（1）DELETE 命令

DELETE 命令是逻辑删除，只是给记录加上删除标记，这些作了删除标记的记录仍保留在表文件中。用 LIST 命令显示时，仍然可以看到这些记录，逻辑删除的记录在记录号后用"*"表示。

命令格式：DELETE [<范围>][FOR <条件>][WHILE<条件>]

功能：给记录加上删除标记

说明：

① [FOR <条件>][WHILE<条件>]子句用于指定一个条件，仅给满足逻辑条件的记录做删除标记。

② 标有删除标记的记录可以用 RECALL 恢复(清除标记)。

③ 不带选项的 DELETE 命令，其默认范围是当前记录(NEXT 1)。

【例 3-7】 删除职工表的记录。

```
USE 职工表
DELETE FOR 性别=.T.  &&删除所有男职工的记录，如图 3-25 所示
```

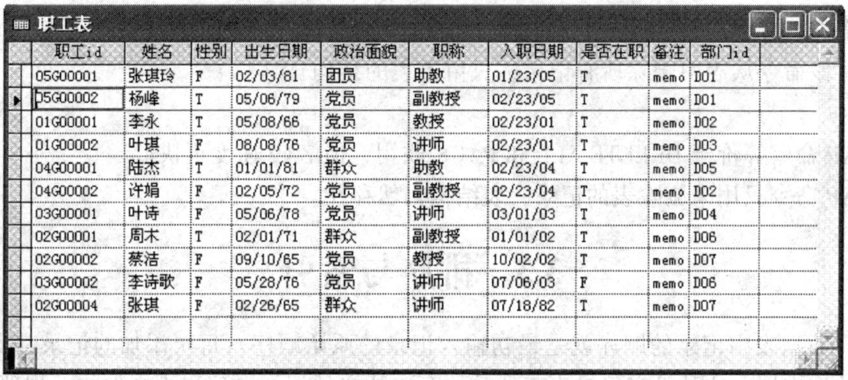

图 3-25　删除所有男职工的记录

（2）RECALL 命令

命令格式：RECALL [<范围>][FOR <条件>][WHILE<条件>] [NOOPTIMIZE]

功能：该命令恢复所选表中带删除标记的记录。

说明：缺省范围为当前记录（NEXT 1）。

【例 3-8】 恢复【例 3-7】中删除的男职工的记录。

```
USE 职工表
RECALL FOR 性别=.T.  &&恢复前面删除的所有男职工的记录，如图 3-26 所示
```

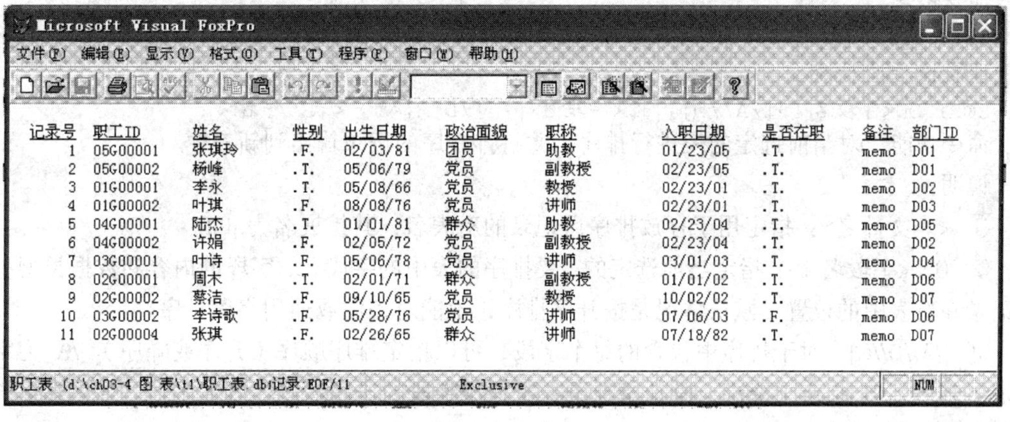

图 3-26　恢复所有男职工的记录

（3）PACK 命令

命令格式：PACK [MEMO] [DBF]

功能：该命令将有删除标记的记录从当前表中永久删除，减少与该表相关的备注文件所占用的空间。

说明：

① MEMO：从备注文件中删除未使用的空间，但不从表中删除标有删除标记的记录。备注字段的信息保存在一个相关的备注文件内。

② DBF：从表中删除标有删除标记的记录，但不影响备注文件。

③ 如果不带 MEMO 和 DBF 子句发出 PACK 命令，PACK 命令将同时作用于表和备注文件。

（4）ZAP 命令

命令格式：ZAP

功能：该命令从表中删除所有记录，只留下表的结构。

说明：

① ZAP 命令等价于 DELETE ALL 和 PACK 联用，但 ZAP 速度更快。

② ZAP 命令只用来删除表的记录，表结构仍然存在。

3.3　排序与索引

通常，数据表中记录的顺序就是最初输入记录的原始顺序，每次添加的记录都由系统自动加到表文件的末尾。这种没有经过人工调整而存在的文件记录顺序称为文件的"物理顺序"。但是，用户对数据常常会有不同的需求，有很多时候为了用户方便使用数据，需要对文件中的记录按照某些字段内容重新排序。Visual FoxPro 提供了两种方法对表中的数据进行排序，即排序和索引。

3.3.1　表的排序

一般表中记录都是按输入顺序排列，每次添加的记录由系统自动加到文件末尾（物理排序），但是根据用户需求往往需要对文件中的记录重新排序。

命令格式：

SORT TO <表文件名> ON<字段名 1>[/A//D]][,<字段 2>[/A|/D]…]

或者：

SORT ON<字段名 1>[/A//D]][,<字段 2>[/A|/D]…] TO <表文件名>

命令功能：对当前选定的表进行排序，并将排好序的记录输出到新表中。

说明：

① <表文件名>：指定用于存放排序后记录的新表名，其扩展名为.dbf。

② ON <字段名 1>：指定当前选定的、要排序的表中的字段名，字段的内容和数据类型决定了记录在新表中的位置，默认情况是按升序排序，不能对备注或通用字段排序。

③ [/A//D//C]：对于排序中包含的每个字段，可以指定排序顺序（升序或降序）。/A 为字段指定了升序，/D 指定了降序。默认情况下，字符型字段的排序顺序区分大小写。如果在字符型字段名后包含/C，则忽略大小写。

3.3.2　索引和索引类型

1. 索引的概念

例如，用户要在一本书中找到有关的章节，可以有 2 种方法：一是从第一页开始顺序查找；二是先从目录查找需要章节的页码然后去找到该页。毫无疑问，用目录查找要快得多。实际上这里说的目录与 Visual FoxPro 表中的索引有相似之处，但它比目录要复杂一些。

索引是一种排序机制，建立索引就是创建一个指向表文件记录的指针构成的索引文件，它与表文件分别存储。在索引文件中，所有关键字值按升序或降序排列，每个值对应表中的一个记录，因此索引能够确定记录的逻辑顺序，而不改变表中记录的物理顺序。

2. 索引文件的类型

（1）单项索引文件

扩展名为.IDX，只能容纳一项索引，这种索引只能使用命令方式创建。

（2）复合索引文件

扩展名为.CDX，可以容纳多项索引，每个索引有一个索引标识。索引之间用唯一的索引标识区别，每个索引标识名的作用等同于一个索引文件名。这种文件以压缩方式存储。

复合索引文件分为两种：

① 结构复合索引文件：其结构复合索引文件的主名与表文件的主名相同。表文件打开时，它随表的打开而打开，关闭表时随表的关闭而关闭。

② 非结构复合索引文件：与结构复合索引文件不同，该文件的主名与表文件的主名不同，定义时要求用户为其取名。因此，当表文件打开或关闭时，该文件不能自动打开或关闭，必须用户自己使用命令操作，此类索引文件使用较少。

3. 索引关键字的类型

索引关键字是由一个或若干个字段构成的索引表达式。索引表达式的类型决定了不同的索引方式。在 Visual FoxPro 中，有 4 种类型的索引：主索引、候选索引、普通索引和唯一索引。

① 主索引：只能用于数据库中。绝对不允许在指定的字段或表达式中有重复值（例如学号）。一个表只能建一个主索引。

② 候选索引：同样不允许在指定的字段或表达式中有重复值。与主索引不同，一个表可以创建多个候选索引。

③ 普通索引：允许在指定的字段或表达式中有重复值，在数据库表和自由表中都可以创建普通索引，使用普通索引可以排序和查找记录。

④ 唯一索引：这里的"唯一"不是指索引字段值的唯一，它允许在指定的字段或表达式中有重复值。唯一索引是指在使用这种索引时，重复的索引字段值只有第一次出现的值被列入索引项中。

3.3.3 索引的创建

1. 使用 INDEX 命令创建索引

命令格式：

```
INDEX  ON <索引表达式>  TO  <单项索引文件名> / TAG <索引标识名>
[OF <复合索引文件名>] [FOR<条件>] [COMPACT]
[ASCENDING/DESCENDING] [UNIQUE / CANDIDATE] [ADDITIVE]
```

功能：为表创建索引。

说明：

① TO <单项索引文件名>：创建一个单项索引文件名，默认的索引文件扩展名为.IDX。

② TAG <索引标识名> [OF <复合索引文件名>]：创建一个复合索引文件。

③ FOR<条件>]：指定条件，索引文件只为那些满足条件的记录创建索引关键字，实现筛选数据。

④ [COMPACT]：创建一个压缩的.IDX 文件。

⑤ [ASCENDING/DESCENDING]：指定文件是升序或降序，默认为升序，本选项只对复合索

引文件有效。

⑥ [UNIQUE]：当有多个记录的<索引表达式>值相同时，只有其中第一个记录被载入索引。

⑦ [CANDIDATE]：创建候选结构索引标识，只对结构复合索引标识有效。

⑧ [ADDITIVE]：指定先前打开的索引文件保持打开状态。缺省情况下，用 INDEX 命令建立索引文件时，所有先前打开的索引将关闭。

该命令默认创建普通索引，还可以建立候选索引和唯一索引，但是不能建立主索引。

索引表达式由当前表中的字段名或由字段名、函数、常数等组成的表达式构成。索引表达式可以是单一字段，也可以是多个字段的组合表达式。

索引表达式类型有 4 种：字符型、数值型、日期型、逻辑型。

> **注意**：组合表达式中数据类型必须一致。

（1）创建单项索引文件

命令格式：

```
INDEX ON <索引表达式> TO <文件名>
```

【例 3-9】为职工表创建单项索引。

```
USE 职工表
INDEX ON 姓名 TO XM
```

（2）创建结构复合索引文件

命令格式：

```
INDEX ON < 索引表达式> TAG <索引标识>
```

【例 3-10】为职工表创建结构型复合索引。

命令格式：

```
USE 职工表
INDEX ON 出生日期 TAG CSRQ
```

（3）创建非结构复合索引文件

命令格式：

```
INDEX ON < 索引表达式> TAG <索引标识> OF <文件名>
```

【例 3-11】为职工表创建非结构型复合索引。

```
USE 职工表
INDEX ON 职称 TAG ZC OF ZHCH
```

2．在"表设计器"中建立索引

打开表设计器，其中有 3 个选项卡，第一个"字段"选项卡中有一个索引选项，如图 3-27 所示。第二个选项卡也为索引，如图 3-28 所示，但是它们在使用上有区别。

① 在"字段"选项卡中只能建立普通索引，索引关键字为单一字段。（索引名与字段名相同，索引表达式就是对应的字段）

② 利用"索引"选项卡可以选择 3 种不同的索引类型，普通索引、候选索引和唯一索引。索引关键字可以是组合字段，也可以是单一字段，索引名可以直接输入。另外，除了在表达式框中输入表达式外，还可以通过表达式生成器构造复杂的表达式。方法是，单击表达式旁边的小按钮，在弹出的"表达式生成器"中构造，如图 3-29 所示。

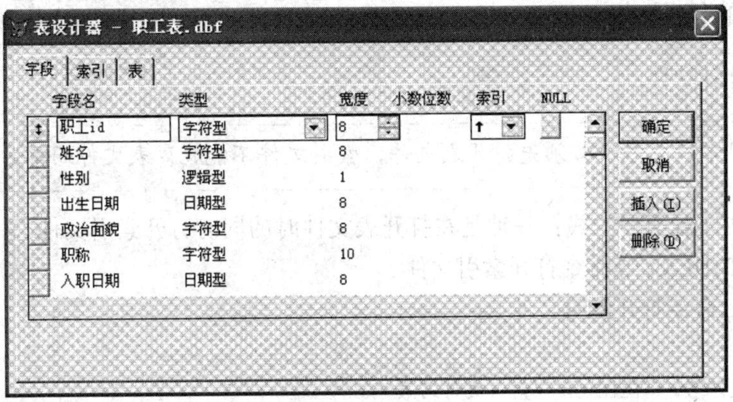

图 3-27 "字段"选项卡

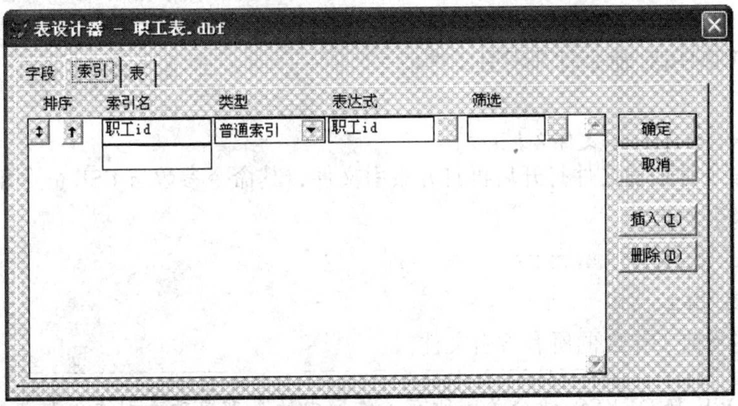

图 3-28 "索引"选项卡

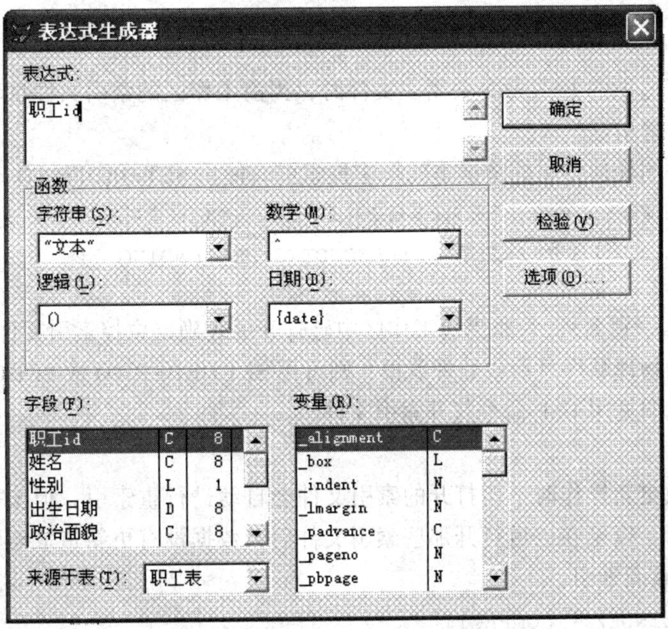

图 3-29 "表达式生成器"对话框

3.3.4　索引的使用

1．打开索引文件

> **注意**：使用索引文件，必须先打开表文件，索引文件不能脱离表文件而单独使用。

打开索引文件有两种方式：一种是在打开表文件时的同时打开索引文件；一种是在表文件打开后，用 SET IDENX 等命令打开索引文件。

（1）用 USE 命令打开索引文件

命令格式：

```
USE  <表文件名>  [INDEX <索引文件名表>/? ]
```

> **注意**：指定要打开的一个或多个索引文件。若要同时打开多个索引文件，中间用逗号隔开。

（2）用 SET INDEX 命令打开索引文件

命令格式：

```
SET INDEX TO [<索引文件名表>/?]
```

说明：该命令是在表文件打开后再打开索引文件，其命令参数与 USE 命令相同。

2．关闭索引文件

命令格式 1：CLOSE INDEXES

命令格式 2：SET INDEX TO

说明：关闭当前工作区的所有索引文件。

> **注意**：CLOSE INDEXES 命令关闭所有工作区中的全部单项索引文件和非结构复合索引文件，表文件和结构复合索引文件仍然打开。

命令格式 3：USE

说明：用不带选项的 USE 命令关闭表文件时，当前工作区的索引文件自动关闭。

3．确定主控索引

在不打开或关闭任何索引的情况下转换主控索引，使用 SET ORDER TO 命令。

格式：SET ORDER TO [<索引序号>/<单项索引文件名>/ [TAG]<索引标识>[OF<复合索引文件名>]
　　　　　[IN <工作区号>/<别名>] [ASCENDING/DESCENDING]]

说明：

IN <工作区号>/<别名>：为非当前工作区中已打开的表确定主控索引文件或主控索引标识。若要恢复原始物理顺序显示或处理数据，则可用 SET ORDER TO 或 SET ORDER TO 0 命令。其他选项的说明见用 USE 命令打开索引文件。

4．重建索引

当对表文件做更新操作时一切打开的索引文件会自动进行重索引，但未打开的索引文件却不会自动修改索引，以至在以后打开那些索引文件后，数据没有更新造成索引混乱，此时需要用 REINDEX 命令重新索引。

命令格式：REINDEX [COMPACT]

说明：

① Visual FoxPro 识别每种索引文件的类别(独立复合索引文件、结构复合索引文件及单项索引文件)并分别重建索引。

② 对使用包含 UNIQUE 关键字的 INDEX 命令或 SET UNIQUE ON 命令创建的索引文件，在重建索引时，仍保持 UNIQUE 状态。

③ COMPACT：将普通的单项索引(.IDX)文件转换为压缩的.IDX 文件。

3.3.5 索引的查找

1．顺序查找

顺序查找包括 LOCATE 和 CONTINUE 两条命令，可以查找没有建立排序和索引的表。

命令格式：`LOCATE FOR <条件> [WHILE <条件>] [<范围>][NOOPTIMIZE]`

功能：按顺序搜索表，找到满足条件的第一个记录。

命令格式：`CONTINUE`

功能：按照 LOCATE 命令的条件，继续查找下一个满足条件的记录。

2．索引查找

索引查找的前提是表文件已经排序或建立并打开了索引。索引查找有两条命令：FIND 和 SEEK。FIND 是为了和以前的版本兼容而保留的，SEEK 的功能更强。

（1）FIND 命令

命令格式：`FIND <字符表达式>`

功能：按当前主控索引，查找满足条件的第一个记录。

说明：FIND 命令只能查找字符型或数值型数据。若是字符型数据，可以加定界符，亦可以不加定界符。<字符表达式>不能为空值。

（2）SEEK 命令

命令格式：`SEEK <表达式>`

功能：按当前主控索引，搜索满足条件表达式的第一个记录，这个记录的索引关键字必须与指定的表达式匹配。

<表达式>：由常量、变量和表达式组成。若是字符型常量，则必须加定界符，可以是空字符串，也可以是数值型、逻辑型、日期型等各种类型的常量、变量和表达式。

3.3.6 删除索引

当创建的索引不再使用或者想要删除时，在表设计器中可以删除索引，也可以使用命令删除索引。

命令格式 1：`DELETE TAG <索引标识>`

命令格式 2：`DELETE FILE <索引文件>`

3.4 记录的统计与计算

1．记数命令

命令格式：`COUNT [<范围>][FOR <条件>][WHILE<条件>] [TO <内存变量>]`

功能：在指定范围内，统计满足条件的记录数。

说明：

① 范围：默认值为 ALL。

② 条件：指定统计条件默认为指定范围内的全部记录。

③ TO <内存变量>：指定用于存储统计结果的内存变量或数组。缺省时，记录数仅显示在主窗口的状态栏中，无法保存。

④ 如果 SET DELETE 是 OFF，则带有删除标记的记录也包括在计数中。

2．求和命令

命令格式：SUM [<数值表达式表>][<范围>][FOR <条件>][WHILE<条件>] [TO <内存变量名表>/ TO ARRAY <数组名>]

命令功能：在指定范围内，对满足条件的指定数值字段或全部数值字段进行求和。

说明：

① <范围>：ALL，所有记录。

② 默认条件，统计指定范围内的全部记录。

③ <数值表达式表>：指定要求和的一个或多个字段或者字段表达式。如果省略字段表达式列表，则对所有数值型字段求和，其实质是实现表文件数值型字段的纵向求和。

④ [TO <内存变量名表>/ TO ARRAY <数组名>]：将数值表达式的各个求和结果依次存入 <内存变量表>或数组，列表中的内存变量名用逗号分隔。

3．求平均值命令

命令格式：

AVERAGE [<数值表达式表>][<范围>][FOR <条件>][WHILE<条件>][TO <内存变量名表>/ TO ARRAY <数组名>]

功能：在指定范围内，计算数值表达式或字段的算术平均值。

说明：AVERAGE 命令各参数的含义同 SUM 命令。

3.5　与表相关的几个函数

1．BOF()

命令格式：BOF()

功能：用于测试指定工作区中的表的记录指针是否指向文件头，若是则返回真值，否则返回假值。

【例 3-12】测试记录指针是否指向文件头。

```
USE 职工表
GO TOP
?BOF()
```
返回结果：.F.。
```
SKIP-1
?BOF()
```
返回结果：.T.。

2．EOF()

命令格式：EOF()

功能：用于测试指定工作区中的表的记录指针是否指向文件尾，若是则返回真值，否则返回假值。

【例 3-13】测试记录指针是否指向文件尾。

```
USE 职工表
GO BOTTOM
?EOF()
```

返回结果：.F.。

```
SKIP 1
? EOF()
```

返回结果：.t.。

3. 测试当前记录号函数

命令格式：RECNO()

功能：得到当前的记录号。

【例 3-14】测试 RECNO()函数。

```
USE 职工表
?recno()
```

返回结果：1。

```
skip
?recno()
```

返回结果：2。

4. 测试表字段数函数

命令格式：fcount()

功能：得到当前的字段数。

【例 3-15】测试"职工表"表中共有多少个字段。

```
use 职工表
?fcount()
```

返回结果：10。

5. 测试查找记录是否成功函数

命令格式：found()

功能：测试 find、seek 和 locate 命令查找记录是否成功，若成功则返回真值，否则返回假值。

【例 3-16】在"职工表"表中查找职工"杨峰"的记录。

```
use 职工表
locate for 姓名="杨峰"
?found()
```

返回结果：.t.。

小　　结

Visual FoxPro 中的数据表由结构和内容（数据）两部分组成，本章主要分别使用菜单和命令方式以自由表为例讲述了表结构的创建，表内容的输入、修改、逻辑删除、物理删除、排序和索引以及统计和查找等表操作。

习　题

一、思考题

1. 什么是数据库表？什么是自由表？

2. 表结构指的是什么？表的字段中哪种数据类型的宽度是可以改变的？

3. 在表操作中 LIST 命令和 DISPLAY 命令有什么区别？

4. ZAP 命令和 PACK 命令有什么区别？

5. 什么是排序和索引？为什么索引的查询效率高？

6. Visual FoxPro 有几种类型的索引？是否所有的索引都可以在自由表中使用？

7. 在表设计器中可以创建的索引文件是哪一种？

8. 什么是主控索引文件和主控索引标识？它们的作用是什么？

9. LOCATE、FIND、SEEK 命令在使用上有什么区别？怎么判断查询是否成功？

10. Visual FoxPro 中 BOF()、EOF()、RECNO()、FCOUNT()、FOUND()几个函数的作用是什么？

二、选择题

1. 职工表中有工号、部门号、姓名、性别和出生日期 5 个字段，其中前 3 个是字符型，宽度分别为 6、4 和 8，性别是逻辑型字段，出生日期是日期型字段，该表文件中每条记录的总字节数是（　　　）。
   A. 27　　　　　　　B. 28　　　　　　　C. 29　　　　　　　D. 30

2. 要求表文件某数值型字段的整数是 4 位，小数是 2 位，其值可能为负数，该字段的宽度应定义为（　　　）。
   A. 8 位　　　　　　B. 7 位　　　　　　C. 6 位　　　　　　D. 4 位

3. 在表文件的某条记录之前插入一条空记录，应该使用命令（　　　）。
   A. APPEND　　　　　　　　　　B. APPEND BLANK]
   C. INSERT　　　　　　　　　　D. INSERT BEFORE BLANK

4. 设表文件及其索引文件已打开，为了确保指针定位在物理记录号为 1 的记录上，应该使用命令（　　　）。
   A. GO TOP　　　B. GO BOF（）　　　C. SKIP 1　　　D. GO 1

5. 设职工表文件已经打开，要把指针定位在第一个男员工的记录上，应使用命令（　　　）。
   A. FIND 性别=.t.　　　　　　　B. SEEK 性别=.t.
   C. LOCATE FOR 性别=.t.　　　　D. FIND 性别=.f.

6. 显示职工表中姓张的员工信息，应使用命令（　　　）。
   A. LIST FOR"张"$姓名　　　　　B. LIST FOR LEFT (姓名，2) = "张"
   C. LIST FOR 姓名 = 张*　　　　　D. LIST FOR RIGHT (姓名，2) = "张"

7. USE 职工
   ```
   INDEX ON 基本工资 TO GZ
   FIND 1200
   ```
   为了将指针定位在下一个工资是 1200 的记录上，应该接着使用命令（　　　）。

A. SKIP B. CONTINUE C. SEEK 1200 D. FIND 1200

8. 设当前表有 10 条记录，当 EOF()为真时，命令?RECNO()的显示结果是（   ）。

A. 10 B. 11 C. 0 D. 空

9. 设当前打开的职工表中记录指针正指在姓名为"陆杰"的记录上，现有一内存变量为姓名=
"李进"，当在命令窗口输入?"姓名"时的输出结果是（   ）。

A. 李进 B. 陆杰 C. 李进陆杰 D. 空

10. 在数据库文件已打开、而索引文件尚未打开时，打开索引文件的命令是（   ）。

A. USE<索引文件名> B. INDEX TO <索引文件名>

C. INDEX ON <索引文件名> D. SET INDEX TO <索引文件名>

11. 顺序执行下面命令之后，屏幕所显示的记录号顺序是（   ）。

```
USE 职工
GO 4
LIST NEXT 6
```

A. 1～6 B. 4～8 C. 4～9 D. 5～10

12. 在 Visual FoxPro 中，可以使用 FOUND()函数来检测查询是否成功的命令包括（   ）。

A. LIST、FIND、SEEK B. FIND、SEEK、LOCATE

C. FIND、DISPLAY、SEEK D. LIST、SEEK、LOCATE

13. MODIFY STRUCTURE 命令的功能是：（   ）。

A. 修改记录值 B. 修改表结构

C. 修改数据库结构 D. 修改数据库或表结构

14. 可以伴随着表的打开而自动打开的索引是（   ）。

A. 单项索引文件（IDX） B. 复合索引文件（CDX）

C. 结构化复合索引文件 D. 非结构化复合索引文件

15. 有关 ZAP 命令的描述，正确的是（   ）。

A. ZAP 命令只能删除当前表的当前记录

B. ZAP 命令只能删除当前表的带有删除标记的记录

C. ZAP 命令能删除当前表的全部记录

D. ZAP 命令能删除表的结构和全部记录

16. 可以链接或嵌入 OLE 对象的字段类型是（   ）。

A. 备注型字段 B. 通用型和备注型字段

C. 通用型字段 D. 任何类型的字段

17. 下面有关索引的描述正确的是（   ）。

A. 创建索引是创建一个指向数据库表文件记录的指针构成的文件

B. 索引与数据库表的数据存储在一个文件中

C. 建立索引以后，原来的数据库表文件中记录的物理顺序将被改变

D. 使用索引并不能加快对表的查询操作

18. 不允许出现重复字段值的索引是（   ）。

A. 唯一索引 B. 候选索引和主索引

C. 唯一索引和候选索引 D. 普通索引和唯一索引

19. 建立数据表时，如果表中包含有（   ）类型的字段，则系统会自动生成一个扩展名为 fpt

的文件。

    A．数值型　　　　　B．备注型　　　　　C．逻辑型　　　　　D．字符型

20. 统计表记录数量的命令是（　　　）。

    A．COUNT　　　　　B．SUM　　　　　C．AVERAGE　　　　　D．TOTAL

三、填空题

1. 数据库文件的文件结构由字段组成，字段包括字段类型、_____、_____、_____
4 部分。

2. 只适合字段变量的类型有字符型、浮点型、_____、_____、_____、通用型等
类型。

3. 在 Visual FoxPro 中，字符型字段的最大字符数为_____。

第4章

数据库

Visual FoxPro 是关系数据库，数据处理（存储、排序、检索）是数据库的主要功能之一。第 3 章中讲的数据表均是自由表，但是，在实际应用中常常会需要同时或交替对多张表进行访问和检索，这些操作有时候就要求多个表之间是要相互联系的，于是我们需要进一步学习关系数据库的知识，掌握多张表一起操作的方法。

4.1 数据库的创建与使用

关系数据库是由多个数据库表以及其他结构化了的相关数据（包括存储过程、视图等）组成的，其中的数据库表与第 3 章学习的自由表有很大区别。

4.1.1 数据库的创建

在 Visual FoxPro 中，建立数据库文件可以采用菜单和命令两种操作方式。

1．菜单操作方式

（1）在"新建"菜单中建立数据库

选择"文件"菜单中的"新建"命令，将弹出"新建"对话框。在"新建"对话框中选择"数据库"单选按钮，再单击"新建文件"按钮，弹出"创建"对话框。在"创建"对话框中输入数据库文件名和保存位置。单击"保存"按钮，系统将打开数据库设计器，如图 4-1 所示。在数据库设计器上有一个浮动的数据库设计器工具栏，可以利用它快速访问与数据库相关的选项。

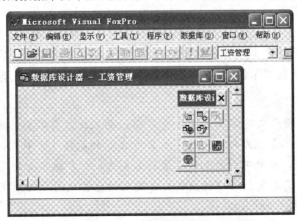

图 4-1　数据库设计器

此时，在 Visual FoxPro 的菜单栏中有"数据库"菜单，其中包含了各种可用的数据库命令。此外，在数据库设计器中任意空白区域右击，会弹出一个快捷菜单，其中也包含了可用的数据库命令。

单击数据库设计器的关闭按钮可以关闭数据库设计器，至此，已经建立了一个数据库文件。但是由于还没有添加任何表和其他对象，所以只是建立了一个空的数据库。

（2）在项目管理器中建立数据库

如果已经建立了一个项目文件，那么在项目管理器中也可以建立数据库。具体步骤如下：

① 选择"项目管理器"中"全部"选项卡中的"数据库"选项，如图 4-2 所示。

② 单击"新建"按钮，进入"创建"对话框。

③ 后面操作与用菜单新建数据库一样。

图 4-2   项目管理器

2．命令操作方式

也可以采用命令建立数据库文件。

命令格式：CREATE   DATABASE [<数据库文件名>/?]

功能：建立数据库。

说明：其中<数据库文件名>指定生成的数据库文件，若省略扩展名，则默认为.dbc。如果未指定数据库文件名或用"？"代替数据库文件名，会自动弹出"创建"对话框，以便用户选择数据库存放的位置和输入数据库名。保存后该数据库文件被建立，并且自动以独占方式打开该数据库。

> 注意：新建的数据库文件实际是扩展名为.dbc 的文件，与之相应的还会自动建立一个扩展名为.dct 的数据库备注文件和一个扩展名为.dcx 的数据库索引文件。也就是说，创建一个数据库在磁盘上，用户可以看到的是文件名形态，但扩展名分别是.dbc、.dct、.dcx 的 3 个文件。如果用户需要复制某个数据库文件到其他地方使用，必须将同名的上述 3 个扩展名的文件一并复制，否则出错。

4.1.2　数据库的打开与维护

1．数据库设计器的打开

在创建数据库时就已经自动打开了数据库设计器，但由于此时数据库是空的，所以只能看到一个"数据库设计器"工具箱。在 Visual FoxPro 中可以随时打开数据库设计器，方法有 3 种：

（1）从项目管理器中打开数据库设计器

在数据库设计器中一次只能设计一个数据库，所以从项目管理器中打开数据库设计器需要首先展开"数据库"分支，接着选择要设计的数据库，最后单击"修改"按钮，如图 4-3 所示。

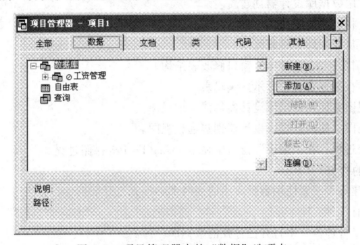

图 4-3　项目管理器中的"数据"选项卡

（2）从"打开"菜单中打开数据库设计器

选择菜单栏中的"文件"→"打开"命令或者单击工具栏上的"打开"按钮，会弹出"打开"对话框，如图 4-4 所示。

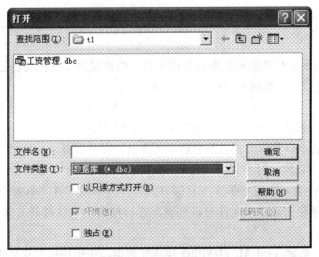

图 4-4　"打开"对话框

（3）用命令打开数据库设计器

命令格式：MODIFY DATABASE [文件名/?][NOEDIT]

功能：打开数据库设计器。

说明：

① "文件名"是给出的要修改的数据库名，如果使用问号"？"或者省略该参数，则显示"打开"对话框。

② NOEDIT 使用该参数只是打开数据库设计器，而禁止对数据库进行修改。

（4）数据库设计器"工具栏"的使用

下面介绍一下图 4-1 所示的数据库设计器工具栏中的按钮。

① 新建表：用数据库设计器创建新表。

② 添加表：将表添加至数据库。

③ 移去表：从数据库中将表移出。

④ 修改表：打开"表设计器"窗口修改表结构。

⑤ 浏览表：在浏览窗口中显示并编辑表。

⑥ 新本地视图：使用数据库设计器创建本地视图。

⑦ 新远程视图：使用数据库设计器创建远程视图。

⑧ 编辑存储过程：在"编辑"窗口中显示 Visual FoxPro 存储过程。

2．数据库的打开

在数据库中建立表或者使用数据库中的表时都必须先打开数据库。方法与建立数据库类似，常用的打开方式有 3 种：

（1）在"项目管理器"中打开已存在的数据库。

① 在"项目管理器"中选择数据库名称。

② 单击"修改"按钮。

（2）从"打开"对话框打开数据库。

（3）使用命令方式打开数据库。

命令格式：

OPEN　DATABASE　[文件/?][EXCLUSIVE/SHARED][NOUPDATE][VALIDATE]

参数说明：

① "文件"：表示要打开的数据库的名称（默认的数据库文件扩展名是.dbc）。如果不指定数据库名或使用问号"？"，则显示"打开"对话框。

② EXCLUSIVE：表示以独占方式打开数据库（等效于在"打开"对话框中选择复选框"独占"）即不允许其他用户在同一时刻以任何方式打开该数据库。

③ SHARED：表示以共享方式打开数据库（等效于在"打开"对话框中不选择复选框"独占"）即允许其他用户在同一时刻只能以共享方式打开该数据库。

④ NOUPDATE：表示指定数据库按只读方式打开（等效于在"打开"对话框中不选择复选框"以只读方式打开"），即不允许对该数据库进行修改，默认打开方式是读/写方式，是可以修改的。

⑤ VALIDATE：指定 VISUAL FOXPRO 检查在数据库中引用的对象是否合法，例如检查数据库中的表和索引是否可用，索引标识是否存在等。

4.1.3　数据库中表的组织

1．数据之间的联系类型

每一类数据对象的个体称为"实体"，每一类对象个体的集合称为"实体集"。

（1）一对一关系

实体集 1 与实体集 2 之间存在一对一的关系是指实体集 1 中的一个元素在实体集 2 中最多有一个元素与它对应；而实体集 2 中的一个元素在实体集 1 中也最多只有一个元素和它对应。例如，职工表中的"职工 id"与"姓名"之间就是一对一的关系。

（2）一对多关系

实体集 1 与实体集 2 之间存在一对多的关系即是指实体集 1 中的一个元素在实体集 2 中有多个元素与它对应；而实体集 2 中的一个元素在实体集 1 中最多只有一个元素和它对应，例如部门表与职工表之间就是一对多的关系。通常将一对多关系中的实体集 1 称为"父表"或"一方表"，实体集 2 称为"子表"或"多方表"。一对多关系是关系数据库中最普通的关系。

（3）多对多关系

实体集 1 与实体集 2 之间存在多对多的关系即是指实体集 1 中的一个元素在实体集 2 中有多个元素与它对应；而实体集 2 中的一个元素在实体集 1 中也有多个元素和它对应。例如，学生表与课程表之间就是多对多的关系，每个学生可以学习多门课程，同时每门课程也可以有多个学生学习。

2．数据库表之间的联系与外部关键字（外码）

（1）表与表之间是一对一的关系

实现该关系需要根据实际情况而定，设计时可以分为两个表或合并为一个表。

（2）表与表之间是一对多的关系

实现该联系需将父表中的主关键字放入子表中，以实现两表之间的有效关联。例如，部门表与职工表之间是一对多关系，在设计职工表时需要加部门表中的主码"部门 id"。

（3）表与表之间是多对多的关系

实现该联系需要另外加一个新表，这个表称为"关联表"，其中包括表 1 和表 2 的主关键字，并且加进两表之间的关联字段。

4.2　数据库表的设置

数据库表设计器和自由表设计器有很大的不同，最大的区别就是数据库表设计器中可以设置表的长表名、长字段名和一些字段属性等。

4.2.1　长表名和长字段名

数据库表可以使用长达 128 个字符的名称，作为数据库引用该表的名称。Visual FoxPro 默认的表名与表的文件名相同。

自由表的字段名最多取 10 个字符，而数据库表允许使用最多长达 128 个字符的长字段名，用来描述字段的含义。

利用"表设计器"或 CREATE TABLE 命令可以定义长字段名，并且自动存放在.dbc 文件中；且其前 10 个字符同时作为字段名存放在.dbf 文件中。作为数据库表，必须通过它的长字段名来引用该表中的字段。如果将该表从数据库中移出而变为自由表，则它的长字段名就会丢失，系统自动将原来的长字段名截取其前 10 个字符，这时可使用.DBF 中存放的长度为 10 个字符的短字段名来引用该字段。

值得注意的是，假如在截取短字段名时，相应长字段名的前 10 个字符在表中不唯一，则系统将取长字段名的前几个字符，后面增加下画线和顺序号，长度仍为 10 个字符。另外，由于系统对于汉字的短字段名不易区分，所以在定义汉字的长字段名时，最好用前 5 个汉字就能区分开。

4.2.2 设置字段属性

数据库表的表设计器中比自由表的表设计器多了设置字段属性及其字段有效性等其他功能的窗口，如图 4-5 所示。

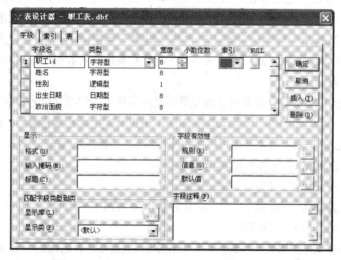

图 4-5　数据库表设计器

1．设置字段标题

一般情况下，Visual FoxPro 将字段名作为标题使用，但在实际需要中，可为数据库表的字段建立标题，作为"浏览"或"编辑"该表时显示的列标题。

创建字段标题的两种方法是：第一种是在"数据库设计器"的"标题"框中输入相应的标题名称，第二种是使用 DBSETROP()函数。

例如，在职工表中要用"职工姓名"作为"姓名"字段的标题时，用如下命令即可：

? DBSETPROP("职工.姓名","FIELD","CAPTION","职工姓名")

2．设置字段注解

在数据库表中，可以为每一个字段附加相应的字段注解。创建字段注解的方法，第一种是在"表设计器"的"字段注解"框中输入相应的注解；第二种是使用 DBSETROP()函数。

例如，在职工表中要为"备注"字段添加注解，写如下命令即可：

? DBSETPROP ("职工.备注", "FIELD", "COMMENT", "目前所任职位")

3．建立输入掩码

当某个字段需要以一定格式输入时，可以利用字段的"输入掩码"特性加以说明，这样，更有利于简化输入、规范格式、减少数据输入错误和提高输入效率。

4．设置字段默认值

如果某个表的字段在大部分记录中都有相同的值，则可以为该字段预先设定一个默认值，以减少数据输入，加速数据的录入速度。

为字段设定的默认值可以是一个具体的值，也可以是一个 Visual FoxPro 的表达式，无论是在表单或浏览窗口中输入数据，还是以编程方式输入数据，默认值都起作用。

5．为数据库表设置字段验证规则

字段验证规则能够控制用户输入到字段中的信息类型，例如在职工表中的性别字段，只需要在字段有效性的规则里输入：性别=.T. .OR. 性别=.F.,因为性别只有逻辑"真"和"假"两种情况，输入其他的任何值都是非法的，也不允许。

4.2.3　设置记录规则

使用记录验证规则可以控制输入到记录中的数据，通常是比较同一条记录中两个或多个字段的值，以确保他们遵守一定的规则。与字段验证规则不同，记录验证规则是当记录的值被改变后，记录指针准备离开该记录时被激活的。

在职工表中，字段出生日期值应该小于入职日期值，所以应该限制，如图 4-6 所示。

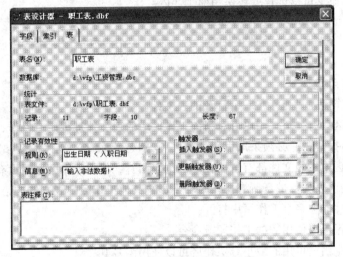

图 4-6　数据库表设计器对话框

4.3　表间关系及参照完整性

关系数据库系统是采用表来存储数据的，而数据之间的联系则是通过两个表中的关联字段来实现的。在实际应用中，用户的很多需求要通过对多个数据表中的数据关联操作才能实现，而关系数据库系统提供了实现多表间信息联系及访问的强大功能。因此，如何建立两个数据库表之间的关联，是掌握实现多表间数据操作的基础。在两个数据库表之间可以创建两种类型的关系类型，一种是永久关系，一种是临时关系。

4.3.1　工作区

1．工作区的概念

工作区是用来保存表及其相关信息的一片内存空间。平时讲打开表实际上就是将其从磁盘调入到内存的某一个工作区。在每个工作区中只能打开一个表文件，但可以同时打开与表相关的其他文件，如索引文件、查询文件等。若在一个工作区中打开一个新的表，则该工作区中原来的表将被关闭。

有了工作区的概念，就可以同时打开多个表，但在任何一个时刻用户只能选中一个工作区进行操作。当前正在操作的工作区称为当前工作区。

2．工作区的编号与别名

不同工作区可以用其编号或别名来加以区分。

Visual FoxPro 提供了最多 32 767 个工作区，系统以 1 ~ 32 767 来作为各工作区的编号。

工作区的别名有两种，一种是系统定义的别名：1 ~ 10 号工作区的别名分别为字母 A ~ J；另一种是用户自定义的别名。用户自定义别名可以使用以下命令：

```
USE  <表文件名> ALIAS  <别名>
```

由于在一个工作区只能打开一个表，因此可以把表的别名作为工作区的别名。若省略 ALIAS 子句对表指定别名，则以表的主文件名作为别名。

3．工作区的选择

使用 SELECT 命令可以选择或转换当前工作区。

命令格式：`SELECT <工作区号>/<工作区别名>`

该命令选择一个工作区为当前工作区，以便打开一个表或把该工作区中已打开的表作为当前表进行操作。

4．工作区使用规则

① 在一个工作区内只能存在一个打开的表文件。

② 当前工作区只有一个，用户可对当前工作区中的表文件进行所有操作，但对非当前工作区中的表文件进行操作时，必须采取引用的方式（"别名.字段名"或"别名->字段名"）。

③ 每个工作区中的表文件都有自己独立的记录指针，如果工作区之间没有建立关联，则对当前工作区中的当前表文件进行所有操作时均不影响其他工作区中表文件的记录指针。

④ 一个表文件能在多个工作区中打开。

⑤ 指定工作区可以使用数据工作期或命令。

⑥ 由系统指定当前可用的最小号工作区可以使用编号 0。

4.3.2　建立关系前的准备

关系数据库系统是采用表来存储数据的，而数据之间的联系则是通过两个表中的关联字段来实现的。在实际应用中，用户的需求有很多是需要对多个数据表中的数据实施操作才能实现的，而关系数据库提供了实现多表间信息联系及访问的强大功能。

因此，如何建立两个数据库表之间的关联，是学会实现多表间数据操作的基础。在两个数据库表之间可以创建两种关系类型：一种是永久性关系，另一种是临时性关系。如果表之间需要建立临时关系，则这些表既可以以数据库表的形式存在，也可以以自由表的形式存在；如果表之间需要建立永久关联，则这些表必须以数据库表形式来使用。

4.3.3　建立表间的关联

1．表间的永久关系

建立永久关系的目的如下：

① 为实现参照完整性提供依据。

② 在查询设计器、视图设计器中，作为默认链接条件。

③ 在数据库设计器、数据环境设计器中直接显示为表索引之间的连线，作为表单和报表之间的默认关系。

建立永久性关联的方法如下：

① 可以通过"数据库设计器"建立永久关系，如图 4-7 所示。

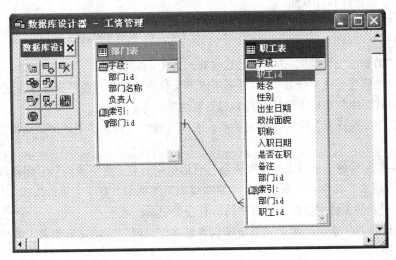

图 4-7　表间永久关系

② 可以使用命令的方法建立永久关系。例如，要建立"部门"表和"职工"表之间的永久性关系，假定两表已建索引，使用如下命令：

```
ALTER TABLE 职工 ADD  FOREIGN KEY  部门id TAG 部门id REFERENCES 部门
```

③ 删除表间的永久性关联。

2．通过"数据库设计器"删除永久关系

① 在"数据库设计器"中，用鼠标单击连接线使线条变粗（说明已被选中），再按【Delete】键即可。

② 使用命令删除永久性关联。

例如，要删除"部门"表和"职工"表之间的永久性关系。

```
ALTER TABLE 职工 DROP FOREIGN KEY TAG 部门id SAVE
```

3．表之间的临时关系

表间的永久性关系并不能使子表的记录指针随父表的记录指针产生联动，而这一特性又是实际应用当中非常有用的，建立表间的临时关系可以达到这一目的。在建立了表间的临时关系后，父表可以控制子表。当在父表中移动记录指针时，子表中的记录指针也作相应移动。

通过以下两种方法可以创建表间的临时性关联：

① 通过"数据工作期"窗口创建表间的临时性关联。

② 通过命令 SET RELATION TO 也可创建表间的临时性关联。

命令格式：

```
SET RELATION TO [<关系表达式1> INTO <工作区1>/<表别名1>
[,<关系表达式2 >INTO <工作区2>/<表别名2>…]
[IN <工作区>/<表别名>] [ ADDITIVE ]
```

4.3.4 设置参照完整性

设置数据库表的参照完整性规则，可以有效地维护数据库中多张表的关联。

1. 参照完整性规则

为数据库设置参照完整性规则，当插入、删除或者更新表记录时，就可以保证数据库表中数据的一致性、完整性和有效性。

2. 实现参照完整性

建立参照完整性的方法如下：

① 打开"数据库设计器"，选择已经建立好永久关系的表。

② 启动"参照完整性生成器"。可以采用以下 2 种方法打开"参照完整性生成器"对话框。

a. 选择"数据库"菜单中的"编辑参照完整性"命令。

b. 在"数据库设计器"中右击永久关系的表间连线，选择快捷菜单中"编辑参照完整性"命令。

在如图 4-8 所示的"参照完整性生成器"对话框中，有"更新规则"、"删除规则"和"插入规则" 3 个选项卡。其中"更新规则"、"删除规则"选项卡下有 3 个单选按钮，作用如下：

● 级联：用新的关键字值更新子表中的所有相关记录。

当对父表记录的主索引、候选索引更新或者删除记录时，自动完成相关子表中记录的更新和删除级联操作。

● 限制：若子表中有相关记录则禁止更新。

禁止对父表记录的主索引、候选索引更新或删除记录，且如果要在子表中插入记录，而该记录在父表中无相匹配的记录，则禁止这类插入操作。

● 忽略：允许进行任何操作。

③ 设置相应的完整性规则。

④ 单击"确定"按钮，弹出参照完整性生成器确认框。

⑤ 单击"是"按钮。

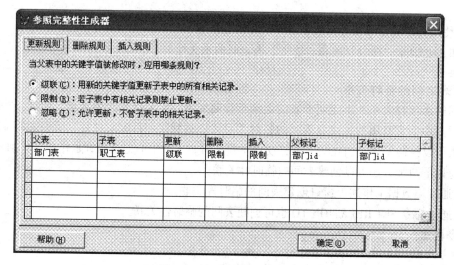

图 4-8　参照完整性生成器

小　结

本章主要介绍了关系数据库的基本概念和基础知识，分别使用菜单和命令方式创建数据库以及数据库的基本操作，包括数据库表的基本操作和工作区的概念、表之间永久关系和临时关系的建立，关系数据库参照完整性的设置。

习　题

一、思考题

1. 举出两个一对多和多对多的实例。
2. 什么是关系数据库的完整性？
3. 数据库表设计器和自由表设计器有何区别？
4. 数据库表和自由表怎样相互转换？
5. 比较表之间的永久性关系与临时性关系的异同，并说明二者各起什么作用。
6. 什么表可以创建永久性关系，创建永久关系时需要对两个表分别建立什么索引？建立的索引对关系类型有何作用？
7. 在什么表设计器下可以设置字段级规则和记录级规则？
8. 什么是工作区，如何指定一个表的别名？

二、选择题

1. 选择使用特定工作区打开表时，选择工作区所使用的命令为（　　）。
   A. SE　　　　　　B. SELECT　　　　C. ALTER　　　D. REATE
2. 实体完整性约束可以通过（　　）。
   A. 定义外部键来保证　　　　　　B. 定义主键来保证
   C. 用户定义的完整性来保证　　　D. 定义字段类型来保证
3. 在生成参照完整性中，设置删除操作规则时选择了"级联"选项卡后，则（　　）。
   A. 在删除父表某条记录时，子表中相关的记录连着删除
   B. 在删除父表某条记录时，若表中有相关记录则禁止删除
   C. 删除父表某条记录时，若子表中有相关记录则允许删除
   D. 允许删除父表的任何记录，不管子表中的相关记录
4. 建立两张表的临时关系时，要求（　　）。
   A. 两张表必须是数据库表　　　　B. 两张表必须是自由表
   C. 两张表是自由表或者数据库表均可　　D. 两张表无须创建索引
5. 在超市营业过程中，每个时段要安排一个班组上岗值班，每个收款口要配备两名收款员配合工作，共同使用一套收款设备为顾客服务。在超市数据库中，实体之间属于一对一关系的是（　　）。
   A. "顾客"与"收款口"的关系　　　B. "收款口"与"收款员"的关系
   C. "班组"与"收款口"的关系　　　D. "收款口"与"设备"的关系

6. 公司员工每人有一张就餐卡，就餐卡可以在公司食堂任意窗口消费，请问就餐卡卡号和刷卡记录之间的对应关系是（　　　）。

    A. 一对一关系　　　　　　　　　　　B. 一对二关系

    C. 一对多关系　　　　　　　　　　　D. 多对多关系

7. 为了设置两个表之间的参照完整性，要求这两个表是（　　　）。

    A. 同一个数据库中的两个表　　　　　B. 两个自由表

    C. 一个自由表和一个数据库表　　　　D. 没有限制

8. Visual FoxPro 参照完整性规则不包括（　　　）。

    A. 更新规则　　　　B. 删除规则　　　　C. 查询规则　　　　D. 插入规则

三、填空题

1. Visual FoxPro 提供了＿＿＿＿＿个工作区，＿＿＿＿＿号工作区为最低可用工作区。

2. 数据库的参照完整性规则包括更新规则、＿＿＿＿＿和插入规则，除了＿＿＿＿＿规则外，每个规则中又有 3 个选项：级联、限制和忽略。

3. 表间的＿＿＿＿＿能使子表的记录指针随父表的记录指针移动而作相应的移动。

4. 在 Visual FoxPro 中，每个工作区都有两个别名，一个是＿＿＿＿＿的，另一个是＿＿＿＿＿的。

第**5**章

结构化查询语言（SQL）、查询与视图

结构化查询语言（Structured Query Language，SQL）是一种介于关系代数和关系演算之间的语言。绝大多数的关系数据库管理系统都支持 SQL，通过它可以对关系型数据库进行组织、管理和检索。在 Visual FoxPro 中，可以通过 Visual FoxPro 命令实现对数据库中各种数据的操作，同时也支持 SQL，而且用 SQL 会更加方便，可以实现一些 Visual FoxPro 命令无法实现的功能。

查询和视图有很多相似的地方，创建的步骤也十分相似。查询可以根据表或视图定义，视图具有表和查询的特点，是建立在数据库上的虚拟表。

5.1　SQL 概述

5.1.1　SQL 的主要特点

SQL 是 1974 年由 Boyce 和 Chamberlin 提出的，在 IBM 公司的 San Jose Research Laboratory 研制的 System R 上实现了这种语言。最早的 SQL 标准是于 1986 年 10 月由美国 ANSI 公布的。随后，在 1987 年 6 月，ISO 正式将其作为国际标准，并在此基础上做了补充。到 1989 年 4 月，ISO 提出了具有完整性特征的 SQL——SQL89。SQL 标准的出台使 SQL 作为关系数据库标准语言的地位得到了进一步加强。

SQL 具有如下主要特点：

① SQL 是一种一体化的语言，它包括了数据定义、数据查询、数据操作和数据控制等方面的功能，可以独立完成数据库的全部操作。

② SQL 是一种高度非过程化的语言，它没有必要一步步地告诉计算机"如何"去做，而只需要描述清楚用户要"做什么"。SQL 可以将要求交给系统，自动完成全部工作。

③ SQL 简洁易用。虽然它的功能强大，但只有为数不多的几条命令。此外，SQL 的语法也相当简单，接近自然语言，用户可以很快地掌握并用好它。

④ SQL 有多种执行方式，既能以交互命令的方式直接使用，也能嵌入到各种高级语言中使用。尽管使用的方式可以不同，但其语法结构是一致的。目前，几乎所有的数据库管理系统或数据库应用开发工具都已将 SQL 融入自身的语言之中。

⑤ SQL 具有完备的查询功能。只要数据是按关系方式存放在数据库中的，就能够构造适当的 SQL 命令将其检索出来。事实上，SQL 的查询命令不仅具有强大的数据检索功能，而且在检索的同时还提供了排序、分组、统计和计算功能。

⑥ SQL 除了能对数据表进行各种操作之外，还能对视图进行各种操作。

5.1.2 SQL 命令动词

SQL 是一个功能极其强大的关系数据库语言，不仅可以用来查询，也可以用它完成包括数据库操作要求的所有功能，包括数据定义、数据操纵、数据查询和数据控制。SQL 是一种一体化的语言，其功能和相对应的命令如表 5-1 所示。

表 5-1　SQL 功能及相应的命令

SQL 功能	命 令 动 词
数据定义	CREATE、DROP、ALTER
数据操纵	INSERT、UPDATE、DELETE
数据查询	SELECT
数据控制	GRANT、REVOKE

Visual FoxPro 是 PC 上使用的数据库管理系统，由于自身安全控制方面的缺陷，没有提供数据控制功能。在 Visual FoxPro 中只支持数据定义、数据操纵和数据查询。

5.2　SQL 的数据定义

标准 SQL 的数据定义功能非常广泛，一般包括数据库的定义、表的定义、视图的定义、存储过程的定义、规则的定义和索引的定义等若干部分。下面针对表对象进行讲解。

5.2.1 表的定义

表的定义命令及相关说明如下：
命令格式：

```
CREATE TABLE|DBF <TableName1> [NAME <LongTableName>] [FREE]
    (<FieldName1> FieldType[(nFieldWidth[,nPrecision])][NULL|NOT NULL]
    [CHECK <lExpression1>[ERROR <cMessageText1>]][DEFAULT eExpression1]
    [PRIMARY KEY|UNIQUE]REFERENCES TableName2[TAG TagName1]]
    [,FieldName2…]
    [,PRIMARY KEY <eExpression2> TAG <TagName2>
    |,UNIQUE <eExpression3> TAG <TagName3>]
    [,FOREIGN KEY <eExpression4> TAG <TagName4>
    REFERENCES <TableName3>[TAG <TagName5>]]
    [,CHECK <lExpression2>[ERROR <cMessageText2>]])
    |FROM ARRAY <ArrayName>
```

功能：创建一个由 TableName1 所标识，且含有指定字段的基本表。
命令说明如表 5-2 所示。

表 5-2　命 令 说 明

命　　令	功　　能
CREATE TABLE|DBF	创建表文件,关键字 TABLE 和 DBF 的作用相同
NAME <LongTableName>	指定要创建的长表名

命 令	功 能
FREE	指明创建自由表
NULL| NOT NULL	指定字段是否允许空值
CHECK	用于为字段的取值制定约束条件
ERROR	指定字段取值不满足约束条件时显示的出错提示信息
DEFAULT	用于指定字段的默认值
PRIMARY KEY	指定该字段为关键字建立主索引
UNIQUE	以当前字段为关键字建立候选索引
FOREIGN KEY... REFERENCE	用于定义表之间的联系
FROM ARRAY	根据指定的数组内容创建数据表

在 CREATE TABLE 命令中可以使用的数据类型及说明如表 5-3 所示。

表 5-3 表中常用的字段数据类型说明

字段类型	字段宽度	小数位	说 明
C	w	–	字符型字段的宽度为 w
D	8	–	日期类型（Date）
T	8	–	日期时间类型（DateTime）
N	w	d	数值字段类型，宽度为 w，小数位为 d（Numeric）
F	w	d	浮点数值字段类型，宽度为 w，小数位为 d
I	4	–	整数类型（Integer）
B	w	d	双精度类型（Double），宽度为 w，小数位为 d
Y	8	–	货币类型
L	1	–	逻辑类型（Logical）
M	4	–	备注类型（Memo）
G	4	–	通用类型（General）

【例 5-1】创建一个"工资管理"数据库,再在其中创建一个"账号"表,包含账号 id C(10)、职工 id C(8)、用户名 C（10）、密码 C（20）4 个字段。

```
CREATE DATABASE 工资管理
CREATE TABLE 账号表(账号 id C(10),职工 id C(8),用户名 C(10),密码 C(20))
```

【例 5-2】在"工资管理"数据库中创建一个"部门"表,包含部门 id、部门名称、负责人 3 个字符型字段，字段宽度分别为 8、20、10，并以"部门 id"字段为关键字创建一个主索引。

```
OPEN DATABASE 工资管理
CREATE TABLE 部门表（部门 id C(8) PRIMARY KEY,;
部门名称 C(20),负责人 C(10)）
```

注意：用 SQL CREATE 命令新建的表自动在最低可用工作区打开，并可以通过别名应用，新表的打开方式为独占方式，与当前 SET EXCLUSIVE 设置无关。

【例 5-3】在"工资管理"数据库中创建一个"职工"表，包含职工 id C(8)、姓名 C(10)、性别 L、出生日期 D、政治面貌 C(8)、职称 C(10)、部门 id C(8)共 7 个字段，以"职工 id"字段为关键字创建一个主索引，为"性别"字段建立一个取值范围，再以上面已经建立的"部门"表为父表通过公有的"部门 id"字段为关键字建立两表之间的永久关系。

```
OPEN DATABASE 工资管理
CREATE TABLE 职工表(职工 id C(8) PRIMARY KEY,;
        姓名 C(10),性别 L CHECK 性别==.T. OR 性别==.F. ;
        ERROR "性别的取值为.T.或者.F.! ",;
        出生日期 D,政治面貌 C(8),职称 C(10),部门 id C(8),;
        FOREIGN KEY 部门 id TAG 部门 id REFERENCES 部门表)
```

说明：在上面创建"职工"表的 SQL 命令中，以"职工 id"字段为关键字创建一个主索引；设定"性别"字段值的取值范围为.T.或.F.，否则将出现所给定的错误提示。该 SQL 命令的最后一行是以"部门 id"为外部关键字建立一个普通索引，并以"部门表"为父表，通过其主索引关键字与之建立一个永久关系。

【例 5-4】在"工资管理"数据库中创建一个"工资"表，包含工资 id C(8)、职工 id C(8)、基本工资 I、全勤奖金 I、绩效奖金 I、过节费 I、年终奖金 I、应发工资 I、扣款 N(10,1)、实发工资 N(10,1)10 个字段，为"基本工资"字段建立一个取值范围，再以上面已经建立的"职工表"为父表通过公有的"职工 id"字段为关键字建立两表之间的永久关系。

```
CREATE TABLE 工资表(工资 id C(8) PRIMARY KEY,;
        职工 id C(8) UNIQUE REFERENCES 职工表 TAG 职工 id,;
        基本工资 I CHECK 基本工资>=3000 ERROR "基本工资范围应在 3000 以上! ",;
        全勤奖金 I,绩效奖金 I,过节费 I,年终奖金 I,;
        应发工资 I,扣款 N(10,1),实发工资 N(10,1))
```

说明：一条 SQL 语句分多行书写或输入时，必须在行尾添加";"作为续行符。

5.2.2 表结构的修改

修改表结构的命令是 ALTER TABLE,该命令有 3 种格式。在执行本命令之前，不必事先打开被修改的数据表。

1. 命令格式 1

命令格式：ALTER TABLE <TableName1> ADD | ALTER [COLUMN]
    <FieldName1><FieldType>[(nFieldWidth[,nPrecision])]
    [NULL|NOT NULL]
    [CHECK <lExpression1>[ERROR<cMessageText1>]]
    [DEFAULT<eExpression1>]
    [PRIMARY KEY|UNIQUE]
    [REFERENCES<TableName2>[TAG<TagName1>]]

功能：为指定的表增加字段或者修改指定的字段。

命令说明如表 5-4 所示。

表5-4 命令说明

命 令	功 能
ALTER TABLE...ADD	增加字段，并给出新字段的名称、类型、字段宽度等属性
ALTER TABLE...ALTER	修改指定字段的类型、字段宽度、小数位数等属性
CHECK	用于为字段的取值制定约束条件

续表

命　令	功　能
ERROR	指定字段取值不满足约束条件时显示的出错提示信息
DEFAULT	用于指定字段的默认值
PRIMARY KEY	指定该字段为关键字建立主索引
UNIQUE	以当前字段为关键字建立候选索引
REFERENCE	用于定义表之间的联系

【例 5-5】为例 5-3 创建的"职工表"添加一个"入职日期"字段。

```
ALTER TABLE 职工表 ADD COLUMN 入职日期 D
```
【例 5-6】将例 5-4 创建的"工资表"中"扣款"字段的宽度由 10 改为 8，小数位由 1 改为 2。

```
ALTER TABLE 工资表 ALTER COLUMN 扣款 N(8,2)
```
【例 5-7】为例 5-1 创建的"账号"表中的"职工 id"字段添加候选索引。

```
ALTER TABLE 账号表 ADD UNIQUE 职工id TAG 职工id
```

2. 命令格式 2

命令格式：
```
ALTER TABLE <TableName1> ALTER [COLUMN] <FieldName2>
      [NULL|NOT NULL]
      [SET CHECK <lExpression2>[ERROR<cMessageText2>]]
      [SET DEFAULT<eExpression2>]
      [DROP DEFAULT]
      [DROP CHECK]
```
功能：定义、修改或删除指定表中指定字段的有效性规则和默认值。

命令说明如表 5-5 所示。

表 5-5　命　令　说　明

命　令	功　能
ALTER TABLE…ALTER	用于指定表中待修改的字段
NULL| NOT NULL	用于设置指定字段是否允许空值
SET CHECK	设置指定字段的约束条件
SET　DEFAULT	用于设置指定字段的默认值
DROP　DEFAULT	删除指定字段已有的默认值
DROP　CHECK	删除指定字段已有的约束条件

注意：本命令只能应用于数据库表。

【例 5-8】在例 5-4 创建的"工资表"中，为"基本工资"字段设置一个默认值 3500。

```
OPEN DATABASE 工资管理
ALTER TABLE 工资表 ALTER 基本工资 SET DEFAULT 3500
```
【例 5-9】在例 5-3 创建的"职工表"中，删除"性别"字段的条件约束。

```
OPEN DATABASE 工资管理
ALTER TABLE 职工表 ALTER 性别 DROP CHECK
```

3. 命令格式 3

命令格式：ALTER TABLE <TableName1> DROP [COLUMN] <FieldName3>

      [SET CHECK <lExpression3>[ERROR<cMessageText3>]]

      [DROP CHECK]

      [ADD PRIMARY KEY<eExpression3>TAG<TagName2>]

      [DROP PRIMARY KEY]

      [ADD UNIQUE<eExpression4>[TAG <TagName3>]]

      [DROP UNIQUE TAG<TagName4>]

      [ADD FOREIGN KEY<eExpression5> TAG<TagName4>

      REFERENCES<TableName2>[TAG <TagName5>]]

      [DROP FOREIGN KEY TAG<TagName6>[SAVE]]

      [RENAME COLUMN<FieldName4> TO <FieldName5>]

      [NOVALIDATE]

功能：删除指定表中的指定字段、修改字段名，设置或删除指定表中指定字段的有效性规则，增加或删除主索引、候选索引、外部关键字索引。

命令说明如表 5-6 所示。

表 5-6　命　令　说　明

命　　令	功　　能
DROP　COLUMN	删除指定的字段（适用于自由表）
SET CHECK	设置指定字段的有效性规则
DROP　CHECK	删除指定字段的有效性规则
ADD PRIMARY KEY	建立主索引
DROP PRIMARY KEY	删除主索引
ADD UNIQUE	为指定表建立候选索引
DROP UNIQUE	删除候选索引
ADD FOREIGN KEY	用于为指定字段建立非主索引，并与指定的表建立关系
DROP FOREIGN　KEY	删除外码字段的非主索引，并取消与父表的关系
RENAME COLUMN	对指定表中的指定字段重新命名（适用于自由表）

【例 5-10】在例 5-3 创建的"职工表"中，删除"职称"字段。

    ALTER TABLE 职工表 DROP COLUMN 职称

【例 5-11】在例 5-1 创建的"账号"表中，将"用户名"字段更名为"操作员"，并为"账号"表以"账号 id"为关键字建立主索引。

    ALTER TABLE 账号表 RENAME COLUMN 用户名 TO 操作员

    ALTER TABLE 账号表 ADD PRIMARY KEY 账号 id TAG 账号 id

【例 5-12】在例 5-1 创建的"账号"表中，以"职工 id"字段为外部关键字与"职工表"建立关系。

    ALTER TABLE 账号表 ADD FOREIGN KEY 职工 id TAG 职工 id ;

      REFERENCES 职工表 TAG 职工 id

5.2.3　表的删除

表的删除命令及相关说明如下：

命令格式：DROP TABLE <TableName>

说明：本命令是直接从磁盘上删除指定的表。如果删除的是数据库表，应注意在打开相应数据库的情况下进行删除，否则本命令仅删除了表本身，而该表在数据库中的登记信息并没有删除，从而造成以后对该数据库操作的失败。

【例 5-13】删除"工资管理"数据库中的"劳务奖金"表，相应的 SQL 命令如下：

```
OPEN DATABASE 工资管理
DROP TABLE 劳务奖金表
```

5.3 SQL 的数据操作

SQL 的数据操作功能主要包括数据的插入、更新和删除，对应的 SQL 命令分别为 INSERT–SQL、DELETE–SQL 和 UPDATE–SQL。

5.3.1 插入

Visual FoxPro 支持两种格式的用于插入数据的 SQL 命令。第一种为标准格式，第二种为 Visual FoxPro 的特殊格式。

1. 命令格式 1

命令格式：
```
INSERT INTO TableName [(fname1[,fname2,…])]
        VALUES(eExpression1[,eExpression2,…])
```

功能：在指定表的末尾添加一条新的记录，并将给定的表达式值赋给相应的字段。

说明：

① TableName 为新增记录的表。

② (fname1[,fname2,…])为添加新记录的值所对应的字段名。

③ VALUES 短语中各个表达式的值即为所新增记录的具体值，各个表达式的类型、宽度和先后顺序须与指定的各个字段对应。

④ 当插入一条记录的所有字段时，dbf_name 之后的各个字段名可以省略，但插入的数据必须与表的结构保持一致；若插入记录中某些字段的数据，可以用 fname1，fname2，…指定字段。

【例 5-14】用 SQL 命令向"部门表"中插入新记录。

插入新记录所有的数据：
```
INSERT INTO 部门表;
        VALUES("D01", "电气信息学院", "刘勇")
```

插入新记录部分字段的数据：
```
INSERT INTO 部门表(部门名称，部门id);
        VALUES("经济管理学院", "D02")
```

2. 命令格式 2

命令格式：
```
INSERT INTO TableName [(fname1[,fname2,…])]
        FROM ARRAY ArrayName|FROM MEMVAR
```

功能：在指定表的末尾添加一条新的记录，由给定的数组或者内存变量的值作为新记录的数据内容。

说明：

① INSERT INTO TableName 向由 TableName 指定的表中插入记录。

② FROM ARRAY ArrayName 表示用 ArrayName 指定的一维数组中的元素值作为新插入记录的数据内容。

③ FROM MEMVAR 短语表示用同名的内存变量值作为新插入记录的数据；如果同名的内存变量不存在，则对应的字段为默认值或空值。

【例 5-15】先创建一个一维数组，并赋予有关的值。再利用 SQL 命令将此数组的值作为新记录插入到"部门表"中。

```
DIMENSION a[3]
a[1]="D3"
a[2]="人文学院"
a[3]="邓玲"
INSERT INTO 部门表 FROM ARRAY a
```

【例 5-16】先创建 3 个同名内存变量，再利用 SQL 命令将内存变量的值作为新记录插入到"部门表"中。

```
部门id="D04"
部门名称="建筑管理学院"
负责人="金科"
INSERT INTO 部门表 FROM MEMVAR
```

5.3.2　更新

在 Visual FoxPro 中，SQL 的更新操作是指对存储在表中的数据进行修改。

格式：UPDATE TableName
　　　SET Column_Name1=eExpression1[,Column_Name2=eExpression2…]
　　　[WHERE Condition]

说明：

① UPDATE TableName 短语指对由 TableName 指定的表更新记录。

② WHERE Condition 短语用来指定条件，限定数据表中需要更新的记录，一次可以更新多个字段；如果没有此短语，则对所有记录的指定字段进行数据更新。

【例 5-17】将"部门表"中部门编号为"D02"的负责人更换为"曹明鑫"。

```
UPDATE 部门表 SET 负责人="曹明鑫" WHERE 部门id=="D02"
```

【例 5-18】在"工资"表中，给所有女职工的基本工资增加 10%。

```
UPDATE 工资表 SET 基本工资=基本工资*1.1  WHERE 职工id  IN ;
       (SELECT 职工id  FROM 职工表  WHERE 性别==.F.)
```

5.3.3　删除

在 Visual FoxPro 中，SQL 的删除操作是指对指定表中的记录添加删除标记。

格式：DELETE FROM TableName [WHERE Condition]

说明：

① DELETE FROM TableName 短语指对由 TableName 指定的表删除记录。

② WHERE Condition 短语用来指定条件，限定数据表中需要删除的记录；如果没有此短语，则删除指定表中的全部记录。

③ 如果要物理删除记录，需要继续使用 PACK 命令；若要去掉删除标记，需要使用命令 RECALL ALL。

【例 5-19】使用 SQL 命令将"职工表"中年龄在 60 岁以上的男职工记录进行逻辑删除，然后再将其彻底删除。

```
DELETE FROM 职工表 ;
    WHERE YEAR(DATE())-YEAR(出生日期)>=60 AND 性别==.T.
PACK
```

5.4　SQL 的数据查询

数据库的核心操作是查询，SQL 的核心自然也是其查询命令。Visual FoxPro 提供了 SELECT-SQL 命令进行数据查询操作。SQL 查询命令不需要事先打开表，支持单个表和多表查询，具有操作简便、使用灵活、功能强大等诸多特点。

5.4.1　SQL 查询命令

SQL 查询命令及相关说明如下：

命令格式：

```
SELECT [ALL|DISTINCT] [TOP nExpr[PERCENT]]
    [Alias.] Select_Item1 [AS Column_Name1]
    [,Alias.]Select_Item2[AS Column_Name2…]
FROM  [DatabaseName1!] TableName1 [[AS]Local_Alias1]
    [[INNER | LEFT | RIGHT | FULL JOIN DatabaseName2!]
    TableName2 [[AS]Local_Alias2]
    [ON JoinCondition… ]
    [[INTO Destination]|[TO FILE FileName|TO PRINTER|TO SCREEN]]
[WHERE JoinCondition [AND JoinCondition… ]
    [AND |OR FilterCondition[AND |OR FilterCondition…]]]
[GROUP BY GroupColumn1[,GroupColumn2…]] [HAVING FilterCondition]
[ORDER BY Order_Item1[ASC|DESC][,Order_Item2[ASC|DESC…]]
```

功能：从一个或多个表中根据指定的条件检索并输出数据。

说明：

① SELECT：指明检索的内容，可以是字段、常量和表达式，具体由 Select_Item 指定。Select_Item 中的每项在查询结果表中对应生成一列。其中，ALL（默认值）将在查询结果中显示所有行，DISTINCT 指定消除输出结果中重复的行；TOP nExpr[PERCENT]用来指定输出查询结果的行数或行数百分比。

② FROM：指明检索的数据来源，可以是数据表或视图。如果来自多个表或视图，则表名或视图名之间用逗号分隔。

③ INTO Destination：指定查询结果输出的目的地，系统默认为 BROWSE 窗口。其中，INTO ARRAY <ArrayName>表示将查询结果存入一个数组中；INTO CURSOR <CursorName>表示把查询结果存入一个临时表中；INTO TABLE <TableName>|DBF < TableName >表示将查询结果存入指定的表文件中。

④ TO FILE FileName 表示将查询结果存入一个文本文件中；TO PRINTER 表示将查询结果直接打印输出；TO SCREEN 表示将查询结果输出到屏幕或当前用户自定义的窗口。

⑤ WHERE：用来指定联接条件或筛选条件。联接条件是按指定字段联接 FROM 中的各表；筛选条件是指查询结果的记录必须满足的条件，一个查询可以包含多个过滤条件，这些条件可使用逻辑运算符 AND、OR、NOT 联接起来。并且，在 WHERE 中可以使用通配符，通配符"%"代表多个字符，"_"代表一个字符。常用的查询条件如表 5-7 所示。

表 5-7 常用的查询条件

查询条件	运算符
比较	=、>、<、>=、<=、!=、= =、NOT+上述运算符
确定范围	BETWEEN AND、NOT BETWEEN AND
确定集合	IN、NOT IN
字符匹配	LIKE、NOT LIKE
空值	IS NULL、IS NOT NULL
量词	ANY、ALL、SOME
谓词	EXISTS、NOT EXISTS
多重条件	AND、OR

⑥ GROUP BY：用于数据分组，将查询结果按 GroupColumn 进行分组，每组成为查询结果中的一个记录。GroupColumn 可以是一个字段、一个 SQL 字段函数，或一个表示查询位置的数字表达式（最左边一列的列号为 1）。其中，HAVING FilterCondition 用来限定分组必须满足的条件。

⑦ ORDER BY：指定查询结果按 Order_Item 进行排序。默认为升序排列 ASC；降序排列用 DESC 关键字。Order_Item 可以是字段名，也可以是字段在查询输出列表中的位置序号。

⑧ SQL 查询命令通常都比较长，在分为多行书写或输入时，必须在每一行的末尾（最后一行除外）添加一个续行符号“;”。

SELECT-SQL 命令可以实现对数据表的选择、投影和联接 3 种关系操作，SELECT 短语对应投影操作，WHERE 短语对应选择操作，而 FROM 短语和 WHERE 短语配合则可实现多表之间的联接操作。

用 SELECT-SQL 命令可以实现对关系数据库的任何查询要求，使用非常灵活。下面结合各种 SQL 查询的实际应用，分为简单查询、简单联接查询、嵌套查询、统计查询、分组查询、排序查询、超联接查询、使用量词和谓词的查询等分别予以介绍。

在介绍各种查询操作时，所有例子都来自 5.2 节中建立的“工资管理”数据库，为了方便读者对照和验证查询的结果，下面给出“工资管理”数据库中 3 个数据表的记录，如图 5-1～图 5-3 所示。

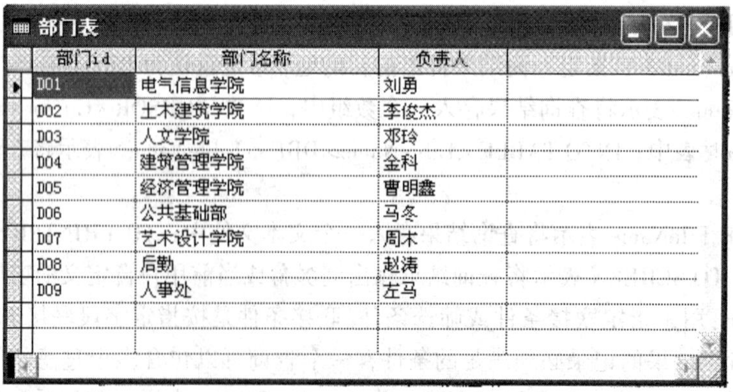
部门表

部门id	部门名称	负责人
D01	电气信息学院	刘勇
D02	土木建筑学院	李俊杰
D03	人文学院	邓玲
D04	建筑管理学院	金科
D05	经济管理学院	曹明鑫
D06	公共基础部	马冬
D07	艺术设计学院	周末
D08	后勤	赵涛
D09	人事处	左马

图 5-1 “部门”表记录

职工表

职工id	姓名	性别	出生日期	政治面貌	职称	入职日期	是否在职	备注	部门id
05G00001	张琪玲	F	02/03/81	团员	助教	01/23/05	T	memo	D01
05G00002	杨峰	T	05/06/79	党员	讲师	02/23/05	T	memo	D01
01G00001	李永	T	05/08/66	党员	教授	02/23/01	T	memo	D02
01G00002	叶琪	F	08/08/76	党员	讲师	02/23/01	T	memo	D03
04G00001	陆杰	T	01/01/81	群众	助教	02/23/04	T	memo	D05
04G00002	许娟	F	02/05/72	党员	副教授	02/23/04	T	memo	D02
03G00001	叶诗	F	05/06/78	党员	讲师	03/01/03	T	memo	D04
02G00001	周木	T	02/01/71	群众	副教授	01/01/02	T	memo	D06
02G00002	蔡洁	F	09/10/65	党员	教授	10/02/02	T	memo	D07
03G00002	李诗歌	F	05/28/76	党员	讲师	07/06/03	F	memo	D06
02G00004	张琪	F	02/26/65	群众	讲师	07/18/82	T	memo	D07

图 5-2 “职工”表记录

工资表

工资id	职工id	基本工资	全勤奖金	绩效奖金	过节费	年终奖金	应发工资	扣款	实发工资
1	03G00001	3600.00	1000.00	210.00	0	0.00	4810.00	350.00	4460.00
2	03G00002	3600.00	1000.00	210.00	0	0.00	4810.00	468.00	4342.00
3	04G00001	2500.00	1000.00	210.00	0	0.00	3710.00	200.00	3510.00
4	04G00002	4500.00	1000.00	210.00	0	0.00	5710.00	500.00	5210.00
5	02G00001	4500.00	1000.00	210.00	0	0.00	5710.00	160.00	5550.00
6	02G00002	5000.00	1000.00	210.00	0	0.00	6210.00	150.00	6060.00
7	01G00001	5000.00	1000.00	210.00	0	0.00	6210.00	300.00	5910.00
8	01G00002	3600.00	1000.00	210.00	0	0.00	4810.00	180.00	4630.00
9	05G00001	2500.00	1000.00	210.00	0	0.00	3710.00	200.00	3510.00
10	05G00002	3600.00	1000.00	210.00	0	0.00	4810.00	210.00	4600.00
11	02G00004	3600.00	1000.00	210.00	0	0.00	4810.00	150.00	4660.00

图 5-3 “工资”表记录

5.4.2 简单查询

简单查询是基于一个表或视图进行的查询，检索的数据来自一个表或视图。这样的查询可以由 SELECT 和 FROM 短语构成无条件查询，也可以由 SELECT、FROM 和 WHERE 短语构成条件查询。

【例 5-20】从“部门表”中查询所有部门的名称以及相应的负责人。

```
SELECT 部门名称,负责人  FROM  部门表
```

查询结果如图 5-4 所示。

【例 5-21】(1) 从“职工表”中查询所有职工的职称。

```
SELECT 职称 FROM 职工表
```

查询结果如图 5-5 所示。

在结果中可以看到重复值，如果想查看职工的职称结构，就需要去掉重复字段值，用 DISTINCT 短语可以去掉重复值。

(2) 查看职工的职称结构。

```
SELECT DISTINCT 职称 FROM 职工表
```

查询结果如图 5-6 所示。

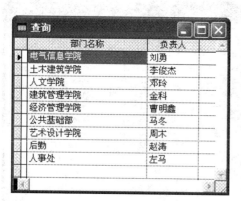

部门名称	负责人
电气信息学院	刘勇
土木建筑学院	李俊杰
人文学院	邓玲
建筑管理学院	金科
经济管理学院	曹明鑫
公共基础部	马冬
艺术设计学院	周木
后勤	赵涛
人事处	左马

图 5-4 【例 5-20】查询结果

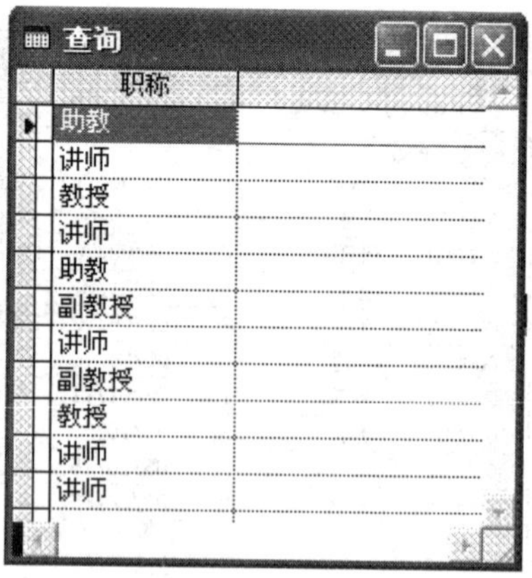

职称
助教
讲师
教授
讲师
助教
副教授
讲师
副教授
教授
讲师
讲师

图 5-5 【例 5-21】（1）查询结果

【例 5-22】显示“部门表”中所有记录。

```
SELECT *  FROM  部门表
```

查询结果如图 5-7 所示。

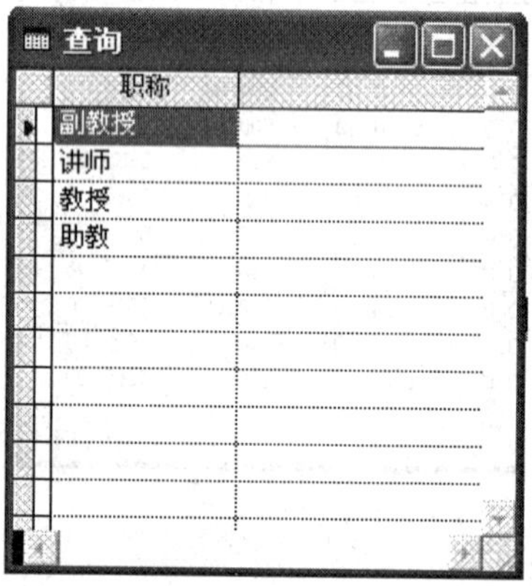

职称
副教授
讲师
教授
助教

图 5-6 【例 5-21】（2）查询结果

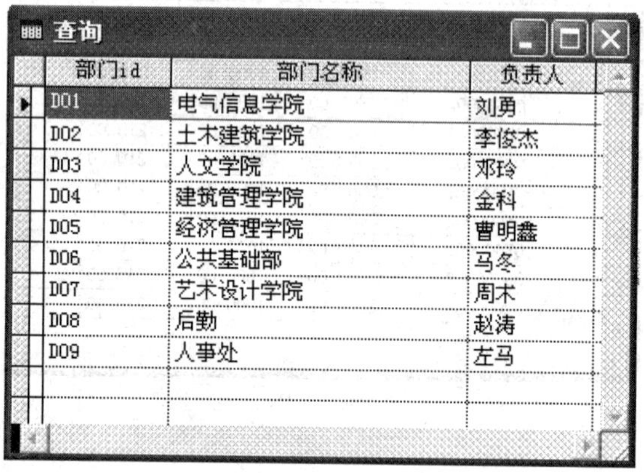

部门id	部门名称	负责人
D01	电气信息学院	刘勇
D02	土木建筑学院	李俊杰
D03	人文学院	邓玲
D04	建筑管理学院	金科
D05	经济管理学院	曹明鑫
D06	公共基础部	马冬
D07	艺术设计学院	周木
D08	后勤	赵涛
D09	人事处	左马

图 5-7 【例 5-22】查询结果

其中，“*”是通配符，用于表示表中所有的字段，这条命令等价于以下命令：

```
SELECT 部门 id,部门名称,负责人  FROM  部门表
```

【例 5-23】检索“实发工资”多于 4 000 元的职工 id。

```
SELECT 职工 id FROM 工资表 WHERE 实发工资>=4000
```

查询结果如图 5-8 所示。

【例 5-24】给出 2002 年以后入职，且职称是“讲师”或“副教授”的职工姓名、性别和出生的日期。

```
SELECT 姓名,性别,出生日期 FROM 职工表 ;
WHERE 入职日期>={^2002-1-1}  AND  (职称="讲师" OR 职称="副教授")
```

查询结果如图 5-9 所示。

前面的几个例子 FROM 之后只指定了一个表，也就是说这些查询只基于一个关系。如果有 WHERE 子句，系统首先根据指定的条件依次检验关系中的每个元组。如果没有指定 WHERE 子句，则不进行这样的检验，然后选出满足条件的元组（相当于关系的选择操作），并显示 SELECT 子句中指定属性的值（相当于关系的投影操作）。

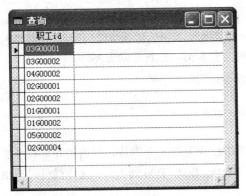 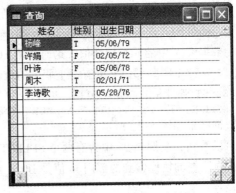

图 5-8 【例 5-23】查询结果   图 5-9 【例 5-24】查询结果

5.4.3 简单联接查询

联接是关系的基本操作之一，联接查询是一种基于多个关系的查询。下面先给出几个简单的查询实例。

【例 5-25】查询 1978 年以后出生的职工姓名及其所在的部门。

```
SELECT 姓名,部门名称 FROM 职工表,部门表 ;
WHERE  (出生日期>={^1978-1-1}) AND (职工表.部门id==部门表.部门id)
```

查询结果如图 5-10 所示。这里的"职工表.部门id==部门表.部门id"是联接条件。

如果在查询命令的 FROM 之后有两个表，那么这两个表之间肯定有一种联系，否则无法构成索引表达式。从前面的讨论可知，"部门表"和"职工表"之间存在着一个一对多的关系。

当 FROM 之后的多个关系中含有相同的属性名时，必须用数据表前缀直接指明属性所属的关系。例如，职工表.部门id，"."前面是关系名，后面是属性名。

【例 5-26】检索基本工资大于 4 000 的职工姓名以及这些职工入职的日期。

```
SELECT 姓名,入职日期 FROM 职工表,工资表 ;
WHERE 基本工资>4000 AND (职工表.职工id==工资表.职工id)
```

查询结果如图 5-11 所示。

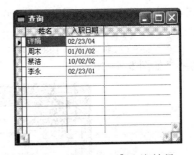

图 5-10 【例 5-25】查询结果   图 5-11 【例 5-26】查询结果

5.4.4 嵌套查询

嵌套查询是另一类基于多个关系的查询，这类查询所要求的结果出自一个关系，但相关的条件却涉及多个关系，即在一个 SELECT 命令的 WHERE 子句中出现另一个 SELECT 命令。SQL 允许多层嵌套，而 Visual FoxPro 只支持单层嵌套查询。

在 5.4.3 节的例子中，WHERE 后面是一个相对独立的条件，这个条件为真或假。但是，有时需要用另外的方式来表达查询要求，比如，当查询数据表 X 中的数据时，它的条件却依赖于相关的数据表 Y 中的元组属性值，这时使用 SQL 的嵌套查询功能将非常方便。

【例 5-27】哪些部门至少有一个职工的政治面貌为"党员"。

```
SELECT 部门名称 FROM 部门表 WHERE 部门 id IN ;
(SELECT 部门 id FROM 职工表 WHERE 政治面貌="党员")
```

查询结果如图 5-12 所示。

可以看到，在例 5-27 中含有两个 SELECT...FROM...WHERE 查询块，即内层查询和外层查询块。内层查询块检索到的部门 id 值是 D01、D02、D03、D04、D06 和 D07，这样就可以写出等价的命令：

```
SELECT 部门名称 FROM 部门表 ;
WHERE 部门 id IN ("D01","D02","D03","D04","D06","D07")
```

【例 5-28】查询所有职工的政治面貌都是"党员"的部门信息。

```
SELECT 部门 id,部门名称,负责人 FROM 部门表 ;
WHERE 部门 id NOT IN ;
(SELECT 部门 id FROM 职工表 WHERE 政治面貌!="党员");
AND 部门 id IN ;
(SELECT 部门 id FROM 职工表)
```

查询结果如图 5-13 所示。

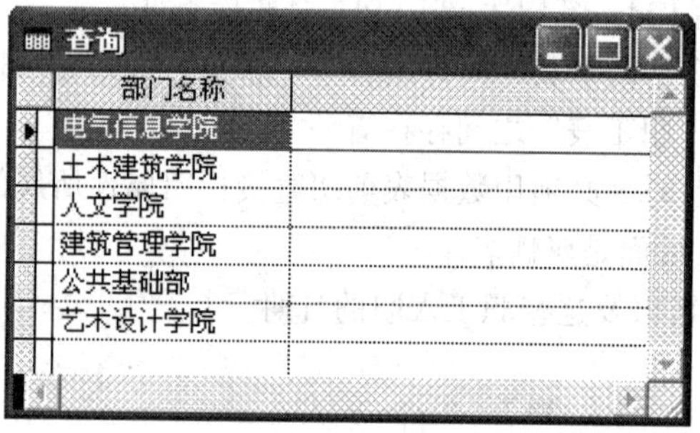

图 5-12　【例 5-27】查询结果 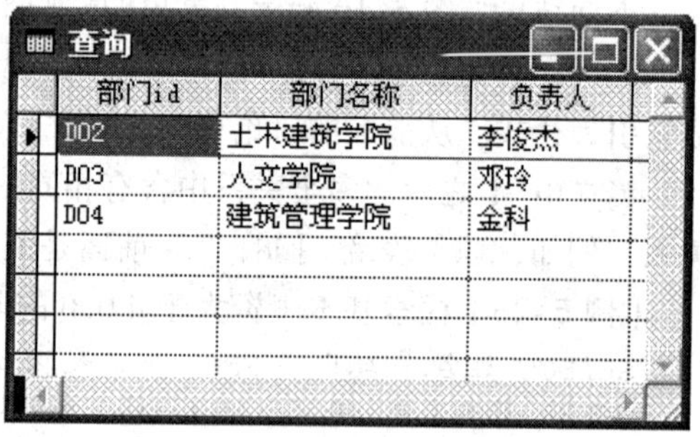　　　　图 5-13　【例 5-28】查询结果

【例 5-29】查找和职工编号为 02G00001 同年入职的所有职工姓名。

```
SELECT 姓名  FROM 职工表 WHERE YEAR(入职日期)= ;
(SELECT YEAR(入职日期)  FROM 职工表 WHERE 职工 id="02G00001")
```

查询结果如图 5-14 所示。

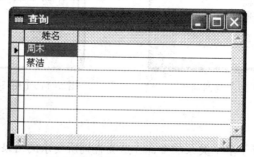

图 5-14　【例 5-29】查询结果

5.4.5 统计查询

SQL 的功能是完备的，也就是说，只要数据是按关系方式存入数据库的，就能构造出合适的 SQL 命令把它检索出来。事实上，SQL 不仅具有一般的检索能力，而且还有计算方式的检索，比如查询职工的平均基本工资、查询某个部门中职工的最高基本工资等。SQL 的 SELECT 命令支持的常用的计算函数主要有 SUM（）、AVG（）、COUNT（）、MAX（）和 MIN（），如表 5-8 所示。

表 5-8　统计函数的名称与功能

函　　数	功　　能
SUM（）	计算指定数值列数据的和
AVG（）	计算指定数值列数据的平均值
COUNT（）	统计查询结果数据的行（记录）数
MAX（）	计算指定的数值、字符或日期列的最大值
MIN（）	计算指定的数值、字符或日期列的最小值

【例 5-30】在"职工表"中统计职工的人数。

SELECT COUNT（＊）AS 人数 FROM 职工表

查询结果如图 5-15 所示。

> 注意：除了统计关系中记录的行数以外，一般 COUNT（）函数应该使用 DISTINCT。

【例 5-31】求电气信息学院职工的基本工资的总和。

SELECT 部门名称,SUM(基本工资) AS 基本工资总和 FROM 职工表,部门表 ,工资表;
WHERE 职工表.职工id=工资表.职工id AND 职工表.部门id=部门表.部门id ;
AND 职工表.部门id=;
(SELECT 部门表.部门id FROM 部门表 WHERE 部门名称="电气信息学院")

查询结果如图 5-16 所示。

图 5-15　【例 5-30】查询结果

图 5-16　【例 5-31】查询结果

【例 5-32】求在电气信息学院工作的职工的最高基本工资值。

SELECT 部门名称,MAX(基本工资) AS 最高基本工资 FROM 职工表,部门表,工资表;
WHERE 职工表.职工id=工资表.职工id AND 职工表.部门id=部门表.部门id ;
AND 职工表.部门id=;
(SELECT 部门表.部门id FROM 部门表 WHERE 部门名称="电气信息学院")

查询结果如图 5-17 所示。

【例 5-33】查询工资表中职工的平均基本工资值、最高基本工资值和最低基本工资值。

```
SELECT  AVG(基本工资),MAX(基本工资),MIN(基本工资)  FROM 工资表
```
查询结果如图 5-18 所示。

图 5-17　【例 5-32】查询结果

图 5-18　【例 5-33】查询结果

5.4.6　分组查询

统计查询一般是对整个表进行计算查询，一次查询只能得出一个计算结果。但是，利用 GROUP 子句进行分组计算查询则可以通过一次查询获得多个计算结果，因此，分组计算查询使用得更加广泛。GROUP BY 短语的格式如下：

```
GROUP BY GroupColumn1[,GroupColumn2…]] [HAVING FilterCondition]
```
可以按照一列或多列分组，还可以用 HAVING 短语进一步限定分组的条件。

【例 5-34】分别统计男女职工的人数。

```
SELECT 性别,COUNT(性别) AS 人数 FROM 职工表 GROUP BY 性别
```
查询结果如图 5-19 所示。

在这个查询中，首先按性别字段进行分组，然后再分别统计男职工人数和女职工的人数。GROUP BY 子句一般跟在 WHERE 子句之后，如果没有 WHERE 子句，则跟在 FROM 子句之后。另外，还可以根据多个字段进行分组。

在分组查询时，有时要求分组满足某个条件时才查询，这时可以用 HAVING 子句来限定分组。

【例 5-35】在职工表中统计至少有两个职工的政治面貌是党员的部门。

```
SELECT 部门id,COUNT(*) AS  人数 FROM 职工表 WHERE 政治面貌="党员" ;
GROUP BY  部门id  HAVING COUNT(*)>=2
```
查询结果如图 5-20 所示。

图 5-19　【例 5-34】查询结果

图 5-20　【例 5-35】查询结果

HAVING 子句总是跟在 GROUP BY 子句之后，不可以单独使用。HAVING 子句与 WHERE

子句不矛盾，在查询中先用 WHERE 子句限定分组，然后进行分组，最后再用 HAVING 子句进一步限定分组。

5.4.7　排序查询

使用 SELECT 查询命令可以将查询的结果进行排序，排序的短语是 ORDER BY，具体格式如下：

```
[ORDER BY Order_Item1[ASC|DESC][,Order_Item2[ASC|DESC…]]
```

从中可以看出，可以按升序（ASC）或降序（DESC）排序，并且允许按一列或多列排序。其中，排序选项 Order_Item 可以是字段名，也可以是数字。字段名必须是主 SELECT 子句的选项，数字是表的列序号，第一列为 1。

【例 5-36】按职工的入职日期值升序检索出全部职工信息。

```
SELECT * FROM 职工表 ORDER BY 入职日期
```

查询结果如图 5-21 所示。

这里的 ORDER BY 是排序子句，如果需要将查询结果降序排列，只需要加上 DESC 即可。

职工id	姓名	性别	出生日期	政治面貌	职称	入职日期	是否在职	备注	部门id
02G00004	张琪	F	02/26/65	群众	讲师	07/18/82	T	memo	D07
01G00001	李永	T	05/08/66	党员	教授	02/23/01	T	memo	D02
01G00002	叶琪	F	08/08/76	党员	讲师	02/23/01	T	memo	D03
02G00001	周末	T	02/01/71	群众	副教授	01/01/02	T	memo	D06
02G00002	蔡洁	F	09/10/65	党员	教授	10/02/02	T	memo	D07
03G00001	叶诗	F	05/06/78	党员	讲师	03/01/03	T	memo	D04
03G00002	李诗歌	F	05/28/76	党员	讲师	07/06/03	F	memo	D06
04G00001	陆杰	T	01/01/81	群众	助教	02/23/04	T	memo	D05
04G00002	许娟	F	02/05/72	党员	副教授	02/23/04	T	memo	D02
05G00001	张琪玲	F	02/03/81	团员	助教	01/23/05	T	memo	D01
05G00002	杨峰	T	05/06/79	党员	讲师	02/23/05	T	memo	D01

图 5-21　【例 5-36】查询结果

【例 5-37】按性别顺序检索出"职工"表中职工的姓名、性别、出生日期、政治面貌，同一性别的按照"出生日期"字段值降序排序。

```
SELECT 姓名,性别,出生日期,政治面貌 FROM 职工表 ;
ORDER BY 性别,出生日期 DESC
```

查询结果如图 5-22 所示。

【例 5-38】显示基本工资值最高的前 4 位职工的职工编号及其相应的基本工资。

```
SELECT  职工id,基本工资 FROM 工资表 ;
ORDER BY 基本工资 DESC  TOP 4
```

查询结果如图 5-23 所示。

> 注意：
> ① ORDER BY 是对最终的查询结果进行排序，不可以在子查询中使用该语句。
> ② TOP 必须与 ORDER BY 短语同时使用，其含义是从第一条记录开始，显示满足条件的前 N 个记录（N 为 nExpr 数值表达式的值）。

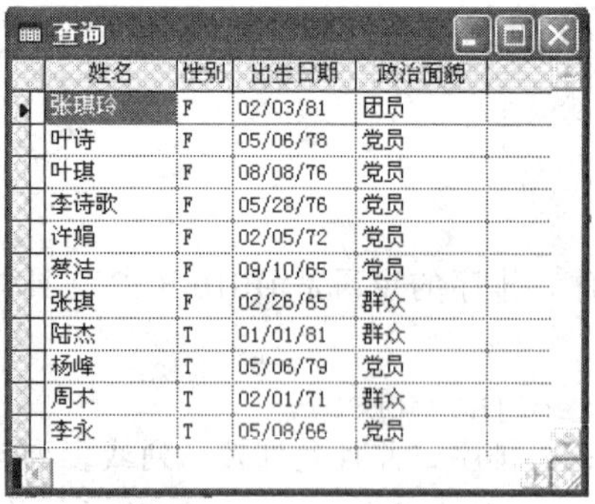

姓名	性别	出生日期	政治面貌
张琪玲	F	02/03/81	团员
叶诗	F	05/06/78	党员
叶琪	F	08/08/76	党员
李诗歌	F	05/28/76	党员
许娟	F	02/05/72	党员
蔡洁	F	09/10/65	党员
张琪	F	02/26/65	群众
陆杰	T	01/01/81	群众
杨峰	T	05/06/79	党员
周木	T	02/01/71	群众
李永	T	05/08/66	党员

图 5-22 【例 5-37】查询结果

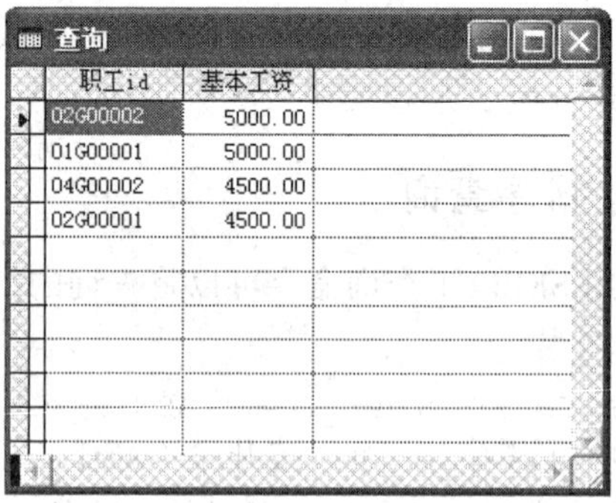

职工id	基本工资
02G00002	5000.00
01G00001	5000.00
04G00002	4500.00
02G00001	4500.00

图 5-23 【例 5-38】查询结果

5.4.8 超联接查询

超联接查询是 SQL 提供的一种新的联接运算查询，通过关系联接运算符实现。它与原来所学习的等值联接和自然联接不同。原来的联接是只有满足联接条件，相应的结果才会出现在结果表中；而这个新的联接运算是，首先保证一个表中满足条件的元组都在结果表中，然后将满足联接条件的元组与另一个表的元组进行联接，不满足联接条件的则将应来自另一表的属性值置为空值。

在一般的 SQL 中提供的超联接运算符是“*=”和“=*”。其中，“*=”称为左联接，含义是在结果表中包含第一个表中满足条件的所有记录，如果存在与联接条件相匹配的元组，则第二个表返回相应值，否则第二个表返回空值。“=*”称为右联接，其含义是在结果表中首先包含第二个表中满足条件的所有的记录，如果存在与联接条件相匹配的元组，则第一个表中返回相应值，否则第一个表返回空值。

在 Visual FoxPro 中不支持这两个超联接运算符“*=”和“=*”。但是，Visual FoxPro 中提供了专门的联接运算的命令，用于支持超联接查询。其命令格式如下：

```
SELECT…
FROM  [DatabaseName1!] TableName1 [[AS]Local_Alias1]
    [[INNER | LEFT | RIGHT | FULL JOIN DatabaseName2!]
   TableName2 [[AS]Local_Alias2]
    [ON JoinCondition… ]
```

命令说明：

① INNER JOIN 等价于 JOIN，为普通的联接，在 Visual FoxPro 中称为内部联接。

② LEFT JOIN 为左联接。

③ RIGHT JOIN 为右联接。

④ FULL JOIN 可以称为全联接，即两个表中的记录不管是否满足联接条件将都在目标表或查询表中出现，不满足联接条件的记录对应部分为空值。

⑤ ON JoinCondition：指定联接条件。

⑥ 从以上格式可以看出，在检索过程中，超联接类型是在 FROM 短语中指出，联接条件在 ON 短语中给出，而不是在 WHERE 短语中。

【例 5-39】内部联接，即只有满足联接条件的记录才出现在结果中。

命令 1：

```
SELECT 部门表.部门id,部门名称,姓名,职工表.部门id FROM 部门表 ;
```

```
INNER JOIN 职工表 ON 部门表.部门 id=职工表.部门 id
```

这个查询命令等价于命令 2：

```
SELECT 部门表.部门 id,部门名称,姓名,职工表.部门 id FROM 部门表 ;
JOIN 职工表 ON 部门表.部门 id=职工表.部门 id
```

和命令 3：

```
SELECT 部门表.部门 id,部门名称,姓名,职工表.部门 id FROM 部门表,职工表 ;
WHERE 部门表.部门 id=职工表.部门 id
```

由于“部门 id”是部门表和职工表的公共字段，为了避免混淆，在命令中字段名的前面加上关系前缀，以示区别。如果字段名是唯一的，则可以不加关系前缀。“部门表.部门 id=职工表.部门 id”是联接条件。

以上 3 个查询命令的结果相同，它们的差异在于，命令 1 和命令 2 中 FROM 子句只指定“部门表”，由 JOIN 子句指定需要联接的“职工表”，用 ON 子句指定联接条件；命令 3 的 FROM 子句同时列出了两个关系，将联接条件放在 WHERE 子句里，隐含了联接操作。这是 Visual FoxPro 联接查询的两种主要形式。

查询结果如图 5-24 所示。

【例 5-40】左联接，即除满足联接条件的记录出现在查询结果中外，第一个表中不满足联接条件的记录也出现在查询结果中。

```
SELECT 部门表.部门 id,部门名称,姓名,职工表.部门 id FROM 部门表 ;
LEFT JOIN 职工表 ON 部门表.部门 id=职工表.部门 id
```

查询结果如图 5-25 所示。

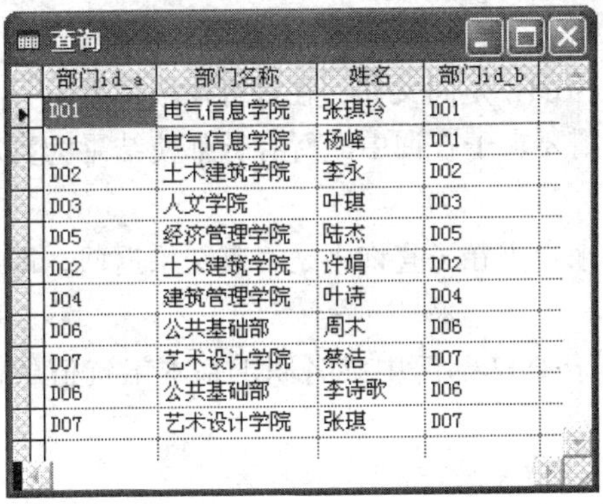

部门id_a	部门名称	姓名	部门id_b
D01	电气信息学院	张琪玲	D01
D01	电气信息学院	杨峰	D01
D02	土木建筑学院	李永	D02
D03	人文学院	叶琪	D03
D05	经济管理学院	陆杰	D05
D02	土木建筑学院	许娟	D02
D04	建筑管理学院	叶诗	D04
D06	公共基础部	周末	D06
D07	艺术设计学院	蔡洁	D07
D06	公共基础部	李诗歌	D06
D07	艺术设计学院	张琪	D07

图 5-24 【例 5-39】查询结果

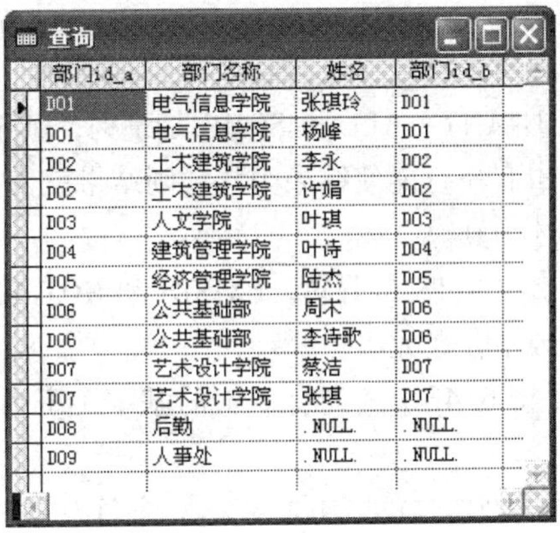

部门id_a	部门名称	姓名	部门id_b
D01	电气信息学院	张琪玲	D01
D01	电气信息学院	杨峰	D01
D02	土木建筑学院	李永	D02
D02	土木建筑学院	许娟	D02
D03	人文学院	叶琪	D03
D04	建筑管理学院	叶诗	D04
D05	经济管理学院	陆杰	D05
D06	公共基础部	周末	D06
D06	公共基础部	李诗歌	D06
D07	艺术设计学院	蔡洁	D07
D07	艺术设计学院	张琪	D07
D08	后勤	.NULL.	.NULL.
D09	人事处	.NULL.	.NULL.

图 5-25 【例 5-40】查询结果

【例 5-41】右联接，即除满足联接条件的记录出现在查询结果中外，第二个表中不满足联接条件的记录也出现在查询结果中。

```
SELECT 部门表.部门 id,部门名称,姓名,职工表.部门 id FROM 部门表 ;
RIGHT JOIN 职工表 ON 部门表.部门 id=职工表.部门 id
```

查询结果如图 5-26 所示。

【例 5-42】全联接，即除满足联接条件的记录出现在查询结果中外，两个表中不满足联接条件的记录也出现在查询结果中。

```
SELECT 部门表.部门 id,部门名称,姓名,职工表.部门 id FROM 部门表 ;
FULL JOIN 职工表 ON 部门表.部门 id=职工表.部门 id
```

查询结果如图 5-27 所示。

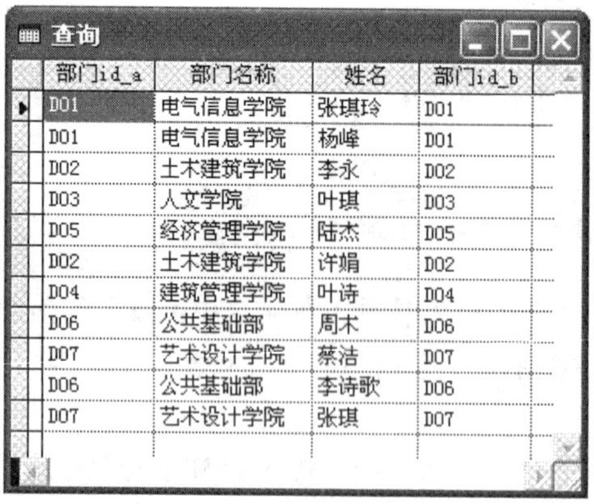

部门id_a	部门名称	姓名	部门id_b
D01	电气信息学院	张琪玲	D01
D01	电气信息学院	杨峰	D01
D02	土木建筑学院	李永	D02
D03	人文学院	叶琪	D03
D05	经济管理学院	陆杰	D05
D02	土木建筑学院	许娟	D02
D04	建筑管理学院	叶诗	D04
D06	公共基础部	周木	D06
D07	艺术设计学院	蔡洁	D07
D06	公共基础部	李诗歌	D06
D07	艺术设计学院	张琪	D07

图 5-26 【例 5-41】查询结果

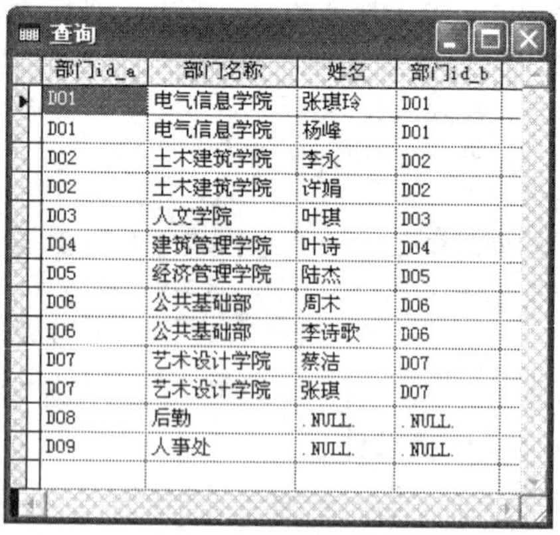

部门id_a	部门名称	姓名	部门id_b
D01	电气信息学院	张琪玲	D01
D01	电气信息学院	杨峰	D01
D02	土木建筑学院	李永	D02
D02	土木建筑学院	许娟	D02
D03	人文学院	叶琪	D03
D04	建筑管理学院	叶诗	D04
D05	经济管理学院	陆杰	D05
D06	公共基础部	周木	D06
D06	公共基础部	李诗歌	D06
D07	艺术设计学院	蔡洁	D07
D07	艺术设计学院	张琪	D07
D08	后勤	.NULL.	.NULL.
D09	人事处	.NULL.	.NULL.

图 5-27 【例 5-42】查询结果

5.4.9 使用量词和谓词的查询

与子查询有关的运算符除了 IN 和 NOT IN 以外，还有两类和子查询有关的运算符，它们有以下两种形式：

格式 1：
```
SELECT … FROM … ;
WHERE <Expression><比较运算符>[ANY|ALL|SOME];
(SELECT… FROM … [WHERE…])
```
格式 2：
```
SELECT … FROM … ;
WHERE [NOT] EXISTS(SELECT… FROM … [WHERE…])
```
说明：

① ANY、ALL 和 SOME 是量词，其中 ANY 和 SOME 是同义词，在进行比较运算时只要子查询中有一行能使结果为真，则结果就为真；ALL 则要求子查询中的所有行都使结果为真时，结果才为真。

② EXITS 是谓词，EXISTS 和 NOT EXITS 是用来检查在子查询中是否有结果返回，即存在元组或不存在元组。

【例 5-43】查询有职工的基本工资值大于或等于 D02 部门中某名职工基本工资值的部门编号。

```
SELECT DISTINCT 职工表.部门id FROM 职工表,工资表 ;
WHERE 职工表.职工id=工资表.职工id AND 基本工资>=ANY ;
(SELECT 基本工资 FROM 职工表,工资表 ;
WHERE 职工表.职工id=工资表.职工id AND 部门id="D02")
```
它等价于：
```
SELECT DISTINCT 职工表.部门id FROM 职工表,工资表 ;
WHERE 职工表.职工id=工资表.职工id AND 基本工资>= ;
(SELECT MIN(基本工资) FROM 职工表,工资表 ;
WHERE 职工表.职工id=工资表.职工id AND 部门id="D02")
```
查询结果如图 5-28 所示。

【例 5-44】查询有职工的基本工资值大于 D01 部门中所有职工基本工资值的部门编号。
```
SELECT DISTINCT 职工表.部门id FROM 职工表,工资表 ;
WHERE 职工表.职工id=工资表.职工id AND 基本工资>ALL ;
(SELECT 基本工资 FROM 职工表,工资表 ;
```

WHERE 职工表.职工 id=工资表.职工 id AND 部门 id="D01")

它等价于：

```
SELECT DISTINCT 职工表.部门 id  FROM 职工表,工资表 ;
WHERE 职工表.职工 id=工资表.职工 id AND 基本工资>= ;
(SELECT MAX(基本工资) FROM 职工表,工资表 ;
WHERE 职工表.职工 id=工资表.职工 id AND 部门 id="D01")
```

查询结果如图 5-29 所示。

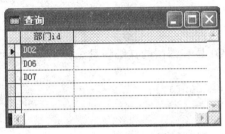

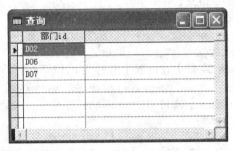

图 5-28 【例 5-43】查询结果　　　　　图 5-29 【例 5-44】查询结果

【例 5-45】查询那些还没有职工的部门的信息。

这里的查询是没有职工或不存在职工，所以可以使用谓词 NOT EXISTS。

```
SELECT * FROM 部门表 WHERE NOT EXISTS;
(SELECT * FROM 职工表 WHERE 部门 id=部门表.部门 id)
```

这里的内层查询引用了外层查询的表，只有这样使用谓词 EXISTS 或 NOT EXISTS 才有意义。

所以，这类查询也都是内、外层互相关联嵌套查询。

上面的查询同样可以使用下面的语句进行：

```
SELECT * FROM 部门表 WHERE 部门 id NOT IN;
(SELECT 部门 id FROM 职工表)
```

查询结果如图 5-30 所示。

【例 5-46】查询哪些部门中至少有一个职工的部门详细信息。

```
SELECT * FROM 部门表 WHERE  EXISTS;
(SELECT * FROM 职工表 WHERE 部门 id=部门表.部门 id)
```

它等价于：

```
SELECT * FROM 部门表 WHERE 部门 id  IN;
(SELECT 部门 id FROM 职工表)
```

查询结果如图 5-31 所示。

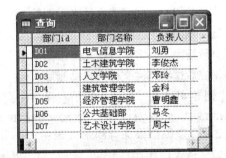

图 5-30 【例 5-45】查询结果　　　　　图 5-31 【例 5-46】查询结果

说明：[NOT]EXISTS 只是判断查询中是否有结果返回，它本身并没有任何运算。

5.4.10 集合的并运算

在 Visual FoxPro 中，可以通过 SQL 语句的并（UNION）运算将两个 SELECT 语句的查询结果合并成一个查询结果。但是，为了进行并运算，要求两个查询的结果具有相同的结构，即两个结果有相同的字段个数，且对应字段的取值要出自同一个值域，也就是具有相同的数据类型和取值范围。

命令格式：

```
SELECT … FROM … WHERE… ;
UNION;
SELECT… FROM … WHERE…
```

【例 5-47】查询职工编号为 02G00001 和 05G00001 所在部门的详细信息。

```
SELECT * FROM 部门表 WHERE 部门 id=;
(SELECT 部门 id FROM 职工表 WHERE 职工 id="02G00001");
UNION;
SELECT * FROM 部门表 WHERE 部门 id=;
(SELECT 部门 id FROM 职工表 WHERE 职工 id="05G00001")
```

查询结果如图 5-32 所示。

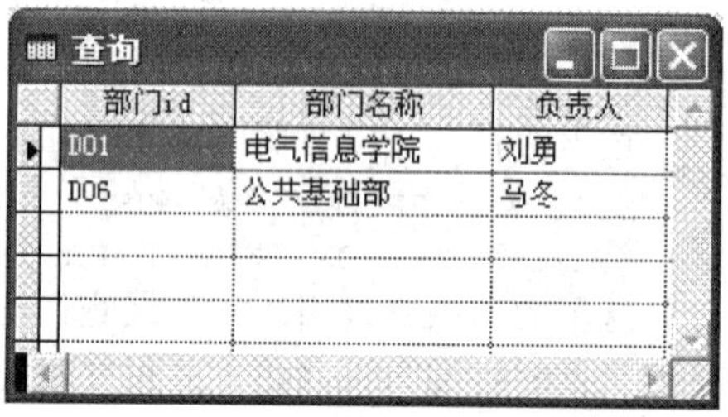

部门id	部门名称	负责人
D01	电气信息学院	刘勇
D06	公共基础部	马冬

图 5-32 【例 5-47】查询结果

5.4.11 查询结果的重定向输出

1. 将查询结果保存到数组中

命令格式：`INTO ARRAY ArrayName`

说明：一般将存放查询结果的数组作为二维数组来使用，每行一条记录，每一列对应于查询结果的一列。查询结果存放到数组中，可以十分方便地在程序中使用。

【例 5-48】将“部门”表信息存放到数组 arr 中。

```
SELECT * FROM 部门表 INTO ARRAY arr
```

执行该命令后，部门表的信息将会保存到数组 arr 中，其中，数组元素 arr[1,3]存放的是第一条记录的“负责人”字段值，arr[3,1]存放的是第三条记录的“部门 id”字段值。

2. 将查询结果保存到临时表中

命令格式：`INTO CURSOR CursorName`

说明：

① CursorName 是一个只读的临时表文件。查询完毕，临时表处于打开状态，当临时表所在的工作区关闭时，临时表文件自动删除。

② 一般利用 INTO CURSOR CursorName 短语存放一些临时结果，比如一些复杂的汇总可能需要分阶段完成，需要根据几个中间结果再汇总等，这时利用该短语存放中间结果就非常合适，当使用完后这些临时文件会自动删除。

【例 5-49】将“职工”表信息保存在临时表 employee 中。

```
SELECT * FROM 职工表 INTO CURSOR employee
```

3. 将查询结果保存到永久表中

命令格式：`INTO TABLE|DBF TableName`

说明：

① 将查询结果保存到指定的表文件中。若指定的表文件已经打开，则新的查询结果将覆盖

原来内容，查询结束后，相应的表仍保持打开状态。

② INTO TABLE TableName 短语可以放在 FROM 子句后，也可以位于 SQL SELECT 查询语句的最后面。

【例 5-50】查询所有职工的工资信息，并将查询结果保存到永久表 salary 中。

```
SELECT e.职工id,姓名,性别,基本工资,全勤奖金,过节费,应发工资,扣款,实发工资 ;
FROM 职工表 e,工资表 s;
WHERE e.职工id=s.职工id  INTO TABLE salary
```

4．将查询结果保存到文本文件中

命令格式：`TO FILE FileName[ADDITIVE]`

说明：

① 将查询结果保存到由 FileName 指定的文本文件（默认扩展名是.txt）中。

② 如果使用 ADDITIVE 短语，则将结果追加到源文件的尾部，否则将覆盖原有文件。

③ TO FILE FileName[ADDITIVE] 短语可以放在 FROM 子句后，也可以位于 SQL SELECT 查询语句的最后面。注意，如果 TO 短语和 INTO 短语同时使用，则 TO 短语将会被忽略。若带上[NOCONSOLE]短语，不在屏幕上显示查询结果。

【例 5-51】在"职工"表中，将政治面貌是"党员"的职工信息按"入职日期"升序保存到文本文件 temp.txt 中。

```
SELECT * FROM 职工表 WHERE 政治面貌="党员" ;
ORDER BY 入职日期 ASC TO FILE temp NOCONSOLE
```

5．将查询结果直接输出到打印机

命令格式：`TO PRINTER[PROMPT]`

说明：将查询结果输出到打印机，如果使用了[PROMPT]选项，在开始打印之前会打开打印机设置对话框，供用户选择。

5.5　创　建　查　询

查询是从指定的表或视图中提取满足条件的数据，然后按照选定的输出类型定向输出查询结果，以扩展名为.qpr 的文件保存在磁盘上，可在需要的时候直接或反复使用，从而提高查询效率。

5.5.1　建立查询文件的方法

建立查询文件的方法主要有以下几种：

1．菜单方式

选择"文件"→"新建"命令，在弹出的"新建"对话框中选择"查询"，然后单击"新建文件"按钮打开查询设计器建立查询。

2．利用项目管理器

在项目管理器的"数据"选项卡中选择"查询"，单击"新建"按钮打开查询设计器建立查询。

3．命令方式

通过执行 CREATE QUERY 命令打开查询设计器建立查询。

5.5.2 查询设计器

无论通过什么方式来建立查询，其基础都是 SQL SELECT 语句，当然，利用"查询设计器"设计查询，也不例外。因此，只有真正理解了 SQL SELECT 语句，才能设计好查询。

打开查询设计器后，首先会进入如图 5-33 所示的窗口。在此界面中可以通过选择菜单栏中的"查询"→"添加表..."命令打开"添加表和视图"对话框，添加用于建立查询的表或视图，如图 5-34 所示。

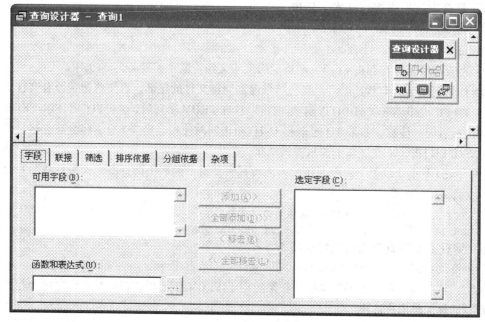

图 5-33　查询设计器界面

说明：当一个查询是基于多个关系时，这些关系之间必须是有联系的。查询设计器会自动根据联系提取联接条件，否则会打开如图 5-35 所示的指定两个关系联接条件的"联接条件"对话框，由用户来设计联接条件。

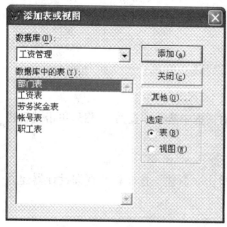

图 5-34　"添加表和视图"对话框

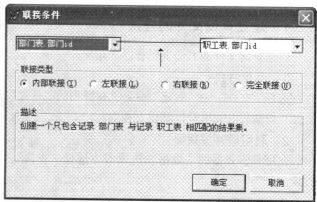

图 5-35　"联接条件"对话框

在查询设计器的界面中有 6 个选项卡，每一个选项卡和 SQL SELECT 语句的各个短语是一一对应的，具体如下：

① 如果已经选择了设计查询所需的表或视图，对应于 FROM 短语。

② "字段"选项卡对应于 SELECT 短语，用于选取需要查询的数据。

③ "联接"选项卡对应于 JOIN ON 短语，用于编辑联接条件。

④ "筛选"选项卡对应于 WHERE 短语，指定检索的条件。

⑤ "排序依据"选项卡对应于 ORDER BY 短语，指定排序的字段和排序的方式。

⑥ "分组依据"选项卡对应于 GROUP BY 短语和 HAVING 短语，指定分组的依据和分组条件。

⑦ "杂项"选项卡可以指定是否有重复记录（对应于 DISTINCT）及显示部分记录（对应于 TOP）等。

5.5.3　使用查询设计器建立查询

虽然利用 SQL 命令可以方便、快捷地建立查询，但是对于初学者来说，还是显得比较复杂。在 Visual FoxPro 中可以使用查询设计器来生成查询文件。通常，利用查询设计器创建查询的步骤如下：

① 打开"查询设计器"窗口。

② 添加表或视图。

③ 选择添加出现在查询结果中的字段或表达式。

④ 设置表间关联。

⑤ 设置查询条件。

⑥ 设置排序或分组选择来组织查询结果。

⑦ 指定查询结果的输出去向。

⑧ 保存查询设置并建立查询文件。

下面通过具体实例来说明如何利用"查询设计器"来建立查询。

本例要求在"工资管理"数据库中，查询 1970 年以后出生、基本工资超过 3 500 元的职工信息，并且按照职工的基本工资从高到低依次输出其姓名、性别、出生日期、政治面貌、所在部门名称以及基本工资等信息。建立查询的具体操作步骤如下：

① 利用菜单方式或者命令方式打开"工资管理"数据库。

② 选择"文件"→"新建"命令，在弹出的"新建"对话框中选择"查询"，然后单击"新建文件"按钮，弹出如图 5-36 所示对话框。要求用户添加被查询的表或视图。

③ 在"添加表或视图"对话框中依次选择添加"部门表"、"职工表"和"工资表"，然后关闭该对话框。

④ 在"查询设计器"窗口下方的"字段"选项卡中，分别将左侧"可用字段"列表框中的"职工表.姓名、职工表.性别、职工表.出生日期、职工表.政治面貌、部门表.部门名称、工资表.基本工资"6 个字段依次选中并将其添加到右侧的"选定字段"列表框中，如图 5-37 所示。

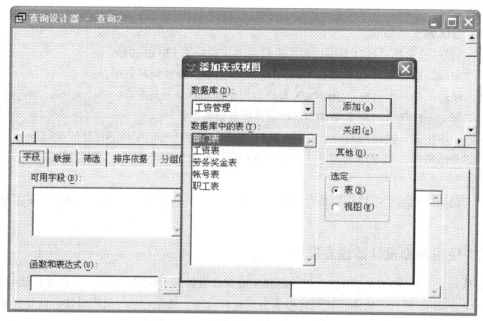

图 5-36 "添加表和视图"对话框

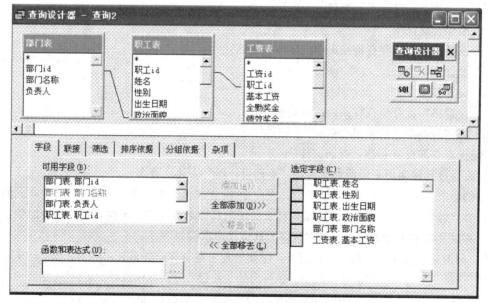

图 5-37 "选定字段"对话框

⑤ 在"联接"选项卡中，使用已经建立的永久关系，不需要更改。单击"筛选"选项卡，设置筛选条件如图 5-38 所示。

⑥ 单击"排序依据"选项卡，将字段"工资表.基本工资"添加到"排序条件"列表框中，选中"排序选项"栏中的"降序"单选按钮即可，图 5-39 所示。

⑦ 保存查询设置并建立查询文件。单击常用工具栏上的"保存"按钮，在弹出的"另存为"对话框中，将设计完成的查询以 myquery.qpr 命名后保存。

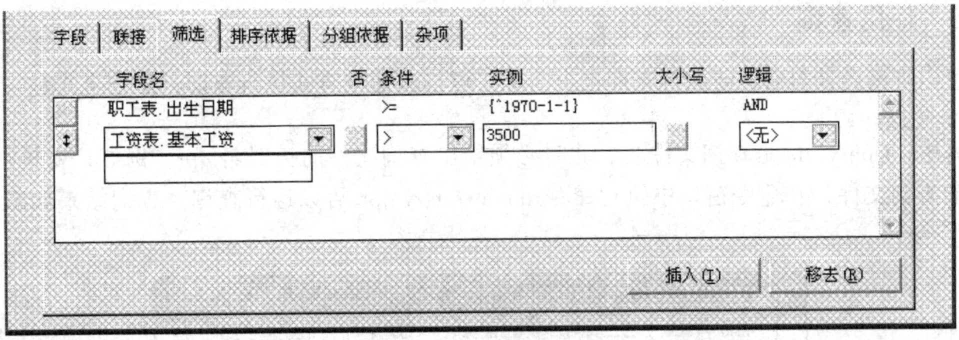

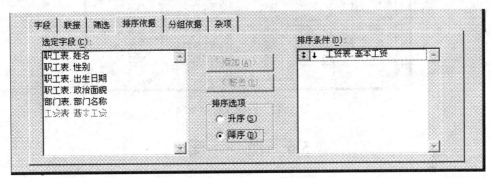

图 5-38　设定筛选条件

图 5-39　设置排序依据

5.5.4　查询设计器的局限性

当建立完查询并存盘后将产生一个扩展名为.qpr 的文件，它是一个文本文件。如果熟悉 SQL SELECT，则可以直接用文本编辑器，通过自己写 SQL SELECT 语句来建立查询，最后只要把它保存为扩展名为.qpr 的文件即可。事实上，查询设计器只能建立一些规则的查询，而复杂的查询它就无能为力了。

比如本章【例 5-29】查找和职工编号为 02G00001 同年入职的所有职工姓名。具体的 SQL SELECT 语句如下：

```
SELECT 姓名  FROM 职工表 WHERE YEAR(入职日期)= ;
(SELECT YEAR(入职日期)  FROM 职工表 WHERE 职工 id="02G00001")
```

以上的查询利用查询设计器是设计不出来的，并且这样的查询也不能利用查询设计器进行修改。如果试图利用查询设计器进行修改会出现如图 5-40 所示的提示信息对话框，然后只能在编辑器中打开修改。

图 5-40　提示信息

5.5.5 使用查询

退出查询设计器后，要执行查询也很简单。可以以命令方式执行查询，命令格式是：

```
DO QueryFile
```

其中，QueryFile 是查询文件名，此时必须给出查询文件的扩展名.qpr。例如，要执行刚才建立的查询文件，在命令窗口中执行命令 do myquery.qpr 可以运行查询。查询结果如图 5-41 所示。

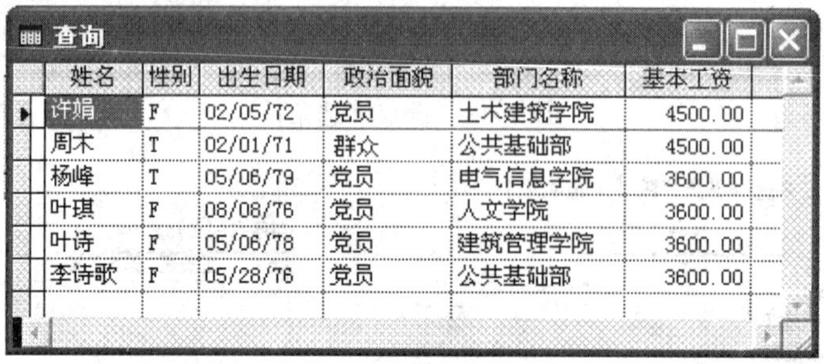

姓名	性别	出生日期	政治面貌	部门名称	基本工资
许娟	F	02/05/72	党员	土木建筑学院	4500.00
周末	T	02/01/71	群众	公共基础部	4500.00
杨峰	T	05/06/79	党员	电气信息学院	3600.00
叶琪	F	08/08/76	党员	人文学院	3600.00
叶诗	F	05/06/78	党员	建筑管理学院	3600.00
李诗歌	F	05/28/76	党员	公共基础部	3600.00

图 5-41 查询执行结果

5.6 视 图

视图兼有“表”和“查询”的特点，与查询相类似的地方是，可以用来从一个或多个相关联的表中检索数据；与表相类似的地方是，可以用来更新其中的数据，并将更新结果永久保存在磁盘上。

使用视图可以从表中提取一组记录，改变这些记录的值，并把更新结果送回基本表中。可以从本地表、其他视图、存储在服务器上的表或远程数据源中创建视图，所以视图又分为本地视图和远程视图。本地视图是使用当前数据库中的 Visual FoxPro 表建立的视图，远程视图是使用当前数据库之外的数据源中的表建立的视图。

视图是操作表的一种手段，通过视图可以查询表，也可以更新表。视图是在数据库表的基础上创建的一种虚拟表，因此视图基于表，但视图可以让用户更加灵活地使用数据库，减少了用户对数据库物理结构的依赖。视图是数据库中的一个特有功能，只有在包含视图的数据库打开时，才能使用视图。

5.6.1 建立视图的方法

由于视图和查询有很多类似之处，所以创建视图与创建查询相同，可以创建单表视图，也可以创建多表视图。另外，可以创建本地视图，也可以创建远程视图。这里主要介绍创建本地视图的几种主要的方法，具体如下：

1. 菜单方式

选择“文件”→“新建”命令，在弹出的“新建”对话框中选择“视图”，然后单击“新建文件”按钮打开视图设计器建立视图。

2. 利用项目管理器

在项目管理器窗口的“数据”选项卡中选择一个“数据库”，从中选择本地视图，再单击右侧的"新建"按钮打开视图设计器建立视图。

3．命令方式

通过执行 CREATE VIEW 命令打开视图设计器建立视图。

说明：通过菜单方式和命令方式创建视图前，首先打开创建视图的数据库。另外，一个视图一旦被定义，就成为数据库中的一个组成部分，具有与普通数据库表类似的功能，可以像数据库表一样地接受用户的访问。

5.6.2　视图设计器

可以用"视图设计器"建立视图，由于视图的基础同样是 SQL SELECT 语句，所以只有真正理解 SQL SELECT 语句才能设计好视图。

不管用哪种方法打开"视图设计器"，都会进入如图 5-42 所示的界面。

图 5-42　视图设计器界面

视图设计器和查询设计器的使用方式几乎完全一样，这里主要介绍一下二者不一样的地方，概括起来主要有几下点：

① 查询设计器的结果是将查询以.qpr 为扩展名的文件保存在磁盘中；而视图设计完成后，在磁盘上找不到类似的文件，视图的结果保存在数据库中。

② 由于视图是可以更新的，所以它有更新属性需要设置，为此在视图设计器中多了一个"更新条件"选项卡，如图 5-42 所示。

③ 在视图设计器中没有"查询去向"的问题。

5.6.3　使用视图设计器建立视图

在 Visual FoxPro 中可以使用视图设计器来创建视图。具体操作步骤如下：

① 打开相应的数据库。

② 打开"视图设计器"窗口。

③ 添加表或视图并编辑联接条件。

④ 设计视图。

⑤ 保存视图设置。

下面通过具体实例来说明如何利用"视图设计器"来建立视图。

本例要求在"工资管理"数据库中，建立一个视图，该视图包含所有男职工的"职工 id"、"姓名"、"性别"、"年龄"、"入职日期"和"基本工资"等信息，并且按"年龄"升序排列，最后保存视图的名称为 v_salary。建立视图的具体操作步骤如下：

① 利用菜单方式或者命令方式打开"工资管理"数据库。

② 选择"文件"→"新建"命令，在弹出的"新建"对话框中选择"视图"，然后单击"新建文件"按钮，打开视图设计器。

③ 在"添加表或视图"对话框中依次选择添加"职工"表和"工资"表，然后关闭该对话框。

④ 在"视图设计器"窗口下方的"字段"选项卡中，分别将左侧"可用字段"列表框中的"职工表.职工 id、职工表.姓名、职工表.性别、职工表.入职日期、工资表.基本工资"5 个字段和一个表达式"YEAR(DATE())-YEAR(职工表.出生日期) AS 年龄"添加至右侧的"选定字段"列表框中。

⑤ 在"联接"选项卡中，使用已经建立的永久关系，不需要更改。单击"筛选"选项卡，设置筛选条件。在"字段名"处选择"职工表.性别"；在"条件"处选择"="；在"实例"处输入".T."。

⑥ 单击"排序依据"选项卡，将表达式"YEAR(DATE())-YEAR(职工表.出生日期) AS 年龄"添加到"排序条件"列表框中，并选中"排序选项"栏中的"升序"单选按钮。

⑦ 保存视图。单击常用工具栏上的"保存"按钮，在弹出的"另存为"对话框中，将设计完成的视图以 v_salary 命名后保存。

⑧ 浏览视图。视图建立好后，出现在"数据库设计器"窗口中，如图 5-43 所示。在视图上右击，从弹出的快捷菜单中选择"浏览"命令即可浏览视图。

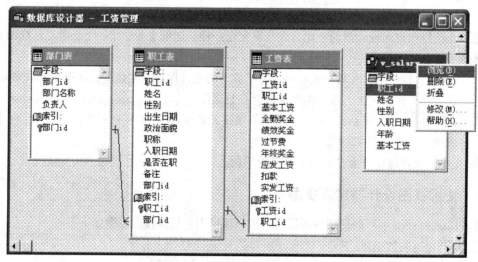

图 5-43　视图的浏览方法之一

另外，Visual FoxPro 中还提供了直接利用 SQL 创建视图的命令。其命令格式如下：

```
CREATE VIEW ViewName [REMOTE]
AS <SQL-SELECT 命令>
```

功能：按照 AS <SQL-SELECT 命令>规定的要求，创建一个指定名称的本地视图或远程视图，其中视图名称由命令中的 ViewName 指定。

说明：

① 选择 REMOTE 语句将创建一个远程视图，否则将创建一个本地视图。

② AS <SQL-SELECT 命令>指定视图的定义，它说明和限定了视图中的数据。

5.6.4　使用视图

视图建立好之后，不但可以用它来显示和更新数据，而且还可以通过调整它的属性来提高性能。视图的使用类似于表：

① 当视图所在的数据库打开后，可以使用 USE 命令打开或关闭视图。

② 在"浏览器"窗口中显示或修改视图中的记录。

③ 使用 SQL 语句操作视图。

④ 可以把视图作为一个数据环境添加到表单中，这样，在文本框、表格控件、表单或报表中可以直接使用视图中的字段作为数据源。

总的来说，视图一经建立就可以像基本表一样使用，适用于基本表的命令基本上都可以用于视图，比如在视图上也可以建立索引，多工作区时也可以建立联系等。

小　　结

本章比较全面地介绍了结构化查询语言（SQL）和 Visual FoxPro 检索与操作数据库的两个基本的工具：查询和视图。

对 SQL 主要介绍了数据定义、数据操纵和数据查询等功能。数据定义包括建立表、修改表结构和删除表，实现数据定义的命令是 CREATE 和 ALTER。数据操纵包括数据的插入、更新和删除，实现数据操纵的命令是 INSERT、UPDATE 和 DELETE 等。而数据查询是 SQL 的核心，是 SQL 中最重要、最基本的功能，实现查询的命令是 SELECT，在本章中予以重点介绍，主要包括简单计算查询、简单联接查询、嵌套查询、统计查询、查询结果分组、查询结果排序、超联接查询、使用量词和谓词的查询、集合的并查询以及查询结果的重定向输出等具体用法。对查询和视图主要介绍了它们的概念、建立和使用的方法。

本章的重点是 SELECT-SQL 查询命令和查询设计器的使用，难点是嵌套查询和查询的分组计算。

习　　题

一、思考题

1. 什么是 SQL？它有哪些主要特点？

2. 本章介绍的 SQL 的主要功能有哪些？分别用什么命令来实现？

3. 什么是查询？查询的本质是什么？

4. 什么是视图？Visual FoxPro 中的查询和视图有什么区别？

5. 在 SELECT–SQL 命令中，WHERE 短语和 HAVING 的功能分别是什么？彼此有什么区别？

二、选择题

1. 在 SQL 语句中，用于创建表的语句是（　　）。

    A. CREATE TABLE　　　　　　　　B. CREATE STRUCTURE

    C. MODIFY STRUCTURE　　　　　　D. MODIFY TABLE

2. 在 SQL 的 ALTER TABLE 语句中，为了删除一个字段应该使用短语（　　）。

    A. DELETE　　　　B. ERASE　　　　C. DROP　　　　D. CREATE

3. 将"职工"表的"姓名"字段的宽度由 10 改为 12 的 SQL 命令是（　　）。

    A. ALTER　TABLE 职工表　ALTER　姓名 C(12)

    B. ALTER　TABLE 职工表　ALTER　姓名 C(10)　TO　C(12)

    C. MODIFY　TABLE　职工表 ALTER　姓名 C(12)

    D. MODIFY　TABLE　职工表 ALTER　姓名 C(10) TO　C(12)

4. 在当前盘当前目录下删除职工表的命令是（　　）。

    A. DELETE TABLE 职工表　　　　　B. DROP TABLE 职工表

    C. DELETE 职工表　　　　　　　　D. DROP　职工表

5. 以下 SQL 命令中，不属于数据操纵命令的是（　　）。

    A. DELETE　　　　B. UPDATE　　　　C. INSET　　　　D. CREATE

6. SQL– INSERT 命令的功能是（　　）。

    A. 在表头插入一条记录　　　　　　B. 在表中任意位置插入一条记录

    C. 在表中指定位置插入若干条记录　D. 在表尾插入一条记录

7. DELETE FROM 工资表 WHERE 基本工资<3000 语句的功能是（　　）。

    A. 删除工资表

    B. 删除工资表的基本工资列

    C. 从工资表中彻底删除基本工资小于 3000 的记录

    D. 工资表中基本工资小于 3000 的记录被加上删除标记

8. SQL 查询命令的基本结构是（　　）。

    A. SELECT　WHERE GROUP　BY　　B. SELECT　WHERE　HAVING

    C. SELECT　FROM WHERE　　　　　D. SELECT　FROM　ORDER BY

9. 在 SQL–SELECT 语句中，条件短语通过（　　）关键字指定。

    A. WHERE　　　　　　　　　　　　B. FOR

    C. WHILE　　　　　　　　　　　　D. CONDITION

10. SQL 查询语句中 GROUP　BY 子句的功能是（　　）。

    A. 限定查询条件　　　　　　　　　B. 分组统计查询结果

    C. 限定分组条件　　　　　　　　　D. 对查询结果进行排序

11. SQL 命令中的表达式"基本工资　BETWEEN　3000　AND　5000"，等价于（　　）。

    A. 基本工资>3000　AND 基本工资<5000

　　B. 基本工资>3000　　AND <5000

　　C. 基本工资>=3000　　AND　　基本工资<=5000

　　D. 基本工资>=3000　　AND<=5000

12. 要显示查询结果中列在最前面的 3 条记录，则应在 SQL-SELECT 命令中添加（　　）参数。

　　A. TOP 3　　　　　　B. SKIP 3　　　　　　C. RECORD 3　　　　D. NEXT　3

13. 在 SQL-SELECT 语句中，将查询结果存入永久表中使用的是（　　）短语。

　　A. INTO CURSOR　　B. INTO ARRAY　　　C. INTO TABLE　　　D. TO TABLE

14. 只有满足联接条件的记录才包含在查询结果中，这种联接为（　　）。

　　A. 完全联接　　　　　B. 左联接　　　　　　C. 右联接　　　　　　D. 内联接

15. 书写 SQL 语句时，如果一行写不完，需要写在多行里面，除最后一行外，在每一行的末尾
　　要加续行符（　　）。

　　A. ;　　　　　　　　B. :　　　　　　　　C. ,　　　　　　　　　D. "

16. 查询的数据源可以是（　　）。

　　A. 自由表　　　　　　B. 数据库表　　　　　C. 视图　　　　　　　D. 以上均可

17. 视图设计器提供了（　　）个选项卡进行视图设定。

　　A. 5　　　　　　　　B. 6　　　　　　　　C. 7　　　　　　　　　D. 8

18. 关于视图的正确说法是（　　）。

　　A. 视图是一个虚拟的表　　　　　　　　　B. 视图是一个不依赖数据库的表

　　C. 视图是一个真实的表　　　　　　　　　D. 视图是一个能够修改的表

三、填空题

1. SQL 的核心是_____。

2. 在 SQL 命令中，修改表结构的命令是_____；修改表中数据的命令是_____。

3. 在 SELECT-SQL 语句的 ORDER BY 短语中，DESC 表示按_____输出。

4. 在 SELECT-SQL 语句中可以使用的统计函数主要包括_____、_____、_____、
　　_____、_____。

5. 在 SQL 支持的超联接查询中，可以有_____、_____、_____以及_____ 4 种不
　　同的联接。

6. SQL 中为了将查询结果存放到临时表中应该使用_____短语。

四、操作题

1. 使用 SQL 命令，建立一个学生.dbf，结构为：学号（C，8），姓名（C，12），性别（C，2），
　　出生日期（D），奖学金（N，7,2）。

2. 使用 SQL 命令，对学生.dbf 的表结构和内容做以下修改：

（1）增加一个"入学日期"字段，数据类型为日期型。

（2）增加一个"民族"字段，数据类型为字符型，字段宽度为20。

（3）增加一个"籍贯"字段，数据类型为字符型，字段宽度为50。

（4）删除"入学日期"字段。

（5）插入一条新的记录，记录内容包括：学号为"20050815"，姓名为"周惠"，性别为"男"，

出生日期为"1988-8-8"，奖学金为"5000"，民族为"土家族"，籍贯为"重庆黔江"。

3. 使用 SQL 命令进行以下查询：

（1）查找获得奖学金为"2000"的学生的出生日期。

（2）查找所有女学生的民族和籍贯。

（3）查找和学生"李秀花"同年出生的学生姓名。

（4）查找 1985 年以后出生的学生姓名和性别。

（5）列出所有男学生的平均年龄。

（6）列出女学生的最小年龄。

（7）查找所有姓"李"的学生的学号、姓名、性别和出生日期。

（8）列出获得奖学金在前 3 名的学生名单。

第6章

程序设计基础

前面的章节中学习了 Visual FoxPro 命令的交互操作方式，即利用菜单或在命令窗口中逐条输入命令的方法来完成对数据库或表的种种操作。这种操作方式虽然简单、直观，不用编程即可完成一些简单的数据处理工作，但是，使用这种方式解决问题时，往往会出现重复操作，执行效率低等情况，而且对于许多复杂的问题，使用交互方式难以实现。为此，Visual FoxPro 提供了命令的另一种工作方式——程序工作方式。程序工作方式是根据解决实际问题的需要，将一系列合法的 Visual FoxPro 命令按一定的逻辑结构编排成一个完整的应用程序，然后输入到计算机内自动、连续地加以执行。

本章将主要介绍 Visual FoxPro 中程序设计及其相关的一些内容，包括程序文件的建立与运行、用于编程的各种命令、程序的基本结构以及多模块程序等。

6.1 程 序 文 件

本节首先介绍程序的概念，然后介绍程序文件的建立、保存、修改和执行的基本操作方法，最后介绍 Visual FoxPro 中的几条程序专用命令。

6.1.1 程序的概念

学习 Visual FoxPro 的目的就是要使用它的命令来组织和处理数据、完成一些具体的任务。在前面章节的学习中，一项任务往往依靠一条简单的命令来完成，有些时候显得力不从心。事实上，许多任务单靠一条命令是无法完成的，而是需要执行一组命令才能完成。如果采用在命令窗口逐条输入命令的方式进行，不但非常烦琐，还容易出错。特别是当任务需要反复执行或所包含的命令很多时，采用这种逐条输入命令的方式几乎是不可行的。这时采用程序的方式将会十分简便。

程序是为完成一定处理功能的所有命令的有序集合，这些命令序列以扩展名为.prg 的文件形式存储在磁盘上。当运行程序时，按照其文件说明将其调入内存，系统会根据一定的次序自动执行包含在程序文件中的命令。与在命令窗口中逐条输入命令相比，采用程序方式主要有如下几个优点：

① 可以利用编辑器，方便地输入、修改和保存程序。

② 程序文件一旦建立，可以用多种方式、多次运行程序。

③ 可以在一个程序中调用另一个程序。

6.1.2 程序文件的创建、保存和修改

1. 建立程序文件

建立程序文件的方法主要有以下几种：

（1）菜单方式

① 选择"文件"→"新建"命令（或者单击工具栏上的"新建"按钮），弹出"新建"对话框，如图 6-1 所示。

② 在"新建"对话框中，选择"程序"单选按钮，单击右侧的"新建文件"按钮，弹出如图 6-2 所示的程序编辑窗口。

图 6-1　"新建"对话框　　　　　　　　图 6-2　程序编辑窗口

③ 在程序编辑窗口中输入和编辑程序代码的具体内容，如图 6-3 所示。

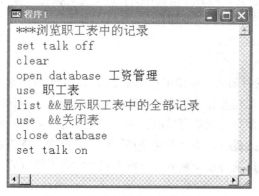

图 6-3　程序与程序文件编辑窗口

（2）命令方式

命令格式：MODIFY COMMAND [程序文件名[.扩展名]]

功能：启动 Visual FoxPro 提供的文本编辑器来建立或编辑源程序文件。新建或修改指定的程序文件。

说明：

① 执行此命令后，同样会弹出如图 6-2 所示的程序编辑窗口。

② 当指定的程序文件名为新文件名时，将创建一个新的程序文件；当指定的程序文件名为已有的文件时，则在程序编辑窗口打开该文件供编辑修改；当指定的文件名为"？"时，用户便可以从屏幕窗口的文件列表框中选择需要打开或者编辑的文件。

③ 程序文件的扩展名默认是.prg。

2．保存程序文件

选择"文件"→"保存"命令或按【Ctrl+S】组合键，在弹出的"另存为"对话框中指定该程序文件的存放位置与文件名，单击"保存"按钮将其保存，如图 6-4 所示。

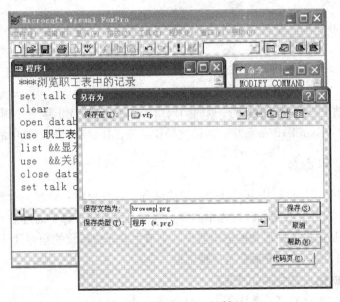

图 6-4 "另存为"对话框

3．修改程序文件

（1）菜单方式

① 选择"文件"→"打开"命令，或单击常用工具栏上的"打开"按钮，弹出"打开"对话框。

② 在"打开"对话框中，选定"程序"所在的文件夹及文件名，单击"确定"按钮之后，需要修改的应用程序便出现在编辑窗口中。

③ 在程序编辑窗口中对程序进行修改，修改完毕后重新保存程序文件。

（2）命令方式

命令格式与新建程序文件的命令相同。系统执行本命令后，将 MODIFY COMMAND 短语后指定的程序文件从磁盘调入内存并显示在程序编辑窗口中。这时用户就可以对程序进行编辑修改，修改完毕后，重新保存程序文件。

6.1.3 程序文件的运行

程序文件建立之后，可以使用多种方式反复运行。运行程序文件的方式主要有以下两种：

（1）菜单方式

① 选择"程序"→"运行"命令，弹出"运行"对话框。

② 从文件列表中选择要运行的程序文件，单击"运行"按钮。

（2）命令方式

命令格式：DO ＜程序文件名＞

功能：将指定的程序文件调入内存并运行。

说明：

① 使用该命令运行程序文件时，不需要加扩展名。程序文件扩展名的默认值为.prg。

② 该命令既可以在命令窗口中运行，也可以编写在程序文件中。后者可实现在一个程序中调用另一个程序。

当程序文件被执行时，文件中包含的命令将被一次执行，直到所有的命令被执行完毕，或者遇到以下命令：

- CANCEL：终止程序运行，清除所有的私有变量，返回到命令窗口。
- DO：调用执行另一个程序。
- RETURN：结束当前程序的执行，返回到调用行的下一行，无上级程序则返回到命令窗口。
- QUIT：退出 Visual FoxPro 系统，返回到操作系统，并自动删除磁盘中的临时文件。

6.1.4 程序的常用命令

输入/输出处理是程序设计中不可缺少的组成部分，一个程序一般都包含数据输入、数据处理和数据输出 3 个部分。数据处理过程中的原始数据及用户要求都是通过输入来指定，而数据处理的最终结果又是通过各种形式的输出获得。本节主要介绍传统的程序设计中常用的输入/输出命令、改善程序可读性的注释命令及其他辅助命令。

1．字符型数据输入命令 ACCEPT

命令格式：ACCEPT ［＜字符表达式＞］ TO ＜内存变量＞

功能：暂停程序的运行，等待用户从键盘上输入数据并将该数据赋给由<内存变量>指定的内存变量。

说明：

① <字符表达式>可以省略，如果选用，系统会首先在屏幕上显示该表达式的值作为提示信息。该表达式可以是字符串，也可以是字符型内存变量，该内存变量必须赋初值。

② 该命令只能接受字符型数据。用户在键盘上输入的任何数据都将作为字符型数据处理，不需要加定界符。

③ 数据输入完成后，按【Enter】键结束该命令的输入。如果不输入任何内容而直接按【Enter】键，系统会把空串赋给指定的内存变量。

2．表达式输入命令 INPUT

命令格式：INPUT ［＜字符表达式＞］ TO ＜内存变量＞

功能：暂停程序的运行，将键盘输入的数据赋给由<内存变量>指定的内存变量。

说明：

① <字符表达式>是提示语，用法同 ACCEPT 命令。

② 从键盘输入的数据可以是常量、变量或表达式，数据类型可以是除备注型和通用型外的所有类型。若输入的是常量，除数值型常量外，其他的必须加定界符。

③ 数据输入完成后，按【Enter】键结束该命令的输入。如果输入的是非法表达式或不输入

任何内容而直接按【Enter】键，系统将提示重新输入。

3．单字符输入命令 WAIT

命令格式：WAIT　[<字符表达式>]　[TO　<内存变量>]

　　　　　[WINDOWS [AT<行坐标>,<列坐标>]]

　　　　　[TIMEOUT<数值表达式>][NOWAIT]

功能：暂停程序的运行，用户按任意键或时间超过由<数值表达式>指定的秒数后，程序继续执行。若包含[TO　<内存变量>]子句，则将键盘输入的字符型数据赋给由<内存变量>指定的内存变量。

说明：

① <字符表达式>是提示语，指定要显示的自定义信息。若省略该短语，则 Visual FoxPro 显示默认的提示信息"按任意键继续……"。

② <内存变量>用来保存用户从键盘输入的字符，其类型为字符型。如果用户不输入任何内容而直接按【Enter】键或单击鼠标，则<内存变量>中保存的将是空串。若省略[TO　<内存变量>]短语，则输入的单字符被忽略。

③ 如果选用[WINDOWS]短语，提示信息默认显示在 Visual FoxPro 主窗口右上角的系统信息窗口中。如果指定[AT<行坐标>，<列坐标>]，提示信息输出在指定位置的窗口中。

④ [TIMEOUT<数值表达式>]短语用于设定等待时间。一旦超时就不再等待用户按键，自动往下执行。

⑤ [NOWAIT]短语和[WINDOWS]结合使用，系统不等待用户按键，直接往下执行。

4．换行输出命令？

命令格式：?[<表达式列表>]

功能：分别计算表达式列表的值，并将表达式列表的值输出在 Visual FoxPro 主窗口中当前光标的下一行。

说明：<表达式列表>中的各表达式之间以逗号分隔。

5．同行输出命令??

命令格式：??[<表达式列表>]

功能：分别计算表达式列表的值，并将表达式列表的值输出在 Visual FoxPro 主窗口中当前光标所在行和列的后面。

说明：<表达式列表>中的各表达式之间以逗号分隔。

6．程序的结尾命令

命令格式 1：RETURN

功能：返回到调用行的下一行，无上级程序则返回到命令窗口。

命令格式 2：CANCEL

功能：中断、异常结束，并返回到系统命令窗口。

命令格式 3：QUIT

功能：退出 Visual FoxPro，返回到操作系统，并自动删除磁盘中的临时文件。

7．程序的注释命令

命令格式 1：NOTE [<注释>] 或者 *[<注释>]

功能：对程序的结构或功能进行注释。

命令格式 2：`&&[<注释>]`

功能：对程序中某一条语句的功能进行注释。

8．运行环境设置命令

（1）设置会话状态

命令格式：`SET TALK ON|OFF`

功能：控制非输出性的执行结果是否在屏幕上显示或打印出来。

说明：系统默认值为 ON，此时，Visual FoxPro 在执行命令时会向用户提供大量的反馈信息，所以在调试程序时，一般将会话状态开通。而在运行程序文件时，会话状态开通不仅会减慢程序的运行速度，还会与程序本身的输出相互夹杂，引起混淆，因此，这个时候，一般置会话于断开状态（OFF）。

（2）设置系统提供的保护状态

命令格式：`SET SAFETY ON|OFF`

功能：当开启保护状态，用户对文件进行重写或删除操作时，系统会给出警告提示。

说明：系统默认值为 ON。

（3）设置删除记录标志状态

命令格式：`SET DELETED ON|OFF`

功能：屏蔽或处理有删除标记的记录。

说明：系统默认值为 OFF。当在命令格式中选择 ON 时，命令将不对有删除标记的记录进行操作。

（4）设置屏幕状态命令

命令格式：`SET CONSOLE ON|OFF`

功能：该命令用于设置发送或暂停输出内容到屏幕上。

说明：系统默认值为 ON。

（5）清除命令

命令格式 1：`CLEAR`

功能：清除当前屏幕上的所有信息。

命令格式 2：`CLEAR ALL`

功能：关闭所有文件，释放所有内存变量，将 1 号工作区设置为当前工作区。

命令格式 3：`CLOSE ALL`

功能：关闭所有打开的数据库和表，将 1 号工作区设置为当前工作区。

6.1.5　程序的书写规则

正确的程序书写，会使程序具有可读性，将给程序的修改带来方便。

① 程序中的每条命令都以【Enter】键结尾，一行只能写一条命令。如果命令太长，一行写不下，可以分行书写，但是在未写完的本行末尾必须输入一个续行符";"，然后按【Enter】键。

② 为了提供程序的可读性，可以在程序适当的位置插入注释。

6.2　程序的基本结构

程序结构是指程序中命令或语句执行的流程结构。与其他程序设计语言一样，Visual FoxPro

所支持的传统的程序设计的基本结构也分为 3 种，分别是顺序结构、选择结构和循环结构。

6.2.1　顺序结构

顺序结构是最简单的程序结构，也是最基本、最常见的程序结构形式。它自始自终严格按照程序中语句出现的先后顺序逐条执行。顺序结构不需要用专门的结构语句来支持，它只是一种编写和执行程序的规则。

事实上，程序中的各条命令如果不加特别的说明，就将按其前后排列顺序执行，因而就是一种顺序结构。下面是两个简单的顺序结构示例。

【例 6-1】在"职工"表中查看指定职工的有关信息。

程序代码如下：

```
*****6-1.PRG*****************
SET TALK OFF
CLEAR
OPEN DATABASE 工资管理
USE 职工表
ACCEPT "请输入要查询的职工编号: " TO bh
LOCATE FOR 职工id=ALLTRIM(bh)
?"姓名:",姓名
?"性别:",性别
?"政治面貌:",政治面貌
?"入职日期:",入职日期
USE
CLOSE DATABASE
SET TALK ON
RETURN
```

【例 6-2】从键盘上输入一个圆的半径值，计算圆的面积。

程序代码如下：

```
*****6-2.PRG*****************
SET TALK OFF
CLEAR
INPUT "请输入圆的半径:" TO radius
area=PI()*radius^2
?"圆的面积=",area
SET TALK ON
RETURN
```

6.2.2　选择分支结构

选择分支结构是指在程序运行时，将根据给定的条件选择执行程序中的某些命令的一种常用的程序基本结构，在一般的程序设计中都会使用到。在 Visual FoxPro 中提供了单分支、双分支和多分支选择结构。无论是哪种类型的分支结构，都是根据所给条件是否为真，选择执行某一分支的命令语句。

1．单分支结构

命令格式：

```
IF<条件表达式>
    <语句序列>
```

```
ENDIF
```

功能：根据<条件表达式>计算的结果，来判断是否执行<语句序列>。

说明：

① 根据<条件表达式>计算的结果进行判断。如果<条件表达式>计算的结果为真，执行<语句序列>，否则执行 ENDIF 后面的第一条命令语句。

② <条件表达式>是关系表达式或逻辑表达式。

③ IF 和 ENDIF 必须成对出现，并且各占一行。

④ <语句序列>可以由一条或多条语句构成。

【例 6-3】从键盘输入两个数 a、b，要求找出其中的最大值。

程序代码如下：

```
*****6-3.PRG******************
SET TALK OFF
CLEAR
INPUT "请输入一个数 a:" TO a
INPUT "请输入一个数 b:" TO b
maxn=a
IF b>=maxn
   maxn=b
ENDIF
?"最大的数是: ",maxn
SET TALK ON
```

【例 6-4】从键盘输入两个整数 x、y，按代数值由小到大的顺序输出这两个数。

程序代码如下：

```
*****6-4.PRG****************
SET TALK OFF
CLEAR
INPUT "请输入一个数:" TO x
INPUT "请输入一个数:" TO y
?"排序前:",x,y
IF x>y
   t=x  &&t 为中间变量
   x=y
   y=t
ENDIF
?"排序后:",x,y
SET TALK ON
RETURN
```

2．双分支选择结构

命令格式：

```
IF<条件表达式>
   <语句序列 1>
ELSE
    <语句序列 2>
ENDIF
```

功能：根据<条件表达式>计算的结果，来判断是执行<语句序列 1>还是执行<语句序列 2>。

说明：

① 根据<条件表达式>计算的结果进行判断。如果<条件表达式>计算的结果为真，执行<语句序列 1>，否则执行<语句序列 2>。

② <条件表达式>是关系表达式或逻辑表达式。

③ IF 和 ENDIF 必须成对出现，并且各占一行。ELSE 语句单独占一行。

④ <语句序列 1>和<语句序列 2>可以由一条或多条语句构成。

【例 6-5】从键盘输入一个正整数，判断其是否为偶数。

程序代码如下：

```
*****6-5.PRG*****************
SET TALK OFF
CLEAR
INPUT "请输入一个正整数:" TO x
IF x%2=0   &&判断 x 能否被 2 整除
    ?x,"为偶数!"
ELSE
    ?x,"为奇数!"
ENDIF
SET TALK ON
```

【例 6-6】编写程序，在"职工"表中查找指定职工的信息，如果找到，则显示该职工的姓名、性别、职称和入职日期；如果没有找到，则显示提示信息"本公司没有该员工!"。

程序代码如下：

```
*****6-6.PRG*****************
SET TALK OFF
CLEAR
USE 职工表
ACCEPT "请输入职工的编号: " TO eid
LOCATE FOR 职工 id=ALLTRIM(eid)
IF FOUND()
    SELECT 姓名,性别,职称,入职日期 FROM 职工表;
    WHERE 职工 id=ALLTRIM(eid) INTO CURSOR temp
    DISP OFF
ELSE
    ?"本公司没有该员工!"
ENDIF
CLOSE ALL
SET TALK ON
RETURN
```

3. 多分支选择结构

在上述简单分支结构或者是双分支选择结构里面的<语句序列>中，可以包含任何 Visual FoxPro 命令语句，当然，也可以包括另外一个或几个分支结构，即选择分支结构可以嵌套。但是，当嵌套的层数较深时，编写的程序会比较长，不仅增加了编写程序的难度，也影响程序的可读性。因此，在 Visual FoxPro 中提供了 DO CASE 语句来实现多分支选择结构。多分支选择结构是根据多个条件表达式的值，选择一个语句序列执行。

命令格式：

```
DO CASE
```

```
    CASE<条件表达式1>
        〈语句序列1〉
     [CASE<条件表达式2>
        〈语句序列2〉
           …
    CASE<条件表达式N>
       〈语句序列n〉]
     [OTHERWISE
       〈语句序列n+1〉]
ENDCASE
```

功能：依次判断<条件表达式 I>（I=1，2，3，…，n），当值为真时执行对应的<语句序列 I>；当所有的<条件表达式>的值都为假时，则执行 OTHERWISE 下面的<语句序列 n+1>，如果没有 OTHERWISE，则转去执行 ENDCASE 后面的第一条命令语句。

说明：

① DO CASE、ENDCASE、CASE 和 OTHERWISE 必须各占一行，DO CASE 和 ENDCASE 必须成对出现，其中，DO CASE 是结构的入口，ENDCASE 是本结构的出口。

② <条件表达式>是关系表达式或逻辑表达式。

③ <语句序列 I>（I=1，2，3，…，n+1）可以由一条或多条语句构成。

④ 该结构中至多只有一个<语句序列>有机会执行，当多个<条件表达式>的值为真时，只有最先成立的那个 CASE 条件的对应命令序列被执行。

⑤ 如果所有的 CASE 条件都不成立，且没有 OTHERWISE 子句，则直接执行 ENDCASE 后面的第一条命令语句。

【例 6-7】从键盘输入 x 的值，计算下面分段函数的值，并显示结果。

$$y=\begin{cases} 2x+1 & (x>50) \\ 3x-5 & (-8<x\leqslant 50) \\ 10x+8 & (x\leqslant -8) \end{cases}$$

程序代码如下：

```
*****6-7.PRG****************
SET TALK OFF
CLEAR
INPUT "请输入x的值:" TO x
DO CASE
   CASE x>50
     y=2*x+1
   CASE x>-8
     y=3*x-5
   OTHERWISE
     y=10*x+8
ENDCASE
?"分段函数的值为:",y
SET TALK ON
RETURN
```

【**例 6-8**】编写程序，通过判断用户输入表的名称（不带扩展名）来打开"工资管理"数据库中相应的表文件，并对表中的记录进行浏览。

程序代码如下：

```
*****6-8.PRG*****************
SET TALK OFF
CLEAR
ACCEPT "请输入表名（不带扩展名）: " TO tbname
DO CASE
    CASE ALLTRIM("&tbname.")="职工表"
        USE 职工表
    CASE ALLTRIM("&tbname.")="部门表"
        USE 部门表
    CASE ALLTRIM("&tbname.")="工资表"
        USE 工资表
ENDCASE
BROWSE
USE
SET TALK ON
RETURN
```

6.2.3　循环结构

在前面所学习的顺序结构和选择分支结构中，每个命令语句最多只被执行一次。而在处理实际问题的过程中，例如求若干数之积、迭代求根等，往往需要对某一操作重复执行多次。为了解决这一问题，Visual FoxPro 提供了循环结构。循环结构指的是在程序的执行过程中，其中的某些命令语句被重复执行若干次，它和顺序结构、选择结构共同作为各种复杂程序的基本构造单元。

Visual FoxPro 所支持的循环结构语句主要包括 DO WHILE...ENDDO、FOR...ENDFOR 和 SCAN...ENDSCAN 3 种。

1. DO WHILE...ENDDO 语句

命令格式：

```
DO WHILE<条件表达式>
    <语句序列>
     [EXIT]
     [LOOP]
ENDDO
```

功能：根据<条件表达式>的计算结果，来判断是否执行<语句序列>。

说明：

① DO WHILE 语句为循环开始语句，即循环结构的入口；ENDDO 用以表示循环结构的终点，即循环语句的出口，与 DO WHILE 配对使用，并且各占一行。

② <条件表达式>是关系表达式或逻辑表达式。

③ <语句序列>被称为循环体，由每次循环都需要执行的一条或多条语句构成。这些命令语句只要是 Visual FoxPro 合法的都可以，包括 IF 语句、CASE 语句、DO WHILE...ENDDO 等。如果循环体里包含另一个循环语句，称为循环的嵌套。

④ 执行过程：首先计算 DO WHILE 后边<条件表达式>的值。若<条件表达式>计算的结果为

假，即条件不成立，则跳过 DO WHILE 和 ENDDO 之间的语句结束循环，转而去执行 ENDDO 后面的第一条语句；若<条件表达式>计算的结果为真，则执行循环体一遍，直至碰到 ENDDO。遇到 ENDDO 后转向 DO WHILE 处再重复计算<条件表达式>的值。如此重复，直到<条件表达式>的计算结果为假时就结束循环转去执行 ENDDO 后面的第一条语句。

⑤ 如果第一次计算 DO WHILE 后边<条件表达式>的值为假，则循环体一次都不执行。

⑥ 如果循环体中包含 EXIT 命令，那么当遇到 EXIT 时，就结束该语句的执行，转去执行 ENDDO 后面的第一条语句。

⑦ 如果循环体中包含 LOOP 命令，那么当遇到 LOOP 时，就结束循环体的本次执行，转回 DO WHILE 处重新计算<条件表达式>的值。

⑧ 通常 EXIT 或 LOOP 命令出现在循环体内嵌套的选择语句中，根据条件判断来决定是执行 EXIT 还是执行 LOOP。

利用 DO WHILE 循环可以对多种情况进行控制。常见的主要有以下 3 种情况。

● 循环次数确定的循环。

命令格式：

```
I=初值（通常设为 1）
DO WHILE I<=N
    <语句序列>
    I=I+1
ENDDO
```

功能：已知循环次数为 N，通过对循环变量 I 递增计数并与 N 比较来完成循环操作。

【例 6-9】编程计算 1+2+3+4+5+…+100 的值并输出。

程序代码如下：

```
*****6-9.PRG****************
SET TALK OFF
CLEAR
S=0
I=1
DO WHILE I<=100
   S=S+I
   I=I+1
ENDDO
?"1+2+3+4+5+…+100=",S
SET TALK ON
RETURN
```

【例 6-10】找出 100 以内既能被 3 整除又能被 7 整除的所有数。

程序代码如下：

```
*****6-10.PRG****************
SET TALK OFF
CLEAR
N=1
?"1~100 之间既能被 3 整除又能被 7 整除的数如下："
DO WHILE N<=100
   IF INT(N/3)=N/3 AND N%7=0
      ?N
   ENDIF
```

```
    N=N+1
ENDDO
SET TALK ON
RETURN
```

● 循环次数不确定的循环。

命令格式：

```
DO WHILE .T.
    <语句序列>
    IF <条件表达式>
        EXIT
    ENDIF
ENDDO
```

功能：循环条件永远为真，只有当<条件表达式>的计算结果为假时，才执行 EXIT 命令跳出循环。

说明：在这种结构中，EXIT 选项是必须的，并且一般与 IF 语句或 DO CASE…ENDCASE 语句连用。

【例 6-11】已知 $n!=1 \times 2 \times 3 \times 4 \times 5 \times \cdots \times n$，求出当 $n!>100$ 时的最小的 n 值。

程序代码如下：

```
*****6-11.PRG*****************
SET TALK OFF
CLEAR
I=1
P=1
DO WHILE .T.
  P=P*I
  IF P>100
    EXIT
  ENDIF
  I=I+1
ENDDO
?I
SET TALK ON
RETURN
```

【例 6-12】将前 N 个自然数进行累加，当累加之和超过 250 时停止累加。要求程序显示每次的累加和。

程序代码如下：

```
*****6-12.PRG*****************
SET TALK OFF
CLEAR
I=1
S=0
DO WHILE .T.
  IF S>250
    EXIT
  ELSE
    S=S+I
  ENDIF
  ?"累加和: ",S
```

```
    I=I+1
ENDDO
SET TALK ON
RETURN
```

● 对表文件记录逐条进行操作。

命令格式 1：

```
DO WHILE NOT EOF()
    <语句序列>
    SKIP
ENDDO
```

命令格式 2：

```
DO WHILE NOT BOF()
    <语句序列>
    SKIP -1
ENDDO
```

功能：对当前打开的表文件中的记录自上而下或自下而上地逐条进行操作。

说明：记录指针由 SKIP 语句控制，循环结束的条件由函数 EOF()或 BOF()控制。

【例 6-13】显示职工表中政治面貌是党员的职工信息。

程序代码如下：

```
*****6-13.PRG****************
SET TALK OFF
CLEAR
OPEN DATABASE 工资管理
USE 职工表
DO WHILE NOT EOF()
  IF 政治面貌-"党员"
      DISPLAY
  ENDIF
  SKIP
ENDDO
USE
CLOSE DATABASE
SET TALK ON
RETURN
```

【例 6-14】在工资管理数据库中，找出基本工资在 3 000 元以下的职工姓名、基本工资，并统计输出这些职工的人数。

程序代码如下：

```
*****6-14.PRG****************
SET TALK OFF
CLEAR
OPEN DATABASE 工资管理
SELECT 姓名,基本工资 FROM 职工表,工资表;
WHERE 职工表.职工 id=工资表.职工 id INTO CURSOR TEMP
STORE 0 TO CT
DO WHILE NOT EOF()
  IF 基本工资>=3000
      SKIP
      LOOP
```

```
      ENDIF
      ?姓名,基本工资
      CT=CT+1
      SKIP
ENDDO
?"基本工资在 3000 元以下的职工人数为:",CT
USE
CLOSE DATABASE
SET TALK ON
RETURN
```

2. SCAN...ENDSCAN 语句

该语句一般用于处理表中的记录。根据用户设置的当前记录指针,对指定范围及满足条件的记录进行操作。

命令格式:

```
SCAN [<范围>][FOR<条件表达式 1>][WHILE<条件表达式 2>]
        <语句序列>
ENDSCAN
```

功能:对当前表中指定范围内满足条件的记录逐个进行循环体所规定的一系列操作。

说明:

① SCAN 为循环的起始语句,ENDSCAN 为循环的结束语句,各占一行,必须配对使用。

② 待处理的表需事先打开,<范围>的默认值为 ALL。

③ <语句序列>中也可以使用 EXIT 或 LOOP 命令。

【例 6-15】在职工表中显示不在职的职工记录。

程序代码如下:

```
*****6-15.PRG****************
SET TALK OFF
CLEAR
OPEN DATABASE 工资管理
USE 职工表
SCAN FOR 是否在职=.F.
    DISPLAY
ENDSCAN
USE
CLOSE DATABASE
SET TALK ON
RETURN
```

【例 6-16】在职工表中分别统计男职工和女职工的人数。

程序代码如下:

```
*****6-16.PRG****************
SET TALK OFF
CLEAR
OPEN DATABASE 工资管理
STORE 0 TO MRS,FRS
USE 职工表
SCAN
    IF 性别=.T.
       MRS=MRS+1
```

```
   ELSE
       FRS=FRS+1
   ENDIF
ENDSCAN
CLOSE DATABASE
?"男职工人数为:",MRS
?"女职工人数为:",FRS
SET TALK ON
RETURN
```

3. FOR...ENDFOR 语句

命令格式:

```
FOR <循环变量>=<初值> TO <终值> [STEP<步长>]
        <语句序列>
ENDFOR|NEXT
```

功能: 根据循环变量的值是否超过终值来决定是否执行<语句序列>。

说明:

① FOR 语句为循环开始语句, 即循环结构的入口; ENDFOR 或 NEXT 用以表示循环结构的终点, 即循环语句的出口, 与 FOR 配对使用, 并且各占一行。

② <循环变量>为任意一个内存变量, 不必事先定义。

③ <初值>、<终值>和<步长>均为数值表达式, 当<步长>值为 1 时, 可以省略此子句。

④ EXIT 和 LOOP 同样可以出现在循环体内, 当遇到 EXIT 时, 就结束该语句的执行, 转去执行 ENDFOR 或 NEXT 后面的第一条语句; 当遇到 LOOP 时, 就结束循环体的本次执行, 然后循环变量增加一个步长值, 并再次判断循环条件是否成立。

⑤ 由于 ENDFOR 和 NEXT 二者等价, 因此, 二者不能同时出现。

【例 6-17】编程计算 100 之内所有奇数之和。

程序代码如下:

```
*****6-17.PRG****************
SET TALK OFF
CLEAR
S=0
FOR I=1 TO 100
    IF I%2!=0    &&判断 I 能否被 2 整除
        S=S+I
    ENDIF
ENDFOR
?"100 之内所有奇数之和为:",S
SET TALK ON
RETURN
```

【例 6-18】从键盘输入一个字符串, 将该字符串逆序后输出。

程序代码如下:

```
*****6-18.PRG****************
SET TALK OFF
CLEAR
ACCEPT "请输入一个字符串: " TO S
STORE  "" TO S1
FOR I=1 TO LEN(S)
```

```
    S1=SUBSTR(S,I,1)+S1
ENDFOR
?"逆序后的字符串为: ",S1
SET TALK ON
RETURN
```

【例 6-19】显示职工表中各个字段的名称。

程序代码如下:

```
*****6-19.PRG****************
SET TALK OFF
CLEAR
OPEN DATABASE 工资管理
USE 职工表
?"职工表中各个字段名如下: "
FOR I=1 TO FCOUNT()
    ?FIELDS(I)
ENDFOR
CLOSE DATABASE
SET TALK ON
RETURN
```

6.3 多模块程序

在实际生活中，一个复杂问题，往往是由若干个稍简单的问题构成的。因此，在通过程序设计解决实际问题时，首先将一个大而复杂的问题自顶向下，逐步细化为许多子问题的组合，通常把每一个子问题称为一个模块。模块是一个相对独立的程序段，在 Visual FoxPro 中可以是主程序、子程序、过程或函数。同时，它可以被其他模块所调用，也可以调用其他的模块。根据各个模块之间相互调用的关系，又有主模块和子模块之分。一个调用其他模块的程序称为主模块或主程序，被其他模块调用的程序称为子模块或子程序。

6.3.1 子程序

1. 子程序的建立
子程序的建立方法与程序文件相同，扩展名为.prg。

2. 子程序的调用
格式: DO <文件名> [WITH<参数表>]

功能: 用于执行一个程序。

说明:

① 调用子程序的命令格式与运行程序的命令格式类似，调用语句可以出现在 Visual FoxPro 的命令窗口中，也可以出现在另一个程序文件中。

② <文件名>指定要执行的子程序的名字。

③ [WITH<参数表>]短语用于指定传递到子程序的参数。

3. 子程序的返回
格式: RETURN [<表达式>] [TO MASTER]

功能: 将程序执行的控制权返回到调用者的调用语句的下一行。

说明：

① [<表达式>]短语表示将值返回到调用者。

② [TO MASTER]短语表示将控制权返回到最高级调用者。

③ 该语句一般位于一个程序的末尾。

【例 6-20】从键盘输入圆的半径 R，计算圆的面积。

程序代码如下：

```
*****6-20.PRG*****************
*****主程序
SET TALK OFF
CLEAR
INPUT "请输入圆的半径: " TO R
STORE 0 TO AREA
DO CPTAREA WITH R,AREA
?"圆的面积为: ",AREA
SET TALK ON
RETURN
*****子程序
*****CPTAREA.PRG**********
PARAMETERS RADIUS,S
S=PI()*RADIUS*RADIUS
RETURN
```

6.3.2 过程

一个应用程序通常都是由一个主模块和若干个子模块组成。若每个模块都以子程序的形式存放在分散的.prg 文件中，则每调用一次子程序就要访问磁盘一次。并且，如果要调用多个子模块，那么在内存中打开和管理的文件数就会增多，增加了读磁盘的时间和内存管理的难度，从而降低了系统的运行效率。为了解决这个问题，可以把多个子程序合并为一个大的文件，在该文件中，每个子程序依然是独立的，用"过程"来表示。这个大的公用文件被称为"过程文件"。一个"过程文件"中可以包含一个或多个"过程"，调用时作为一个文件打开。一旦打开后，文件里面的"过程"可随时调用。从打开文件的个数来说，只打开了一个过程文件，从而大大减少了访问磁盘的次数，可提高程序运行的效率。

1. 过程文件的建立

过程文件的建立方法与子程序、一般的程序文件相同，扩展名为.prg。

2. 过程的建立

命令格式：PROCEDURE <过程名>

             [PARAMETERS<参数表>]

           [<语句序列>]

    ENDPROC

功能：定义一个过程。

说明：

① 过程是以 PROCEDURE 开头，以 ENDPROC 结尾并由<过程名>标识的程序段。

② [PARAMETERS<参数表>]短语用于接受参数。

③ 过程可以放在一个单独的过程文件中，也可以位于一般程序的末尾，但不能置于主程序

代码之前。

3．过程的调用

调用过程之前必须要打开过程所在的过程文件，调用结束后要关闭过程文件。

① 打开过程文件的命令格式：SET PROCEDURE TO <过程文件名>。

② 关闭过程文件的命令格式：SET PROCEDURE TO 或 CLOSE PROCEDURE。

③ 调用过程的命令格式：DO <过程名>[WITH<参数列表>]。

【例 6-21】从键盘输入圆的半径 R，用过程编写一个计算圆面积的程序。

程序代码如下：

```
*****p6-21.prg*****
SET TALK OFF
CLEAR
INPUT "请输入圆的半径: " TO R
STORE 0 TO AREA
DO CPTAREA WITH R,AREA
?"圆的面积为: ",AREA
SET TALK ON
RETURN
*****过程YMJ*****
PROCEDURE YMJ
PARAMETERS RADIUS,S
S=PI()*RADIUS*RADIUS
ENDPROC
```

【例 6-22】从键盘上输入两个数 a、b，用过程编写一个求和与乘积的程序。

程序代码如下：

```
*****p6-22.prg*****
*****主程序*******
SET TALK OFF
CLEAR
INPUT "请输入一个数:" TO a
INPUT "请输入一个数:" TO b
s=0
p=1
SET PROCEDURE TO TestProc
DO CPTSUM WITH a,b,s
DO CPTPROD WITH a,b,p
SET PROCEDURE TO
?"两个数之和为: ",s
?"两个数之积为: ",p
SET TALK ON
RETURN
*****过程文件***************
*****TestProc.PRG**********
PROCEDURE CPTSUM
    PARAMETER x,y,s
    s=x+y
ENDPROC
PROCEDURE CPTPROD
    PARAMETER x,y,p
```

```
      p=x*y
ENDPROC
```

说明：调用过程 CPTSUM 和 CPTPROD 之前必须要打开过程所在的过程文件 TestPro.prg，调用结束后通过命令 SET PROCEDURE TO 关闭该过程文件。

6.3.3　变量的作用域

程序设计离不开变量。一个变量除了类型和取值之外，还有一个重要的属性就是它的作用域。变量的作用域指的是变量在什么范围内是有效或能够被访问的。在 Visual FoxPro 中，若以变量的作用域来分，内存变量可分为公共变量、私有变量和局部变量三类。

1．公共变量

在任何模块中都可以使用的变量称为公共变量。公共变量与其他的变量一样，必须先声明和定义后才能使用。公共变量建立的格式如下：

命令格式：PUBLIC <内存变量表>

功能：建立公共变量。

例如：PUBLIC　a,b,c[3]定义了 3 个公共的内存变量，其中包括两个简单内存变量 a、b 和一个含 3 个元素的一维数组 c，它们的初值都是.F.。

说明：

① 将<内存变量表>指定的所有变量都定义为公共变量，并赋初值为.F.。

② 公共变量一旦建立，就一直有效，即使程序运行完毕返回到命令窗口也不会自动消失。只有当执行 CLEAR MEMORY、RELEASE 和 QUIT 等命令后，公共变量才被释放。

③ 在命令窗口里定义的变量都是公共内存变量。

2．局部变量

局部变量又称本地变量，它只能在建立它的模块中使用，不能在建立它的上层模块或下层模块中使用。当建立它的程序模块运行结束时，局部变量自动释放。局部变量建立的格式如下。

命令格式：LOCAL <内存变量表>

功能：建立局部变量。

说明：

① 将<内存变量表>指定的所有变量都定义为局部变量，并赋初值为.F.。

② 由于 LOCAL 与 LOCATE 前 4 个字母相同，所以该命令的命令动词不能简写为 LOCA。

③ 局部变量与其他的变量一样，必须先声明和定义后才能使用。

3．私有变量

在程序中直接使用的内存变量，凡未经 PUBLIC 和 LOCAL 命令事先声明的都是私有变量。私有变量可以在建立它的模块和下级模块中使用，即它们的值可以在子模块中改变，返回上级模块时保留改变后的结果。当建立它们的程序模块运行结束时，这些私有变量将被自动清除。私有变量也可以通过 PRIVATE 命令声明，其格式如下：

命令格式：PRIVATE [<内存变量表>]

功能：声明私有变量。

说明：

① 将<内存变量表>指定的所有变量都声明为私有变量。

② 使用 PRIVATE 声明的私有变量没有赋初值，使用前必须为变量赋初值。

③ 在程序模块之间相互调用时，PARAMETERS<参数表>语句中<参数表>指定的变量自动声明为私有变量。

【例 6-23】公共变量、私有变量、局部变量及其作用域示例。

程序代码如下：

```
*****p6-23.prg*****
*****主程序*******
SET TALK OFF
CLEAR
PUBLIC A    &&建立公共变量A，初值为.F.
A=1
LOCAL B     &&建立局部变量B，初值为.F.
B=2
PRIVATE C   &&声明私有变量C
C=3
STORE "cqucc" TO D
?"主程序中…"
?A,B,C,D    &&4个变量在主程序中都可以使用
DO P1
SET TALK ON
RETURN
PROCEDURE P1
  ?"子程序中…"
  ?A,C,D    &&公共变量和私有变量在子程序中可以使用
ENDPROC.
在命令窗口中输入以下命令。
RELEASE ALL
DO P6-23
?"返回命令窗口时……"
?A          &&程序运行结束后，公共变量仍然有效
```

程序与命令执行的结果如图 6-5 所示。

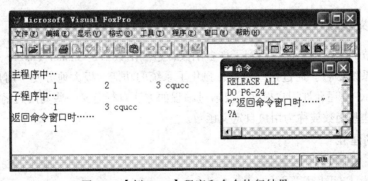

图 6-5 【例 6-23】程序和命令执行结果

6.3.4 参数传递

在实际应用中，组成应用系统的多个程序模块之间往往会进行一些数据的传递。当子模块接收到上级模块传递过来的数据之后，能够根据接收到参数控制程序流程或对接收到的参数进行处理，从而大大提高模块程序功能设计的灵活性。

上下级模块之间的数据传递除了利用内存变量的属性以外，Visual FoxPro 还提供了过程的带参调用。下面主要介绍通过带参数的程序调用实现参数的传递。

1．传递参数命令格式

命令格式：DO <文件名>|<过程名> WITH <参数表达式列表>

功能：调用指定子程序或过程，并将参数表中的参数传递给被调子程序或过程。

说明：<参数表达式列表>中的参数通常称为实参，可以是内存变量、常量或表达式。

2．接收参数命令格式

格式 1：PARAMETERS <参数列表>

格式 2：LPARAMETERS <参数列表>

功能：用于接收上级模块传递过来的数据。

说明：

① 格式 1 中声明的形参变量被看作是模块程序中建立的私有变量；格式 2 中声明的形参变量被看作是模块程序中建立的局部变量，除此之外，二者没有区别。

② 本命令必须是被调子模块中语句序列的第一条可执行命令。

③ <参数列表>中的参数通常称为形参，只能是内存变量。

3．参数传递的方式。

在带参数的模块调用中，参数的传递有两种方式：一种是值传递方式，另一种是地址传递方式。WITH 后面的<参数表达式列表>的形式将决定参数传递的方式。

① 传值方式：如果实参是常量或者一般形式的表达式，系统会首先计算出实参的值，并赋值给 PARAMETERS 中相应的形参变量。调用模块中出现在表达式中内存变量不被隐藏，其值不随着被调模块中相对应变量的值的改变而发生改变。

② 地址方式：如果实参是变量，那么传递的将不是变量的值，而是变量的地址，这时形参和实参共同使用同一块存储单元，此时，形参与实参的名字可以相同，也可以不同。实际上，当调用模块中每个内存变量的值传递给 PARAMETERS 中的对应变量后，该模块中的内存变量被隐藏起来，但其值随着被调模块中相对应变量的值的改变而变化。

6.3.5　自定义函数

在前面章节的学习中，已经用到了许多函数，这些函数都是 Visual FoxPro 系统提供的，称为内部函数或系统函数。通过这些函数，强化了系统的功能，极大地方便了用户的使用。除此之外，Visual FoxPro 还允许用户根据需要通过编程的方法自行定义一些实用的函数，以完成某种运算或操作，这些函数被称为用户自定义函数。

1．函数的建立

命令格式：FUNCTION <函数名>

　　　　　[PARAMETERS <参数表>]

　　　　　[<语句序列>]

　　　　　RETURN <表达式>

　　　ENDFUNC

功能：定义一个函数。

说明：

① 自定义函数通常是以 FUNCTION 开头，以 ENDFUNC 结尾并由<函数名>标识的程序段。

②　[PARAMETERS　<参数表>]短语用于接收调用此函数时传递过来的数据。如果不向自定义函数程序中传递参数，则可缺省此语句。

③　RETURN <表达式>短语用来返回该函数运行后得到的结果。其中，<表达式>的数据类型决定了该自定义函数的数据类型。

2．函数的调用

命令格式：函数名(<参数表达式列表>)

功能：调用函数。

说明：

①　<参数表达式列表>中指定的自变量可以是任何 Visual FoxPro 合法的表达式，且自变量的个数与类型必须与 PARAMETERS 语句中的参数一一对应。

②　调用无参数自定义函数时，<参数表达式列表>可省略，但圆括号不能缺省。

3．函数的参数传递

自定义函数中的参数传递既可以用传值方式，也可以用传址方式。系统默认的传送方式是传值方式，可用 SET UDFPARAMETERS TO VALUE|CONFERENCE 来设置。但无论 SET UDFPARAMETERS TO 如何，若在参数变量前冠以@，则将采用传址的方式。

【例 6-24】从键盘输入圆的半径 R，要求编写一个自定义函数 YMJ( )计算该圆的面积。

程序代码如下：

```
*****p6-24.prg*****
SET TALK OFF
CLEAR
INPUT "请输入圆的半径:" TO R
?"圆的面积为:",YMJ(R)
SET TALK ON
RETURN
FUNCTION YMJ(RADIUS)
   AREA=PI()*RADIUS*RADIUS
   RETURN AREA
ENDFUNC
```

【例 6-25】编写一个自定义函数 JC( )，用以计算从键盘输入的任意一个自然数的阶乘。

程序代码如下：

```
*****p6-25.prg*****
*****主程序*******
SET TALK OFF
CLEAR
INPUT "请输入一个自然数: " TO N
?"自然数",N,"的阶乘为:",JC(N)
SET TALK ON
RETURN
*****自定义函数JC******
FUNCTION JC
  PARAMETER X
  P=1
  FOR I=1 TO X
    P=P*I
  ENDFOR
```

```
    RETURN P
ENDFUNC
```

小　结

　　本章介绍了 Visual FoxPro 程序设计的基本知识，主要内容包括程序文件的建立与运行、程序的 3 种基本结构和多模块程序设计。

　　本章的重点是程序的 3 种基本结构，即顺序结构、选择分支结构和循环结构，它们是编写应用系统程序的基础。本章的难点是多模块程序有关的内容，包括子程序、过程、自定义函数以及变量的作用范围等，需要读者反复学习，才能逐步掌握。

习　题

一、思考题

1. 什么是程序文件？如何建立和运行程序文件？

2. 在应用程序设计中常用的输入/输出命令有哪些？它们有什么不同？

3. Visual FoxPro 所支持的传统的程序设计的基本结构有哪些？它们的基本含义是什么？

4. 简述多分支选择结构语句的执行过程。

5. 简述 LOOP 命令和 EXIT 命令在循环体中的作用。

6. 根据变量的作用范围，变量可以分成多少种？其作用的范围有什么不同？

二、选择题

1. 在 Visual FoxPro 中，用于建立或修改程序文件的命令是（　　　　）。

　　A. MODIFY COMMAND [程序文件名]　　　　B. MODIFY [程序文件名]

　　C. MODIFY PROCEDUCE [程序文件名]　　　　D. 以上都对

2. INPUT、ACCEPT 和 WAIT 这 3 条命令中，需要以【Enter】键表示输入结束的命令是（　　　　）。

　　A. INPUT、ACCEPT、WAIT　　　　B. ACCEPT、INPUT

　　C. ACCEPT、WAIT　　　　D. INPUT、WAIT

3. 以下不属于程序基本控制结构的是（　　　　）。

　　A. IF…ENDIF　　　　B. DO CASE…ENDDO

　　C. DO WHILE…ENDDO　　　　D. FOR…NEXT

4. Visual FoxPro 中的 SCAN…ENDSCAN 语句属于（　　　　）。

　　A. 顺序结构　　　　B. 选择结构　　　　C. 循环结构　　　　D. 以上均错

5. 在循环语句中，执行（　　　　）命令可以立即跳出循环体，去执行循环体后的语句。

　　A. EXIT　　　　B. LOOP　　　　C. CANCEL　　　　D. RETURN

6. 下面有关嵌套的叙述，正确的是（　　　　）。

　　A. 循环体内不能含有条件语句

　　B. 条件语句中不能嵌套循环语句

　　C. 嵌套至多只能 3 层，否则会导致程序错误

　　D. 循环语句和条件语句可以相互嵌套

7. 执行如下程序后，显示 A 的值为（　　　）。

```
SET TALK OFF
CLEAR
STORE 0 TO A,B
DO WHILE A>=B
   A=A+B
   B=B-1
ENDDO
?A
SET TALK ON
```
   A. -3　　　　　　B. 6　　　　　　　C. -6　　　　　　D. 0

8. 下面程序段的输出结果是（　　　）。

```
SET TALK OFF
CLEAR
X=1
Y=2
DO SWAP WITH (X),Y
?X,Y
SET TALK ON
RETURN
PROCEDURE SWAP
   PARAMETERS M,N
   T=M
   M=N
   N=T
ENDPROC
```
   A. 1 1　　　　　　B. 1 2　　　　　　C. 2 1　　　　　　D. 2 2

9. 下面的叙述中，正确的说法是（　　　）。

   A. 在命令窗口中被赋值的变量均为局部变量

   B. 在命令窗口中用 PRIVATE 命令说明的变量都是局部变量

   C. 不论在什么地方，只要用 PUBLIC 命令说明的变量都是全局变量

   D. 在程序中直接使用而由系统自动隐含建立的变量都是全局变量

10. 下列程序段执行后，内存变量 S2 的值是（　　　）。

```
S1="ABCDEFG"
S2=STUFF(S1,5,2,"VFP")
```
   A. ABCDEFG　　B. ABCVFPFG　　　C. ABCDG　　　　D. ABCDVFPG

三、填空题

1. 在 Visual FoxPro 程序中，注释行使用的符号是＿＿＿＿＿＿＿。

2. 可以在项目管理器的＿＿＿＿＿＿＿选项卡下建立程序文件。

3. 如果希望一个内存变量只限于在本模块中使用，说明这种内存变量的命令是＿＿＿＿＿＿＿。

4. 在 Visual FoxPro 中，若将过程或函数放在一个单独的程序文件中，可以在应用程序中使用命令＿＿＿＿＿＿＿访问它们。

5. 执行如下程序，如果输入 M 值为 10，则最后 S 的值为＿＿＿＿＿＿＿。

```
SET TALK OFF
```

```
CLEAR
I=1
INPUT "M=" TO M
FOR S=0 TO M STEP 1
    S=S+I
    I=I+1
ENDFOR
?S
SET TALK ON
```

四、编程题

1. 编写程序，求 1～10 之间所有整数的立方和，并输出结果。

2. 从键盘输入 4 个整数，要求按由小到大的顺序输出。

3. 从键盘输入一个学生的成绩（百分制），要求输出成绩等级："优"、"良"、"中"、"及格"、"不及格"。90 分以上为"优"，80～89 分为"良"，70～79 分为"中"，60～69 分为"及格"，60 分以下为"不及格"。

4. 从键盘输入 5 个整数，输出其中的最大值和最小值。

5. 找出 100～200 之间满足除以 3 余 1，除以 5 余 2，除以 7 余 3 的整数。

6. 从键盘输入一个三位的正整数，将其逆序输出。如输入 123，输出 321。

7. 有一个 3×4 的矩阵，要求编程序求出其中值最大的那个元素的值，以及其所在的行号和列号。

8. 输出所有的"水仙花数"，所谓"水仙花数"是指一个 3 位数，其各位数字立方和等于该数本身。例如，371 是一水仙花数，因为 $371=3^3+7^3+1^3$。

9. 一个数如果恰好等于它的因子之和，这个数就称为"完数"。例如，6 的因子为 1、2、3，而 $6=1+2+3$，因此 6 是"完数"。编写程序找出 1～1 000 之间的所有完数。

10. 猴子吃桃问题。猴子第一天摘下若干桃子，当即吃了一半，还不过瘾，又多吃了一个。第二天早上又将剩下的桃子吃掉一半，又多吃了一个。以后每天早上都吃了前一天剩下的一半零一个。到第 5 天早上想再吃时，就只剩一个桃子了。求第一天共摘多少桃子。

第7章

表单

　　表单（Form）也就是平时所说的窗口，是 Visual Foxpro 编程中最常见的对象，也是面向对象程序设计的基础。表单是一个可以包含文本框、列表框和命令按钮等各种控件的容器对象。表单在应用程序的设计中往往用来作为数据输入和显示的用户界面。本章主要介绍面向对象的程序设计的基本概念、表单的设计、常用的控件对象及容器对象的属性、方法和事件等。

7.1　面向对象程序设计的基本概念

　　面向对象程序设计已成为当前应用软件发展的主流，它与传统的结构化程序设计有很大的区别。Visual FoxPro 不仅支持面向过程的程序设计，而且支持面向对象的程序设计。在进行面向对象的程序设计时，不再是单纯地从代码的第一行一直编写到最后一行，只需要根据系统预先提供的类，考虑如何创建对象及创建什么样的对象，从而形成功能各异的程序。因此，利用对象可以简化程序设计，提高代码的可重用性。

7.1.1　对象和类

　　对象是面向对象的程序设计方法中最基本的概念。对象的含义有广义和狭义两种理解。广义上说，对象就是一个实体，例如现实生活中的一张桌子、一张椅子、一辆汽车，都可以看成一个对象；狭义上说，只局限在程序设计的范畴内，比如程序中的一个按钮、一个表单等，都叫作对象。在 Visual FoxPro 中，对象是将数据和对该数据的操作代码封装在一起的程序模块，即对象是包含属性和方法并能响应一定事件的实体。属性、方法、事件是构成对象的三大要素。通常可以把属性看作对象的特征，把事件看作对象的响应，把方法看作对象的行为。

　　类和对象密切相关，类是对具有相同属性和行为的对象集合的一种综合描述。类是一个整体概念，也是创建对象实例的模板，而对象则是类的实例化，这些对象具有相同种类的属性和方法。但同类对象，其属性值可以不同。换句话说，类和对象的关系可以描述为：类是对象的抽象描述，对象是类的具体化和实例化。例如，所有的动物都是动物类，加菲猫是动物类的一个实例；在计算机中，所有的按钮都属于按钮类，在表单中所创建的按钮 Command1 则是命令按钮的实例化。

7.1.2　子类与继承

　　面向对象的程序设计方法在结构化程序设计的基础上完成进一步的抽象，与结构化的程序设计方法有很大的不同。从程序总体结构上来讲，面向对象的程序由一系列的对象组成，而对象之间通过消息传递进行通信和协作。因此，面向对象的程序设计方法有其自身的特点，具体如下：

① 封装性：将一个数据和与这个数据有关的操作集合在一起，形成一个有机的实体——对象。

② 继承性：指类（基类）创建新类（子类）的过程。子类（派生类）自动共享其父类（基类）中的所有属性和方法，但子类可定义自己的属性和方法。

③ 多态性：当不同的对象收到相同的消息时产生不同的动作。

子类和继承是实现这些特性的主要方式。子类是以其他类定义为起点创建的新类，它继承父类的特征和方法，又具有自己的特征和方法。所谓继承，是指子类可以自动共享父类的一些特点。如猫类，它是动物类的子类，那么动物类的一些特点，猫都可以自动拥有，猫还可以有自己的特征和方法，如爬树等。换句话说，猫类是动物类的子类，猫类继承了动物类的属性和方法，并可以自己定义其特有的属性和方法。

7.1.3 Visual FoxPro 基类简介

为了方便用户使用，Visual FoxPro 系统内部提供了大量已经定义的类，这些类称为基类。Visual FoxPro 基类是 Visual FoxPro 系统内的类，用户可以根据需要通过基类创建对象，用户也可以通过继承的方式，由基类派生出用户需要的类。继承与派生是用户运用原有类创建新类的重要方法。Visual FoxPro 的基类及其含义如表 7-1 所示。

表 7-1　Visual FoxPro 的基类

类　名	含　义	类　名	含　义
ActiveDoc	活动文档	Label	标签
CheckBox	复选框	Line	线条
Column	（表格）列	ListBox	列表框
ComboBox	组合框	OLEBoundControl	OLE 绑定控件
CommandButton	命令按钮	OLEControl	OLE 控件
CommandGroup	命令按钮组	OptionButton	选项按钮
Container	容器	OptionGroup	选项组按钮
Control	控件	Page	页
Custom	定制	PageFrame	页框
EditBox	编辑框	ProjectHook	项目挂钩
Form	表单	Separator	分隔符
FormSet	表单集	Shape	形状
Grid	表格	Spinner	微调
Header	列标题	TextBox	文本框
Hyperlink Object	超链接	Timer	计时器
Image	图像	ToolBar	工具栏

7.1.4　容器与控件

Visual FoxPro 中的类分为两种类型，即容器类和控件类。与此对应，Visual Foxpro 对象也分为容器类对象和控件类对象，分别介绍如下：

1. 容器类

容器类可以包含其他对象，并且允许访问这些对象。例如表单，其本身就是一个大的容器类，它里面可以放置按钮、文本框等。又如一个命令按钮组，其中可以放置很多命令按钮，所以它也是一个容器类对象。

容器类及其能包含的对象如表 7-2 所示。

表 7-2　容器类对象

对 象 名 称	语 法 名 称	工具栏图标	能包含的对象
表单集	FormSet		表单、工具栏
表单	Form		页框、任意控件、容器或自定义对象
命令按钮组	Command Group	🖳	命令按钮
选项按钮组	Option Group	⊙	选项按钮
容器	Container	🖽	任意控件
页框	Page Frame	⬜	页面
页面	Page		任意控件、容器和自定义对象
表格	Grid	🖩	表格列
工具栏	ToolBar		任意控件、页框和容器

2. 控件类

控件类对象通常是指一个可以以图形化的方式显示出来并能与用户进行交互的对象。控件类创建的对象，在设计和运行时作为一个整体，不能再包含其他控件对象。控件类包括标签、命令按钮、文本框、编辑框、列表框、组合框、计时器、形状、复选框、图片、线条、超链接等。表 7-3 列出了常用的控件类对象。

表 7-3　控件类对象

对 象 名 称	语 法 名 称	工具栏图标	说　　　明
文本框	Text	🔤	用于编辑字段或变量的内容
复选框	Check	☑	用于逻辑型数据选择输入
组合框	Combo	🔡	打开一个列表供选择（不可多选）
命令按钮	Command	⬜	用于启动一个事件，完成某项任务
标签	Label	A	用于显示要说明的文字
编辑框	EditBox	🔡	用于字符型变量和备注型字段的编辑
图像	Image	🖼	显示.bmp 图片
线条	Line	╲	用于显示水平或竖直或对角线的图形
列表框	List	🗒	显示一列数据供选择（可多选）
记时器	Timer	⏱	用于后台计时控制
形状	Shape	⬡	用于显示矩形到圆的图形控制
微调框	Spinner	🔢	可通过单击上下箭头微调框内的数值

当要在表单中添加这些对象时，只需要单击"控件工具栏"中的相应图标按钮，然后在表单的适当位置再次单击即可。被创建的对象将会以其语法名称后跟序号来默认命名，如 Text1、Text2 等。当在程序中引用它们时，只需指出其名称（如 Text1、Text2 等）即可。

7.2 对象的常用属性、事件和方法

一般来说，不同的对象具有不同的属性、方法和事件。Visual FoxPro 中对象的属性有 200 多种，事件和方法有 50 多种，除了系统定义的属性、方法和事件外，用户也可以自己定义新的属性和方法，但不能定义新的事件。下面介绍这些控件中一些常用的属性、事件和方法，以便在程序设计中使用。

7.2.1 对象的常用属性

对象的属性（Property）用来描述对象的一个静态特征，是对象的外观及行为特征。例如，一辆汽车的大小、颜色、品牌等，都是一辆汽车的属性。

对象的每个属性都有属性值，用于决定对象的外观及行为特征，改变属性值就相当于改变了对象的特征。属性值的设置可以通过属性窗口来进行，也可以在程序运行时动态设置。在代码中设置属性可以使用如下语法：

容器.对象.属性=属性值

例如：设置命令按钮 Command1 的 Caption 属性为"退出"，则在对应的代码窗口中可以编写如下的代码：

```
Thisform.Command1.Caption="退出"
```

下面按属性的功能分类来介绍对象的常用属性，其他属性详见具体的控件介绍。常用属性通常可以分为布局和修饰属性、数据属性、状态属性和其他属性四大类。

1. 布局和修饰属性

（1）Alignment 属性

指定与控件有关的文本对齐方式，设置值为数值（0、1、2、…）。对于不同的控件，其设置值和含义不完全相同，通常 0——左对齐，1——右对齐，2——中间对齐，3——自动方式。

（2）AutoSize 属性

指定控件是否根据其内容的长短自动调整大小。设置值为逻辑值（.T.或.F.），默认值为.F.。

（3）Height 和 Width 属性

Height 属性用于指定屏幕上某个对象的高度；Width 属性用于指定屏幕上某个对象的宽度。设置值为数值，默认单位为像素。

（4）Left 和 Top 属性

Left 属性用于指定控件最左边相对于其父对象的位置；Top 属性用于指定控件顶边相对于其父对象顶边的位置。设置值为数值，默认单位为像素。

（5）BackColor、ForeColor 属性

BackColor 属性用于指定对象内文本和图形的背景色；ForeColor 属性用于指定对象内文本和图形的前景色。例如，要设置表单 Form1 中文本框 Text1 的前景色为红色、背景色为黑色，则代码为：

```
ThisForm.Text1.ForeColor=RGB(255,0,0)
```

```
ThisForm.Text1.BackColor=RGB(0,0,0)
```

（6）Caption 属性

指定对象的标题。如要把表单 Form1 的标题设置为"学生"，则代码为：

```
ThisForm.Caption="学生"
```

（7）FontName 和 FontSize 属性

FontName 属性用于指定显示文本时的字体名称；FontSize 属性用于指定显示文本时的字体大小。

2．数据属性

（1）ButtonCount 和 Buttons 属性

ButtonCount 属性用于指定命令按钮组或选项按钮组中包含的按钮数；Buttons 属性用于指定命令按钮组或选项按钮组中第几个按钮的数组，数组的下标介于 1～ButtonCount 之间。

例如，现有一个命令按钮组 CommandGroup1，它包含 4 个命令按钮，如果要设置第二个命令按钮的标题为"确定"，则代码为：

```
Thisform. CommandGroup1.Buttons(2).Caption="确定"
```

（2）ControlCount 和 Controls 属性

ControlCount 属性用于指定容器对象中包含的控件数目；Controls 属性用于指定容器对象中第几个控件的数组，数组的下标介于 1～ControlCount 之间。例如，现有一个容器对象 Container1，它包含 4 个文本框对象，如果要设置第二个文本框的值为"ABC"，则代码为：

```
Thisform. Container1.Controls(2).value="ABC"
```

（3）ControlSource 属性

该属性用于指定数据绑定对象的数据源，数据源可以是字段或变量。例如，文本框 Text1 要显示课程名，则它的 ControlSource 属性将与课程表的课程名数据绑定。

（4）RecordSourceType 和 RecordSource 属性

RecordSourceType 属性是用于指定表格控件数据源的打开方式，它的值有 0、1、2……。RecordSource 属性用于指定表格控件绑定的数据源。

（5）RowSourceType 和 RowSource 属性

RowSourceType 属性是用于指定组合框或列表框控件中数据源的类型，它的值有 0、1、2……。RowSource 属性是用于指定组合框或列表框的数据源。

（6）Value 属性

该属性用于指定控件的当前状态。大多数控件有该属性，如文本框、组合框、列表框等。

3．状态属性

（1）Enabled 属性

该属性用于指定对象是否响应由用户触发的事件。其值为逻辑值，默认值为.T.（响应用户触发的事件）。

（2）ReadOnly 属性

该属性用于指定用户能否编辑该控件，或指定与临时表对象相关联的表或视图是否允许更新。该属性的值为逻辑值，默认值为.F.（可以编辑）。

（3）Visible 属性

该属性用于指定对象是否可见。其值为逻辑值，默认值为.T.（可见）。

4．其他属性

（1）Name 属性

该属性用于指定在代码中所引用对象的名称。

（2）Parent 属性

用于指定引用控件的容器对象。

7.2.2　对象的事件

事件是一种预先定义好的特定动作，由用户或系统激活，一般情况是由用户的交互操作产生，如单击鼠标事件（Click）、调入事件（Load）、初始化事件（Init）等。当用户进行交互操作触发事件时，若希望程序完成一定的功能，则需要对用户所触发的事件编写对应功能的代码，从而完成程序的功能。例如，用户单击窗口（表单）中"关闭"按钮，产生单击（Click）事件，则执行 Click 事件中预先编好的关闭窗口代码，以关闭窗口。Visual FoxPro 中定义了相关的事件以完成程序的功能。Visual FoxPro 中常用的事件具体如下：

1．Init 事件

在对象建立时引发。在表单对象的 Init 事件引发之前，将先引发它所包含的控件对象的 Init 事件，所以在表单对象的 Init 事件代码中能够访问它所包含的所有控件对象。

2．Destroy 事件

在对象释放时引发。表单对象的 Destroy 事件在它所包含的控件对象的 Destroy 事件引发之前引发，所以在表单对象的 Destroy 事件代码中能够访问它所包含的所有控件对象。

3．Error 事件

当对象方法或事件代码在运行过程中产生错误时引发。事件引发时，系统会把发生的错误类型和错误发生的位置等参数传递给事件代码，事件代码可以据此对错误进行相应的处理。

4．Load 事件

在表单对象建立之前引发，即运行表单时，先引发表单的 Load 事件，再引发表单的 Init 事件。

5．Unload 事件

在表单对象释放时引发，是表单对象释放时最后一个要引发的事件。比如在关闭包含一个命令按钮的表单时，先引发表单的 Destroy 事件，然后引发命令按钮的 Destroy 事件，最后引发表单的 Unload 事件。

6．Click 事件

用鼠标单击对象时引发。

7．DbClick 事件

用鼠标双击对象时引发。

8．RightClick 事件

用鼠标右击对象时引发。

9．InteractiveChange 事件

当用鼠标或键盘交互式地改变一个控件的值时引发。

7.2.3　对象的常用方法

方法用于完成某种特定的功能，是封装在对象内部的。例如，对表单对象的刷新操作（Refresh）

就是表单所具有的方法。方法只能在运行中由程序调用。在程序中调用对象方法的格式如下：

```
[[变量名]=]对象名.方法名[(...)]
```

下面介绍一些在程序设计中常用的方法。

1．AddItem 方法

功能：在组合框或列表框中添加一个新的数据项，并且可以指定数据项的索引。主要应用于组合框和列表框。其语法格式为：

```
控件.AddItem(字符串表达式[,nIndex][,nColumn])
```

2．RemoveItem 方法

功能：在组合框或列表框中添加一个新的数据项，并且可以指定数据项的索引。主要应用于组合框和列表框。其语法格式为：

```
控件.RemoveItem(nIndex)
```

其中，nIndex 为指定控件中数据项的实际排列位置。

3．Clear 方法

功能：清除组合框或列表框中的数据项。主要应用于组合框和列表框。其语法格式为：

```
控件.Clear
```

> 注意：Clear 方法只在组合框或列表框的 RowSourceType 属性设置为 0 时才有效。它只用于代码窗口。

4．Release 方法

功能：将表单从内存中释放（清除）。主要应用于表单、表单集、_SCREEN 等。其语法格式为：

```
对象.Release。
```

比如表单有一个命令按钮，如果希望单击该命令按钮时关闭表单，就可以将该命令按钮的 Click 事件代码设置为：

```
ThisForm.Release
```

5．Refresh 方法

功能：重新刷新表单或控件及它的所有值。当表单被刷新时，表单上的所有控件也都被刷新。当页框被刷新时，只有活动页被刷新。几乎应用于 Visual FoxPro 中所有的对象，包括：复选框、列、组合框、命令按钮、命令组、容器对象、控件对象、编辑框、表单、表单集、表格、表头、列表框、选项按钮、选项组、页面、文本框和工具栏等。其语法格式为：

```
对象.Refresh
```

6．Show 方法

功能：显示表单、表单集或工具栏。主要应用于表单、表单集、_SCREEN 和工具栏。其语法格式为：

```
对象.Show
```

7．Hide 方法

功能：隐藏表单、表单集或工具栏。主要应用于：表单、表单集、_SCREEN、工具栏。其语法格式为：

```
对象.Hide
```

8．SetFocus 方法

功能：使控件获得焦点，使其成为活动对象。如果一个控件的 Enabled 属性值或 Visible 属性值为.F.，将不能获得焦点。

7.3 创建与运行表单

表单有两个扩展名，一个为.scx（表单文件），另一个为.sct（表单备注文件）。表单文件是一个具有固定表结构的表文件，用于存储生成表单所需的信息项（大部分是备注字段）。表单备注文件是一个文本文件，用于存储生成表单所需的信息项中的备注代码，因此，只有当表单文件和表单备注文件同时存在时，才能执行表单。调用运行表单时，可以只打开扩展名为.scx 的表单文件。

在创建表单之前首先要设计表单，我们需要考虑对哪些数据进行操作，需要完成哪些功能，界面如何布局等。设计表单的一般过程如下：

① 分析表单应实现的功能，与数据库中的哪些数据有关系，需要使用哪些控件来实现这些功能。

② 创建表单，设置外观（包括表单的背景颜色、尺寸、标题等）。

③ 根据需要设置数据环境。

④ 在表单上添加所需要的对象（包括表、视图或控件等），并调整其位置、大小和整体布局。

⑤ 利用属性窗口设置对象的初始属性。

⑥ 为对象编写程序代码以完成预定的要求。

7.3.1 创建表单

在 Visual FoxPro 中，创建表单一般可以通过以下两种方法来完成。

① 使用表单向导。

② 使用"表单设计器"。

表单向导只能设计与表有关的表单，不能设计与表无关的表单。另外，表单向导设计的表单功能固定，并不能完全符合实际需要，因此设计表单通常使用表单设计器来完成。在此，主要介绍用"表单设计器"设计表单的方法。

"表单设计器"是设计用户界面的基本工具。使用"表单设计器"既可以创建出与数据库表相关的表单，也可以创建出与数据库表无关的独立表单，如显示某些信息的表单或对话框等。

1. 打开表单设计器

（1）用界面的方式打开

选择"文件"→"新建"命令或单击常用工具栏中的"新建"按钮，弹出"新建"对话框，在文件类型中选择"表单"单选按钮，单击"新建文件"按钮，打开表单设计器如图 7-1 所示。

（2）用命令方式打开

命令格式：MODIFY FORM [<表单名> | ?]

功能：打开表单设计器，创建或修改由表单名指定的表单。

说明：无选项或选"？"，将弹出"打开"对话框，选一个表单或输入一个表单名，输入的表单名如果不存在则创建新的表单，如果存在则对原表单进行修改。

2. 表单设计器环境

在表单设计器中有 FORM 表单、表单设计器工具栏，若表单设计器工具栏被隐藏，可通过如下步骤打开：选择"显示"→"工具栏"命令，弹出打开"工具栏"对话框，选择"表单设计器"，单击"确定"按钮，便会出现表单设计器工具栏。

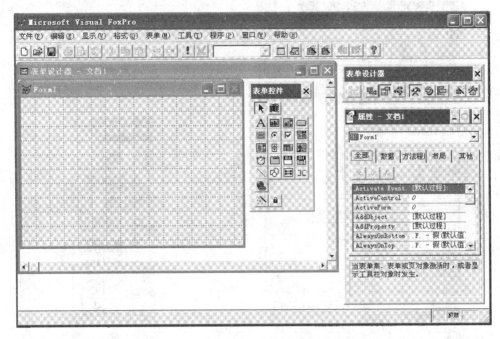

图 7-1 表单设计器

表单设计器工具栏按钮如图 7-2 所示。其各个功能按钮作如下介绍：

① 设置 Tab 键次序：单击此按钮，可显示按下【Tab】键时，光标在表单各控件上移动的顺序。要改变顺序可用鼠标按需要顺序单击各控件的显示顺序号。

图 7-2 表单设计器工具栏

② 数据环境：每一个表单都包括一个数据环境。数据环境是一个对象，它包含与表单相互作用的表或视图，以及表单所要求的各表之间的关系。可以在"数据环境设计器"中直观地设置数据环境，并与表单一起保存。

在表单运行时数据环境可自动打开、关闭表和视图，而且通过设置"属性"窗口中 ControlSource 属性设置框（在这个属性框中列出数据环境表或视图的所有字段），数据环境将帮助用户设置控件的 ControlSource 属性。

③ "属性"窗口：单击此按钮可以打开或关闭"属性"窗口，如图 7-3 所示。"属性"窗口用于设置各对象属性。"属性"窗口中的对象下拉列表用来显示当前对象。"全部"选项卡列出了全部选项的属性和方法，"数据"选项卡列出了显示或操作的数据属性，"方法程序"选项卡显示方法和事件，"布局"选项卡显示所有布局的属性，"其他"选项卡显示自定义属性和其他特殊属性。

④ 代码窗口：单击此按钮，可打开或关闭代码窗口，代码窗口用于对对象的事件与方法的代码进行编辑。

⑤ 表单控件工具栏：单击此按钮，可打开或关闭表单工具栏。表单工具栏提供了 21 个控

件和选定对象、查看类、生成器锁定、按钮锁定等几个图形按钮。表单控件工具栏如图 7-4 所示。在设计表单中用控件设计图形界面。

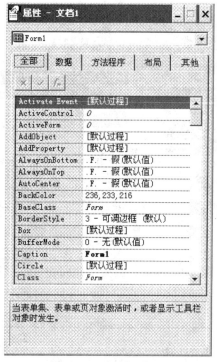

图 7-3 "属性"窗口

图 7-4 表单控件工具栏

⑥ 调色板工具栏：单击此按钮，可打开或关闭调色板工具栏，该工具栏用于对对象的前景和背景进行设置。

⑦ 布局工具栏：单击此按钮，可打开或关闭布局工具栏，可对对象位置进行设置。

⑧ 表单生成器：单击此按钮，可打开或关闭表单生成器，直接以填表的方式对相关对象各项进行设置。

⑨ 自动格式：单击此按钮，可打开或关闭自动格式生成器，可对各控件进行设置。

【例 7-1】设计一个图 7-5 所示的表单。当单击表单上的文字时文字变为"请继续努力"，再双击，恢复成以前的文字，单击"退出"按钮释放表单。

图 7-5 【例 7-1】表单运行界面

具体操作步骤如下：

① 打开表单设计器。

② 打开表单工具栏、属性窗口。

③ 在表单上添加一个标签控件和一个命令按钮控件。

④ 将当前对象选为 Label1，将其 Caption 属性设置为"欢迎新同学"。

⑤ 将当前对象选为 Command1，将其 Caption 属性设置为"退出"。

⑥ 双击 Label1 控件，打开代码窗口。将当前对象选为 Label1，过程中选 Click 事件，在代码编辑窗口中输入 This.Caption="请继续努力"。

⑦ 在 Label1 控件的代码窗口中，在过程中选 DblClick 事件，在代码编辑窗口中输入 This.Caption="欢迎新同学"。

⑧ 将当前对象选为 Command1，过程中选 Click 事件，在代码编辑窗口中输入

`Thisform.release`

⑨ 关闭代码窗口。

⑩ 保存文件。选择"文件"→"保存"命令，或单击常用工具栏上的"保存"按钮，弹出"另存为"对话框，输入表单名 P7_1，单击"保存"按钮，便将一个设计好的表单保存在磁盘上。

⑪ 执行表单。单击常用工具栏上的"运行"按钮运行表单。

7.3.2　修改已有的表单

对于已经存在的表单，也可以打开并修改它，以满足程序的需要。修改已有表单的步骤如下：

1. 打开表单设计器

选择"文件"→"打开"命令，或单击常用工具栏上的"打开"按钮，弹出"打开"对话框，在"文件类型"中选"表单"，在文件列表中选要修改的表单，单击"确定"按钮。

2. 对表单进行修改

① 如果对表单中已有控件对象进行修改，方法与设置属性和编辑代码相同。

② 如果在表单中创建新的控件对象，可在表单控件工具栏中选中控件放到表单中，然后对该对象进行属性设置和代码编辑。

③ 若要删除表单中的控件，选中该控件按【Del】键。

7.3.3　保存和运行表单

1. 保存表单

完成表单设计之后，选择"文件"→"保存"命令保存表单。如果在未保存前试图运行表单或关闭表单设计器，系统将提示是否保存已做过的修改。

2. 运行表单

完成表单的设计并保存后，便可运行表单，看到其运行效果。运行表单的方法很多，主要有如下几种：

① 在项目管理器窗口中，选择要运行的表单，单击"运行"按钮。

② 在表单设计器环境中，选择"表单"→"执行表单"命令，如图 7-6 所示。

③ 单击标准工具栏上的"运行"按钮。

④ 选择"程序"→"运行"命令，弹出"运行"对话框，在对话框中指定要运行的表单，单击"运行"按钮。

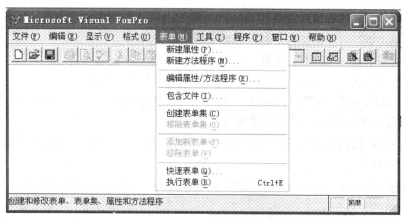

图 7-6 选择"表单"菜单中的"执行表单"命令

⑤ 在"命令"窗口中输入命令：

DO FORM [<表单名>]

⑥ 从程序中运行表单。

7.4 表单属性和方法

7.4.1 常用的表单属性

对表单的操作主要是通过设置表单的属性和调用其方法来完成的，除了系统已定义的属性和方法外，还可以根据需要向表单添加新属性和新方法。表单常用的属性如表 7-4 所示。

表 7-4 表单的常用属性

属　　性	说　　明	默　认　值
AlwaysOnTop	指定表单是否总是位于其他窗口之上	.F.
AutoCenter	表单是否居中显示	.F.
BackColor	表单背景的颜色	255，255，255
BorderStyle	表单边框风格	3
Caption	指定表单标题	Form1
MaxButton	指定表单是否有最大化按钮	.T.
MinButton	指定表单是否有最小化按钮	.T.
Movable	指定表单是否能移动	.T.
ScrollBars	指定表单的滚动条类型：0（无）、1（水平）、2（垂直）、3（既有水平又有垂直）	0
WindowState	指定表单在运行时刻是最大化还是最小化	0

7.4.2 常用的事件与方法

方法是对象可以执行的动作，是封装在对象内部的。例如，对表单对象的刷新操作（Refresh）就是表单所具有的方法。Visual FoxPro 中不同的对象具有不同的方法，表单常用的事件和方法如表 7-5 所示。

表 7-5　表单的常用事件和方法

Init 事件	在对象建立时引发
Destroy 事件	在对象释放时引发
Click 事件	用鼠标单击对象时引发
Release 方法	将表单从内存中释放（相当于关闭表单）
Refresh 方法	重新绘制表单或控件，并刷新所有值
Show 方法	显示表单
Hide 方法	隐藏表单

【例 7-2】设计一个改变表单背景颜色的表单，界面如图 7-7 所示。要求：当单击颜色按钮时，表单的背景颜色变为命令按钮指定的颜色，当单击"退出"按钮时，退出表单。

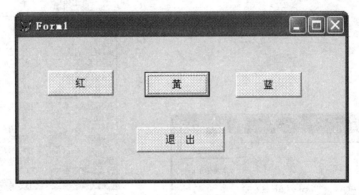

图 7-7　【例 7-2】运行界面

（1）选择控件

本例中只使用 4 个命令按钮控件，分别为 Command1（红）、Command2（黄）、Command3（蓝）和 Command4（退出）。

（2）属性设置

将 4 个命令按钮的 Caption 属性分别设置为红、黄、蓝、退出。

（3）编写代码

命令按钮 Command1（红）的 Click 事件如下：

```
Thisform.backcolor=rgb(255,0,0)
```

命令按钮 Command2（黄）的 Click 事件如下：

```
Thisform.backcolor=rgb(255,255,0)
```

命令按钮 Command3（蓝）的 Click 事件如下：

```
Thisform.backcolor=rgb(0,0,255)
```

命令按钮 Command4（退出）的 Click 事件如下：

```
Thisform.release
```

7.4.3　新建属性和方法

VFP 允许用户自己定义表单或表单集的属性和方法，自定义的属性和方法在表单中始终是有效的。用户自定义属性相当于变量，并且它的引用严格规范，方法相当于过程程序。

1．自定义属性

为表单添加自定义属性，步骤如下：

打开表单设计器，选择菜单栏中的"表单"→"新建属性"命令，打开"新建属性"对话框，如图 7-8 所示。在"名称"文本框中输入属性，如 sh，然后依次单击"添加"和"关闭"按钮。

添加的自定义属性的默认值为.F.，如图 7-9 所示。可以为新建的属性设置其他类型的初始值，以便存储其他类型的数据。

图 7-8　"新建属性"对话框　　　　　　　　图 7-9　"属性"窗口

【例 7-3】设计一个表单，界面如图 7-10 所示，要求每隔 1 s，欢迎字幕的字体颜色在绿色和红色间转换，当单击欢迎字幕的文本时，结束颜色的交替变化。

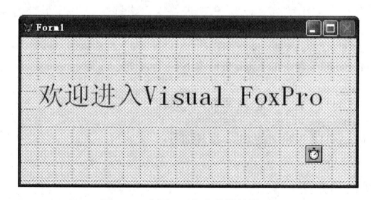

图 7-10　【例 7-3】表单设计界面

（1）选择控件

按图 7-10 设置界面，分别添加标签控件 Label1 和时钟控件 Timer1。

（2）属性设置

将时钟控件 Timer1 的 Interval 属性设置为 1000，使每隔 1 s 改变字体的颜色。

为表单增加一个新属性 f，以标识颜色的更替。操作步骤如下：

① 选择菜单栏中的"表单"→"新建属性"命令，弹出"新建属性"对话框，在"名称"文本框中输入"f"，单击"添加"按钮，再单击"关闭"按钮。

② 在 Form1 的属性窗口列表的最后找到 f 属性，将属性值改为 0。

（3）Form1 的 Init 事件代码

```
thisform.f=0
thisform.label1.forecolor=rgb(128, 0, 0)
thisform.label1.fontname="宋体"
thisform.label1.fontsize=28
```

（4）Timer1 的 Timer 事件代码

```
if thisform.f=0
thisform.label1.forecolor=rgb(0, 255, 0)
   thisform.f=1
else
   thisform.label1.forecolor=rgb(255, 0, 0)
   thisform.f=0
endif
```

（5）Label1 的 Click 事件代码

```
thisform.timer1.enabled=.f.
```

2．自定义方法

自定义方法可以传递参数，可以有返回值，因此它集成了子程序、自定义函数、过程的优点。

（1）自定义方法的添加

由于自定义方法属于表单，因此必须在表单打开的情况下才可添加自定义方法。

具体步骤如下：

选择菜单栏中的"表单"→"新建方法程序"命令，弹出"新建方法程序"对话框，如图 7-11 所示。在"名称"文本框中输入方法名，如输入 FF，单击"添加"按钮，再单击"关闭"按钮。

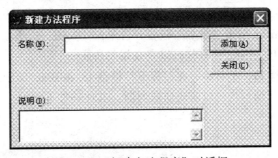

图 7-11 "新建方法程序"对话框

新建的方法可在代码窗口的过程下拉列表中找到，使用方式与一般方法相同。

（2）自定义方法参数的传递命令

命令格式：PARAMETERS　<形参表>

功能：接收调用者传来的数据或数据实参。

说明：若自定义方法需要传递参数，可将此命令写入方法的第一行；若不需要传递参数，此命令就不可写。

（3）调用方法

对象.方法名([实参表])

说明：实参表中实参可为数据、变量、变量的地址等。

（4）方法的返回命令

格式：RETURN[<表达式>]

功能：为自定义方法返回表达式指定的值。

说明：

① 若无选项，RETURN 返回逻辑值.T.。

② 若自定义方法不需要返回值，可不写此值。

【例 7-4】编写一表单程序判断用户所输入的数是否为质数，界面如图 7-12 所示。要求：质数判断的功能用自定义的方法来完成。

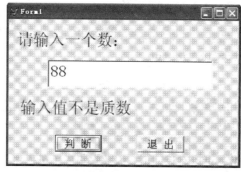

图 7-12 【例 7-4】运行界面

（1）选择控件

按图 7-12 建立界面与属性，添加文本框 Text1，命令按钮 Command1 和 Command2，标签控件 Label1 和 Label2。

（2）建立自定义方法

选择菜单栏中的"表单"→"新建方法程序"命令，弹出"新建方法程序"对话框，在"名称"文本框中输入 IS_zhishu 单击"添加"按钮，再单击"关闭"按钮。

（3）为自定义方法 IS_zhishu 编写代码以完成相关功能

打开代码窗口，选择 Form1 对象，在过程下拉框选 IS_zhishu，即刚刚所建立的 Form1 的自定义方法 IS_zhishu，为其编写代码以实现质数判断。其代码如下所示：

```
PARAMETERS n
for i=2 to n-1
if n%i=0 then
exit
endif
endfor
if i=n then
    return 1
else
    return 0
endif
```

（4）"判断"命令按钮的 Click 事件，代码如下：

```
a=INT(VAL(thisform.text1.value))
if  thisform.IS_zhishu(a)==1
    thisform.label2.caption="输入值是质数"
else
    thisform.label2.caption="输入值不是质数"
endif
thisform.refresh
```

7.5　控件类对象

在表单的设计中，用户需要添加合适的对象，设置对象的属性并编写代码。在表单中可以添加容器、控件、数据环境、用户自定义类和 OLE 对象。控件是表单设计的主角，可使表单具有友好的界面和交互功能。本节将介绍 Visual FoxPro 提供的一些常用控件的属性、方法和基本事件。

7.5.1　标签

标签控件属于输出类控件，用于显示文本。其常用属性及其用途如表 7-6 所示。

表 7-6　标签常用属性

属　性	用　途	默认值
Caption	标题，用于显示文件	Label
Autosize	是否随标题文本大小调整	.F.
Alignment	指定标题文本控件中显示的对齐方式，0 为左对齐，1 为右对齐，2 为中间对齐	0
BorderStyle	设置边框样式 0 为无边框，1 为有固定单线边框	0
BackStyle	标签是否透明，0 为透明，1 为不透明	1
ForeColor	设置标题文本颜色，（0,0,0）为黑色，（255,255,255）为白色	0,0,0
WordWrap	标题文本是否换行，.T.为换行，.F.为不换行	.F.
FontName	设标题文本字体类型	宋体
FontSize	标题文本字体大小	9

【例 7-5】计算 1+2+3+…+100 的和。表单界面如图 7-13 所示，表单中包含 3 个标签控件。

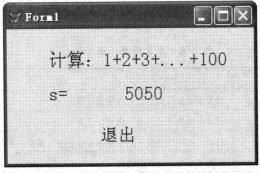

图 7-13　【例 7-5】表单运行界面

（1）选择控件

按图 7-13 设置界面与属性，添加标签控件 Label1、Label2、Label3。

（2）设置属性

分别设置 Label1、Label2、Label3 的 Caption 属性为"计算 1+2+3+...+100"、"s="、"退出"，且 3 个标签控件的 Autosize 属性均设置为.t.。

（3）编写代码

Label2（s=）的 Click 事件代码如下所示：

```
s=0
for i=1 to 100
s=s+i
endfor
thisform.label2.caption=thisform.label2.caption+str(s)
thisform.refresh
```

Label3(退出)的 Click 事件代码：

```
thisform.release
```

7.5.2　文本框

文本框控件是基本控件，可以输入，编辑数据。文本框几乎可以编辑任何类型的数据，如数值型、字符型、逻辑型和日期型等。

1. 常用属性

文本框的常用属性如表 7-7 所示。

表 7-7　文本框常用属性

属　　性	用　　途	默认值
ControlSourse	指定文本框的数据源，数据源可为字段或内存变量	（无）
Value	指定文本框的值	（无）
Passwordchar	指定文本框的定位符，即当向文本框输入数据时不显示真实的数据而显示定位符	（无）
InputMask	用来指定数据的输入格式和显示方式，属性值为一个字符串，字符串由掩码组成	（无）

2. 常用事件和方法

文本框的常用事件和方法如表 7-8 所示。

表 7-8　文本框常用事件和方法

事件或方法	说　　明
Getfocus 事件	当文本框获得焦点时，将触发该事件
Lostfocus 事件	当文本框失去焦点时，将触发该事件
Keypress 事件	当用户在控件上按下某个键并释放它时，触发该事件
Refresh 方法	重画文本框，刷新它的值
Setfocus 方法	使文本框得到焦点，方便输入

【例 7-6】设计一个求 *n*! 的表单，其界面如图 7-14 所示。

（1）选择控件

按图 7-14 所示设置界面与属性，选择标签控件 Label1、Label2，文本框控件 Text1、Text2，命令按钮控件 Command1、Command2。

（2）设置属性

Text1 与 Text2 的 Value 初始值设为 0，Text2 的 Enabled 设为.F.。

图 7-14 【例 7-6】表单运行界面

（3）编写代码

Command1（计算）的 Click 事件代码：

```
n=thisform.text1.value
t=1
for i=1 to n
    t=t*i
endfor
thisform.label2.caption=str(n)+"!"
thisform.text2.value=t
thisform.refresh
```

Command2（退出）的 Click 事件代码：

```
thisform.release
```

本题的 Text1 控件按题意是数值型的，因此将它的 Value 初始值设为 0，以后在例题中若有 Text 控件要求是数值型的，一定要先将 Value 的属性值设为 0。

【例 7-7】设计用户登录的表单，当用户输入正确的操作员名称及密码时，提示用户登录系统成功，若输入错误，给出提示。操作员名称及密码存储在数据库的账号表中，其表的结构如图 7-15 所示。此表单的界面如图 7-16 所示。

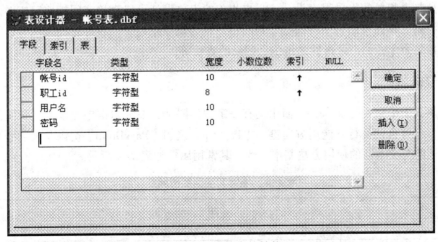

图 7-15 账号表的结构

（1）选择控件

按图 7-16 设置界面，选择标签控件与文本框控件 Text1 和 Text2。

（2）设置属性

相应的标签控件 Caption 信息如图 7–16 所示。将 Text2 的属性 PasswordChar 设为 "*"，以便用户在输入密码时，系统显示占位符 "*"。

图 7–16 【例 7–7】表单运行界面

（3）编写事件代码

Command1（登录）的 Click 事件代码：

```
use 账号表
username=alltrim(thisform.text1.value)
pw=alltrim(thisform.text2.value)
locate for username==alltrim(用户名)
if found() and pw==alltrim(密码)
messagebox("欢迎使用工资管理系统")
else
    messagebox("密码错误，请重新输入! ")
endif
thisform.refresh
```

Command2（退出）的 Click 事件代码：

```
thisform.release
```

本题是与表相关的表单程序设计，与表相关的表单设计可以直接或间接地完成对表中数据的操作与控制。本题应用表中的数据，判断用户是否能登录系统。设计这类表单时，需要熟练掌握表的相关命令，如记录指针的定位、记录的查找等。

7.5.3 编辑框

文本框只能编辑一行文本，在使用上有一定的局限性，在编辑框中允许编辑长字段或备注字段文本，允许自动换行并能用方向键、【PageUp】键和【PageDown】键以及滚动条来浏览文本。编辑框的与文本框的使用方法基本一致。其常用属性如表 7–9 所示。

表 7-9 编辑文本框常用属性

属　　性	用　　途	默认值
Value	用来指定控件的状态	（无）
Readonly	是否为只读，.T.为只读，.F.为可编辑	.F.
Scrollbar	是否有滚动条，0 为无，2 为垂直滚动条	2
Selstart	返回用户在编辑框中所选文本的起始位置，取值范围：0～编辑框中字符总数	0

属　性	用　途	默认值
Sellength	返回用户在文本输入区中选定的字符数目，或指定要选定的字符数	0
Seltext	返回选定的文本，若无选定文本，返回空串	0
Hideselection	当编辑框失去焦点时，选择的文本是否保存选定状态	.T.

7.5.4　命令按钮

命令按钮通常用来进行某一个操作，执行某个事件代码，完成特定的功能，如确定、退出、计算、查询等。命令按钮是最常用的控件之一。一般命令按钮要完成的动作都需要在其 Click 事件中编写代码。命令按钮的常用属性如表 7-10 所示。

表 7-10　命令按钮的常用属性

属　性	用　途	默　认　值
Caption	标题	Command1
Enabled	按钮是否有效，.T.有效，.F.无效	.T.
Default	是否为默认按钮，.T.是，.F.不是	.F.
Cancel	是否取消按钮，.T.是，.F.不是	.F.
Visible	按钮是否可见，.T.可见，.F.不可见	.T.
Picture	设置图形文件，使按钮为图形按钮	（无）

命令按钮的常用事件是 Click 事件，当单击命令按钮时，就触发了该事件。命令按钮的常用方法是 Setfocus 方法，其功能是使命令按钮获得焦点。

【例 7-8】计算 10！，表单界面如图 7-17 所示，表单中有两个标签和两个按钮。

图 7-17　【例 7-8】表单运行界面

（1）选择控件

按图设置界面与属性，选择标签控件 Label1、Label2，命令按钮控件 Command1、Command2。

（2）设置属性

相应的标签控件 Caption 信息如图 7-17 所示。

（3）编写代码

Command1(计算)的 Click 事件过程代码如下：

```
t=1
```

```
for i=1 to 10
   t=t*i
endfor
thisform.label2.caption=thisform.label2.caption+str(t)
thisform.refresh
```

Command2（退出按钮）的 Click 事件代码：

```
thisform.release
```

（4）运行程序。

7.5.5　复选框

复选框用于提供给用户一种或多种选择，以便满足用户的要求。复选框是一个逻辑框，它只有两种状态值：一种为 .T.，表示选中；一种为 .F.，表示没选中。

常用属性如表 7-11 所示。

表 7-11　复选框常用属性

属　　性	用　　途	默认值
Caption	方框右侧的文本	Checkbox1
Value	值。0 或 .F.表示未选中，1 表示被选中，2 或 null 表示不确定	0 或 .F.
ControlSource	数据流	（无）

【例 7-9】设计一个可以设置文本框中字体大小和字体格式的表单，表单运行界面如图 7-18 所示。要求：①选中某一个复选框时，则文本框中的字体设为相应的字体格式，取消复选框的选中状态，则取消文本框中相应的字体格式。②单击命令按钮，可以改变文本框中字体的大小。

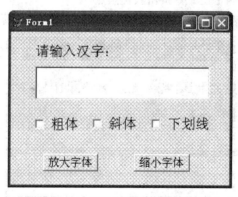

图 7-18　【例 7-9】表单设计界面

（1）选择控件

按图 7-18 所示建立界面与属性。添加文本框控件 Text1，复选框控件 Check1、Check2、Check3，命令按钮 Command1、Command2。

（2）属性设置

相应的标签控件 Caption 信息、复选框信息及命令按钮提示信息如图 7-18 所示。

（3）编写事件代码

命令按钮 Command1（放大字体）的 Click 事件的代码如下：

```
Thisform.text1.fontsize=thisform.text1.fontsize+5
```
命令按钮 Command2（缩小字体）的 Click 事件的代码如下：
```
Thisform.text1.fontsize=thisform.text1.fontsize-5
```
复选框 Check1（粗体）的 Click 事件的代码如下：
```
if this.value=1
    thisform.text1.fontbold=.t.
else
    thisform.text1.fontbold=.f.
endif
```
复选框 Check2（斜体）的 Click 事件的代码如下：
```
if this.value=1
    thisform.text1.fontitalic=.t.
else
    thisform.text1.fontitalic=.f.
endif
```
复选框 Check3（下画线）的 Click 事件的代码如下：
```
if this.value=1
    thisform.text1.fontunderline=.t.
else
    thisform.text1.fontunderline=.f.
endif
```

【例 7-10】根据职工表中的内容，统计职工人数，要求用户可根据需要选择所要统计的职称的人数。界面如图 7-19 所示。

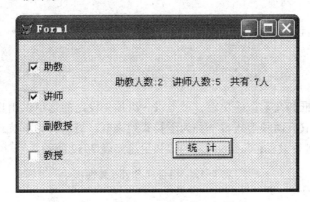

图 7-19 【例 7-10】表单运行界面

（1）选择控件

按图 7-19 所示建立界面与属性。复选框控件 Check1、Check2、Check3 和 Check4，命令按钮 Command1，标签控件 Label1，并在数据环境中添加职工表。

（2）属性设置

相应的标签控件 Caption 信息、复选框信息及命令按钮提示信息如图 7-19 所示。

（3）编写代码

Command1（统计）的 Click 事件代码如下：
```
x1=0
x2=0
x3=0
```

```
x4=0
y1=""
y2=""
y3=""
y4=""
ms=""
if thisform.check1.value=1
   count for 职称='助教' to x1
   y1="助教人数:"
ms=ms+y1+str(x1,2)
endif
if thisform.check2.value=1
   count for 职称='讲师'  to x2
   y2='讲师人数:'
ms=ms+y2+str(x2,2)
endif
if thisform.check3.value=1
   count for 职称='副教授'  to x3
   y3='副教授人数:'
ms=ms+y3+str(x3,2)
endif
if thisform.check4.value=1
   count for 职称='教授'  to x4
   y4='教授人数:'
ms=ms+y4+str(x4,2)
endif
thisform.label1.caption=ms+"共有"+str(x1+x2+x3+x4,2)+"人"
thisform.refresh
```

7.5.6 组合框

组合框兼有列表框和文本框的功能，可提供一组预先设定的选项供用户选择，也可以接收从键盘输入的数据。它有两种形式，一种为下拉式列表框，另一种为下拉式组合框。其两种形式可通过 Stytle 属性进行设置，Stytle 属性的值和用途如表 7-12 所示。

表 7-12　组合框 Stytle 属性

属性值	用　　途
0	下拉组合框。可在列表中选择，也可输入，是默认值
1	下拉式列表框

【例 7-11】设计一个用户登录界面，如图 7-20 所示，要求用户名可以通过组合框进行选择，若用户选择相应的用户，输入密码正确，则提示进入系统，否则登录失败。账号表的结构与内容如表 7-13 所示。

表 7-13　账　号　表

用户名	密码
Jack	123456
rose	123456

Combo1 的数据来源为账号表中的用户名字段。若密码输入正确显示合法用户"欢迎使用!"，否则显示"登录失败，非法用户"。

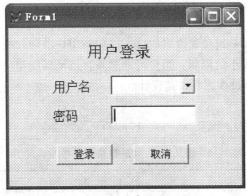

图 7-20 【例 7-11】表单运行界面

① 将账号表添加到数据环境中。

② 按图 7-20 建立界面与属性，将 Combo1 的 RowSourceType 设为 6，RowSource 设为账号表.用户名，用户可将 Text1 的 PasswordChar 设为"*"。

③ Command1（登录）的 Click 事件代码：

```
if allt(thisform.text1.value)=allt(密码)
  messagebox("合法用户，欢迎使用！")
else
  messagebox("登录失败，非法用户！")
endif
```

④ Command2（取消）的 Click 事件代码：

```
thisform.release
```

【例 7-12】设计一个职工信息查询的表单，其界面如图 7-21 所示，要求用户可在组合框中选择相应的职工，表单可在结果栏中显示该职工的基本信息，如姓名、性别、政治面貌等。

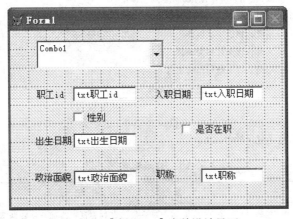

图 7-21 【例 7-12】表单设计界面

① 将职工表添加到数据环境中。

② 按图 7-21 所示，在表单中添加一个组合框控件，其他控件通过数据环境添加。

③ 将 Combo1 的 RowSourceType 设为 6，RowSource 设为"职工表.姓名"。

④ 组合框 Combo1 的 Valid 事件代码如下：

```
thisform.refresh
```

7.5.7 列表框

列表框可以为用户提供一组预先设定的值，以控制用户的输入或编辑数据。列表框能够同时显示的项数受列表区域大小的限制，用户可通过垂直滚动条浏览所有条目。列表框也有生成器，在设计列表框时，可通过生成器快速设计。

1．常用属性

列表框常用属性如表 7-14 所示。

表 7-14　列表框常用属性

属　　性	用　　途	默认值
Value	返回列表框中被选择的项目。若为 N 型数据，则返回项目次序号；若为 C 型数据，则返回项目内容	（无）
ListCount	指定列表框中项目数	1
List	用来存取项目的字符串数组，形式为控件对象.List(<行>[, 列])	
ColumnCount	指定列数	0
ControlSource	指定列表框绑定的数据源，通常是表字段	（无）
Select	指定项目是否被选定。.t.选定，.f.未选定	.F.
MultiSelect	是否允许多重选择。.t.或 1 允许，.f.为不允许	.F.或 0
RowSourceType	指定列表框数据源的类型，其类型值所代表的类型如下： 0:（无），在程序中用 AddItem 向列表框中添加项目 1: 值，用手工指定项目如 rowsource="aaa,bbb,ccc" 2: 别名，将表中字段作为项目，由 ColumnCount 指定取字段数目 3: SQL 语句，将 Select 查询结果作为项目 4: 查询（.qpr），将 Select 查询结果作为项目 5: 数组，将数组内容作为项目 6: 字段，将表中字段作为项目 7: 文件，将文件作为项目 8: 结构，将表结构作为项目 9: 弹出式菜单，将弹出式菜单作为项目	0:（无）

2．常用方法

列表框常用方法如表 7-15 所示。

表 7-15　列表框常用方法

方　　法	用　　途
AddItem	在列表框中添加一项数据
RemoveItem	在列表框中删除一项数据
Clear	删除列表框中的所有数据

【例 7-13】使用列表框实现数据互传，要求：①表单运行时（见图 7-22），单击"添加一

项"按钮,在 List2 中添加一个职工的姓名;单击"全部添加",将 List1 中的内容全部添加到 List2 中;②单击"移去一项"按钮,在 List2 中移去一项至 List1;单击"全部移去"按钮,将 List2 中的内容全部移至 List1 中。

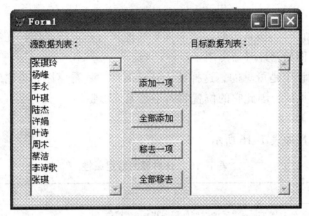

图 7-22 【例 7-13】运行界面

（1）选择控件

按图 7-22 所示建立界面选择控件:列表框控件 List1 和 List2,命令按钮 Command1、Command2、Command3 和 Command4,标签控件 Label1 和 Label2,并在数据环境中添加职工表。

（2）属性设置

相应的标签控件 Caption 信息、复选框信息及命令按钮提示信息如图 7-22 所示。

（3）编写代码

List1 的 Init 事件的代码如下:

```
use 职工表
scan
    this.additem(姓名)
endscan
```

命令按钮 Command1（添加一项）的 Click 事件的代码如下:

```
thisform.list2.additem(thisform.list1.value)
thisform.list1.removeitem(thisform.list1.listindex)
thisform.refresh
```

命令按钮 Command2（全部添加）的 Click 事件的代码如下:

```
for i=1 to thisform.list1.listcount
    thisform.list2.additem(thisform.list1.list(i))
endfor
thisform.list1.clear
thisform.refresh
```

命令按钮 Command3（移去一项）的 Click 事件的代码如下:

```
thisform.list1.additem(thisform.list2.value)
thisform.list2.removeitem(thisform.list2.listindex)
thisform.refresh
```

命令按钮 Command4（全部移去）的 Click 事件的代码如下:

```
for i=1 to thisform.list2.listcount
    thisform.list1.additem(thisform.list2.list(i))
```

```
endfor
thisform.list2.clear
thisform.refresh
```

7.5.8　计时器

计时器可以进行计时，按某个时间间隔周期性地执行指定的操作。在应用程序中用来处理可反复发生的动作。例如，计时器可用于显示动画。

计时器在表单设计中是可见的，这样便于选择属性、查看属性和为它编写事件代码。而在运行时计时器是不可见的，因此它的位置和大小都无关紧要。

1．常用属性

计时器的常用属性如表 7-16 所示。

表 7-16　计时器的常用属性

属　　性	用　　途	默认值
Interval	设置计时器 Timer 之间的时间间隔，以 ms 为单位	0
Enabled	计时器是否可用，.T.为可用，.F.为不可用	.T.

2．常用事件

Timer 事件为计时器常用事件，当经过由 Interval 属性指定的毫秒数时触发，一般是在此事件中编制周期性的动作执行程序。

【例 7-14】设计一个计时器表单，界面如图 7-23 所示，要求：表单刚开始运行时，文本框的初始状态为全零"00:00:00"，单击"计时"按钮，自动以秒为单位从零开始计时，并在文本框中显示；单击"停止"按钮，停止计时并显示最后一刻的时间。

图 7-23　【例 7-14】表单设计界面

（1）选择控件

按图 7-23 所示建立界面与属性，添加计时器控件 Timer1，文本框控件 Text1，命令按钮控件 Command1（计时）、Command2（停止）、Command3（退出）。

（2）属性设置

设置 Timer1 的 Interval 属性值为 1000,Enabled 属性值为.F.其他控件的信息属性如表单所示。

（3）编写代码

Timer1 的 Timer 事件代码：

```
s=s+1
if s=60
    m=m+1
        s=0
```

```
     if  m=60
        h=h+1
        m=0
        if h=24
            h=0
        endif
      endif
     endif
    h1=iif(h<10,'0'+str(h,1),str(h,2))
    m1=iif(m<10,'0'+str(m,1),str(m,2))
    s1=iif(s<10,'0'+str(s,1),str(s,2))
    thisform.text1.value=h1+":"+m1+":"+s1
    thisform.refresh
```

Command1（计时）的 Click 事件代码：

```
    thisform.timer1.enabled=.t.
    public h,m,s
    store 0 to h,m,s
    thisform.text1.value="00:00:00"
    thisform.refresh
```

Command2（停止）的 Click 事件代码：

```
    thisform.timer1.enabled=.f.
```

Command3（退出）的 Click 事件代码：

```
thisform.release
```

7.5.9 微调

该控件用于实现用户在一定范围内输入数值。用户可通过单击微调的上下箭头，改变数值，也可直接在微调框中输入数值。

1．常用属性

微调控件的常用属性如表 7–17 所示。

表 7-17 微调控件的常用属性

属　　性	用　　途	默　认　值
Value	当前值	0
KeyBoardHighValue	允许由键盘输入的最大值	2 147 483 647
KeyBoardLowValue	允许由键盘输入的最小值	–2 147 483 647
SpinnerHighValue	用户单击向上按钮时，微调控件能够达到的最大值	2 147 483 647
SpinnerLowValue	用户单击向下按钮时，微控件能够达到的最小值	–2 147 483 647
Increment	单击微调控件向上或向下按钮时，增加或减少的值	1.00
ControlSource	指定绑定数据源	无

2．常用事件

常用事件包括 Interactivechange、Click、Dowclick、Upclick 事件。

【例 7-15】设计用 3 个微调器控件实现对表单背景颜色的改变。

（1）选择控件

按图 7-24 所示建立界面与属性，添加标签控件 Label1、Label2 和 Label3，微调 Spinner1、

Spinner2 和 Spinner3。

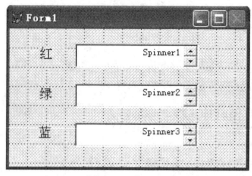

图 7-24 【例 7-15】表单设计界面

（2）属性设置

设置 Spinner1 的 KeyboardHighValue 属性为 255，KeyboardLowValue 属性为 0，Increment 属性为 20，其他控件的信息属性如表单所示。

（3）编写代码

编写微调器控件 Spinner1 的 Click 事件代码：

```
Thisform.BackColor=RGB(Thisform.Spinner1.Value,Thisform.Spinner2.Value, ;
Thisform.Spinner3.Value)
```

编写微调器控件 Spinner2 的 Click 事件代码：

```
Thisform.BackColor=RGB(Thisform.Spinner1.Value,Thisform.Spinner2.Value, ;
Thisform.Spinner3.Value)
```

编写微调器控件 Spinner3 的 Click 事件代码：

```
Thisform.BackColor=RGB(Thisform.Spinner1.Value,Thisform.Spinner2.Value,;
Thisform.Spinner3.Value)
```

表单运行界面如图 7-25 所示。

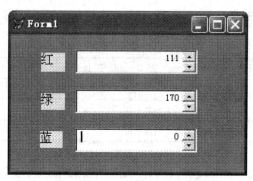

图 7-25 【例 7-15】表单运行界面

7.5.10 线条、形状和图像

1．图像（Image）

使用图像控件，可以在表单上创建图像，Visual FoxPro 的图像控件可以支持.BMP、.GIF 和.JPG 等格式图像的显示。同其他控件一样有一整套的属性、事件方法。

图像的常用属性如表 7-18 所示。

表 7-18　图像的常用属性

属　　性	用　　途	默认值
Picture	要显示的图片	（无）
BorderStyle	是否有边框，0 为无，1 为固定单线	0
BackStyle	图像的背景是否透明，0 为透明，1 为不透明	1
Stretch	0：剪裁。超出控件范围部分被裁剪 1：等比填充。图像保留原来的比例 2：变比填充。将图象调整到控件大小	0

2．形状（Shape）

该控件用来在表单上创建各种类型的图形，包括矩形、圆角矩形、正方形、圆角正方形、椭圆和圆。

形状控件的常用属性如表 7-19 所示。

表 7-19　形状控件的常用属性

属　　性	用　　途	默认值
Curvature	指定曲率。0 为矩形，99 为圆（或椭圆），（0,99）为圆角矩形	0
Width	指定矩形宽度	
Height	指定矩形高度	
FillStyle	指定填充方式。0：实线；1：透明，即无填充；2：水平线；3：垂直线；4：向上对角线；5：向下对角线；6：十字线；7：对角交叉线	1
BorderStyle	指定控件边框样式。0：透明；1：实线；2：虚线；3：点；4：点画线；5：双点画线；6：内实线	1

3．线条（Line）控件

该控件可在表单上画各种类型的线条，包括水平线、斜线和垂直线。它也有属性、事件和方法，其常用属性如表 7-20 所示。

表 7-20　线条的常用属性

属　　性	用　　途	默认值
Height	指定线条为对角线的高度。若为 0，表示水平线	
Width	指定线条为对角线的宽度。若为 0，表示垂直线	
LineSlant	指定线条倾斜方向	

【例 7-16】创建一个小球上下跳动的表单。要求：表单运行时，小球以每 0.5 s 跳动一次。界面如图 7-26 所示。

分析：小球有两种运动方向，即向下和向上，当状态为"上"时，向下运动；当状态为"下"时，向上运动。新建一个属性 up 记录小球的当前状态，up 为真时，表示小球在"上"，否则，表示小球在"下"。

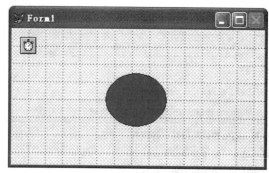

图 7-26 【例 7-16】表单设计界面

（1）控件选择

如图 7-26 所示，在表单中添加一个形状控件 Shape1 和时钟控件 Timer1。

（2）属性设置

设置 Shape1 的 Curvature 属性为 99，BackColor 为红色。

时钟控件 Timer1 的 Interval 属性设置为 500。

新建属性 up，用来指示小球当前的状态，初值为.F.。

（3）编写代码

计时器 Timer1 的 Timer 事件代码如下：

```
if thisform.up=.t.
  thisform.shape1.top=thisform.shape1.top-60
  thisform.up=.f.
else
  thisform.shape1.top=thisform.shape1.top+60
  thisform.up=.t.
endif
```

7.6　容器类对象

容器控件就是可以包含其他对象的控件。容器控件主要有命令按钮组、选项按钮组、表格、页框等。容器与其所包含的控件一般都有自己的属性、方法和事件，例如页框和它所包含的页面都有自己的 Enabled 属性。如果是要指明其中的某一个页面的 Enabled 属性而不是整个页框的 Enabled 属性，必须从属性窗口的对象下拉列表框中选中它，其他的容器型控件也是如此。

1. 常用属性

容器的常用属性如表 7-21 所示。

表 7-21　容器的常用属性

属　性　值	用　　途	默　认　值
BackStyle	设置容器是否透明，1：不透明；0：透明	1
SpecialEffect	设置容器样式，0：凸起；1：凹下；2：平面	2

2. 向容器中加入控件与编辑控件

如果向容器中加入控件可右击容器，在弹出的快捷菜单中选择"编辑"命令，使容器周边出现绿色边界，这时才可以向容器中拖放所需控件。

当需要对容器中的控件进行编辑时，方法与装控件一样，先右击容器，在弹出的快捷菜单中选择"编辑"命令，使容器周边出现绿色边界，这时才可以对容器中的每个控件进行编辑。

3．容器中对象的引用

在引用容器中的对象时，一定要指明引用哪个容器中的对象。

【例 7-17】用容器控件计算两数之和，表单如图 7-27 所示。

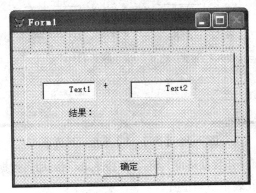

图 7-27　【例 7-17】表单设计界面

（1）控件选择

表单设计界面如图 7-27 所示，在表单中添加一个容器控件，在容器控件中添加文本框控件 Text1 和 Text2，标签控件 Label1 和 Label2。在表单中添加一个命令按钮 Command1。

（2）属性设置

将容器的 SpecialEffect 设为 1，标签的提示信息属性如图 7-27 所示。

（3）编写代码

Command1（确定）的 Click 事件代码：

```
z=0
x=thisform.container1.text1.value
y=thisform.container1.text2.value
z=VAL(x)+VAL(y)
thisform.container1.label2.caption="计算结果: "+str(z)
```

7.6.1　命令按钮组

命令按钮组是包含多个命令按钮的容器对象，它将预定义的命令按钮组提供给用户，供用户选择。每一个命令按钮有各自的属性、事件和方法，使用时仍需独立操作某一个指定的命令按钮。其常用属性如表 7-22 所示。

表 7-22　命令按钮组常用属性

属　　　性	用　　　途	默　认　值
ButtonCount	设置命令按钮组命令按钮的数目	2
Buttons	确定命令按钮中的第几个命令按钮	0
Value	指定命令按钮组当前的状态，当属性值为数值型时，若为 N 表示第 N 个按钮被选中	1

命令按钮及命令按钮组的最常用的事件就是 Click 事件，当用户单击命令按钮及命令按钮组

时，就触发该事件。

【例 7-18】设计如图 7-28 所示表单，浏览"职工表.dbf"中相关字段的信息，使用包含 4 个按钮的命令按钮组控件。

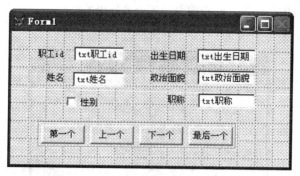

图 7-28　【例 7-18】表单设计界面

① 进入表单设计器，打开数据环境，将"职工表.dbf"添加入数据环境，把相关字段选中，用鼠标左键拖入表单，放在表单适当位置。

② 向表单中添加一个命令按钮组控件 CommandGroup1，右击命令按钮组控件，在弹出的快捷菜单中选择"生成器..."命令，按图 7-29 所示设置生成器。

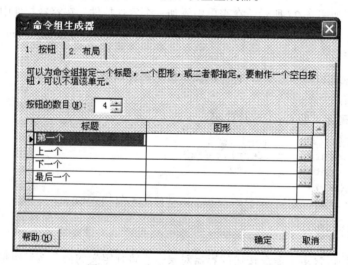

图 7-29　"命令组生成器"对话框

③ 编辑命令按钮组的 Click 事件代码如下：

```
do case
  case this.value=1
    go top
    this.buttons(1).enabled=.f.
    this.buttons(2).enabled=.f.
    this.buttons(3).enabled=.t.
    this.buttons(4).enabled=.t.
    thisform.refresh()
  case this.value=2
    if !bof()
```

```
      skip -1
    endif
    if recno()=1
      this.buttons(1).enabled=.f.
      this.buttons(2).enabled=.f.
      this.buttons(3).enabled=.t.
      this.buttons(4).enabled=.t.
    else
      this.buttons(1).enabled=.t.
      this.buttons(2).enabled=.t.
      this.buttons(3).enabled=.t.
      this.buttons(4).enabled=.t.
    endif
    thisform.refresh
  case this.value=3
    if !eof()
      skip 1
    endif
    if recno()=recCount()
      this.buttons(1).enabled=.t.
      this.buttons(2).enabled=.t.
      this.buttons(3).enabled=.f.
      this.buttons(4).enabled=.f.
    else
      this.buttons(1).enabled=.t.
      this.buttons(2).enabled=.t.
      this.buttons(3).enabled=.t.
      this.buttons(4).enabled=.t.
    endif
    thisform.refresh
  case this.value=4
    go bottom
    this.buttons(1).enabled=.t.
    this.buttons(2).enabled=.t.
    this.buttons(3).enabled=.f.
    this.buttons(4).enabled=.f.
    thisform.refresh()
endcase
```

运行结果如图 7-30 所示。

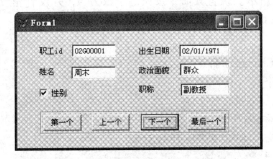

图 7-30 【例 7-18】表单运行界面

7.6.2　选项按钮组

选项按钮组是包含选项按钮的一种容器。一个选项按钮组中往往包含若干个选项按钮，用户只能从中选择其中一个。

当用户选择某个选项按钮时，该按钮即成为被选中状态（显示一个圆点），而选项组中的其他选项按钮，不管原来是什么状态，都变为未选中状态。

选项按钮及选项按钮组的常用属性如表 7-23 所示。

表 7-23　选项按钮组的常用属性

属　性	用　途	默　认　值
ButtonCount	设置选项按钮组中选项按钮的数目	2
Buttons	用来确定选项按钮组中的第几个选项按钮	0
Value	确定已经被选中的按钮是按钮组中哪一个按钮	1

选项按钮及选项按钮组的最常用的事件就是 Click 事件，当用户单击选项按钮及选项按钮组时，就触发该事件。

【例 7-19】在如图 7-31 所示的表单中，当在文本框中输入一个分数时，选项按钮组将自动对应相应的单选按钮。（注：0～59 为不及格；60～75 为及格；76～89 为良好；90～100 为优秀）

图 7-31　【例 7-19】表单运行界面

（1）选择控件

本例中使用文本框 Text1 和选项按钮组 Optiongroup1。

（2）属性设置

可通过生成器来设置选项按钮组的属性，右击 Optiongroup1，在弹出的快捷菜单中选择“生成器”命令，如图 7-32 所示。设置其命令按钮的个数为 4，并设置相应提示信息的标题，4 个命令按钮的布局为水平方向。

（3）编写代码

文本框的 InteractiveChange 事件中的代码：

```
x=VAL(this.value)
do case
   case x>0 and x<60
      thisform. optiongroup1.value=4
   case x>=60 and x<75
      thisform. optiongroup1.value=3
   case x>=75 and x<90
```

```
        thisform. optiongroup1.value=2
    case x>=90 and x<100
        thisform. optiongroup1.value=1
endcase
thisform.refresh
```

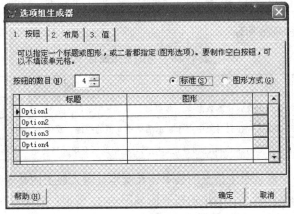

图 7-32　选项按钮组生成器

7.6.3　表格

　　表格是一种容器对象，表格控件又称为网格控件（Grid），一个表格对象由若干个列对象（Column）组成，每个列对象包含一个表头对象（Header）和文本框。表格、列、表头和文本框都有自己的属性、事件和方法。利用表格控件可以在表单或者页面中显示和操作数据表的内容。下面介绍它的主要属性、事件和方法。

　　表格的常用属性如表 7-24 所示。

表 7-24　表格的常用属性

属　　　性	说　　　明
AllowAddnew	指明是否可以在表格控件工具栏中添加记录
ColumnCount	指定表格的列数
Columns	指明表格控件中第几列
Enabled	设置表格是否可用
Name	设置表格的名称
RecordSourceType	指定表格数据源的类型
RecordSource	指定表格的数据源

　　其中，RecordSourceType 的设置如表 7-25 所示。

表 7-25　RecordSourceType 属性的设置值

属　性　值	说　　　明
0	表，把 RecordSource 指定的表作为数据源，该表能被自动打开
1	别名，数据源为已打开的表

续表

属　性　值	说　　　明
2	提示，在运行中由用户根据提示选择表格的数据源
3	查询，数据源是查询文件（.qpr）的执行结果，由 RecordSource 指定一个查询文件
4	SQL 语句，数据源为 SQL 语句的执行结果，由 RecordSource 指定一条 SQL 语句

列的常用属性如表 7-26 所示。

表 7-26　列的常用属性

属　　性	说　　　明
ControlSource	在列中要联接的数据源，通常为表中的一个字段
CurrentControl	指定包含在列对象中用于显示活动单元值的控件，默认为 Text1
Sparse	确定 CurrentControl 属性是影响列对象中的所有单元格还是只影响活动单元格

【例 7-20】设计一个显示职工信息的表单，在文本框输入职工的姓名后，如果该职工存在，表格控件显示该职工的基本情况，表单运行界面如图 7-33 所示；如果不存在，则显示相应的提示信息，表单运行界面如图 7-34 所示。

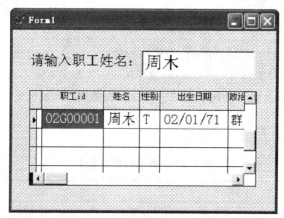

图 7-33　【例 7-20】表单运行界面（1）

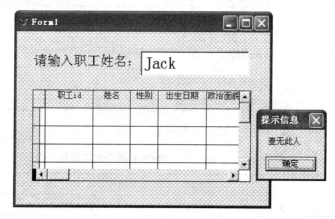

图 7-34　【例 7-20】表单运行界面（2）

（1）选择控件

本例中使用标签、文本框和表格控件，标签用来说明文本框的作用，表格用来显示查询的结果。

（2）属性设置

数据表格 Grid 的 RecordSourceType 属性设置为 "0－表"（若职工表在数据环境中，则设为"1-别名"）；RecordSource 属性设置为 "职工表"。

（3）编写代码

表单 Form1 的 Init 事件代码如下：

```
set delete on
delete all
```

文本框 Text1 的 Valid 事件代码如下：

```
recall all
locate for alltrim(姓名)=alltrim(this.value)
if found()
   delete all
   recall for alltrim(姓名)=alltrim(this.value)
else
   delete all
   messagebox("查无此人",0,"提示信息")
endif
thisform.refresh
```

7.6.4　页框

页框是可以包含页面和控件的容器对象，它定义了页面的位置和页面的数目，可以用来扩展表单的表面面积。用页框、页面和相应的控件就可以构建选项卡对话框。这种对话框包含若干选项卡，其中的选项卡对应此处的页面。页框中的页面相对于页框的左上角定位，并随着页框在表单中移动而移动。

一个页框中可以有多页对象，而在每页中又可以包含若干控件。

"页框"控件的主要属性是："页框"包含多少页、每页的标题等。常用属性如表 7-27 所示。

表 7-27　页框的常用属性

属　　性	说　　明
ActivePage	用于激活页框的某个指定页面
Enabled	用来设置页框是否可用
Name	用来设置页框的名称
PageCount	用来设置页框的页面数
Pages	用于指明页框中的某个页面

在表单设计器环境下，向表单添加页框的方法与添加其他控件的方法相同。默认情况下，添加的页框包含两个页面，它们的标签文本分别是 Page1 和 Page2（与它们的对象名称相同）。用户可以通过设置页框的 PageCount 属性重新指定页面数目，通过设置页面的 Caption 属性重新

指定页面的标签文本。

【例 7-21】创建一个可以自动翻页的浏览形状的表单，要求：①在 3 个页面上有 3 个不同的形状，分别为矩形、椭圆和三角形，表单刚运行时显示第一个页面，其他页面不可访问；②页框以 5 s 为间隔自动换页，当翻完第 3 页时，将回到第一页循环翻动。其设计和运行界面分别如图 7-35 和图 7-36 所示。

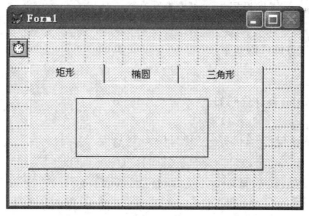

图 7-35 【例 7-21】表单设计界面

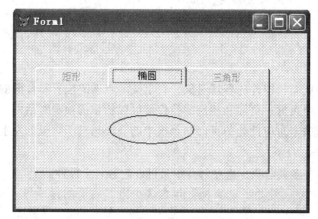

图 7-36 【例 7-21】表单运行界面

（1）选择控件

本例中使用页框控件、形状控件、线条和时钟控件，页框控件中设置 3 个页面，分别显示矩形、椭圆和三角形。

（2）属性设置

Page1 中存放矩形；Page2 中存放椭圆，将其 Shape1 控件的 Curvature 属性设为 99；Page3 中存放三角形，分别使用 3 个线条，并设置相应的 LineSlant，以组成三角形。

（3）编写代码

Form1 的 Init 代码如下：

```
thisform.pageframe1.setall("enabled",.f.)
thisform.pageframe1.pages(1).enabled=.t.
thisform.timer1.interval=5000
```

Timer1 的 Timer 代码如下：

```
P=Thisform.PageFrame1.ActivePage
P=P+1
IF P>3
P=1
ENDIF
Thisform.PageFrame1.SetAll("Enabled",.F.,"Page")
Thisform.PageFrame1.Pages(P).Enabled=.T.
Thisform.PageFrame1.ActivePage=P
```

小　结

本章比较全面地介绍了面向对象的基本概念及 Visual FoxPro 中常用控件的使用方法。

在面向对象的基本概念中，主要介绍了对象和类，子类和继承，对象的属性、事件、方法等。在 Visual FoxPro 的常用控件中，主要介绍了表单的属性、方法及能响应的事件；常用控件类对象的属性、方法及能响应的事件以及容器类对象的属性、方法及能响应的事件。这些控件的使用是表单设计的关键，只有熟悉这些控件的属性、方法和能够响应的事件，才能够更好地设计用户交互式界面，从而满足用户的需求。

本章的重点是常用控件的属性、方法和能响应的事件，难点是容器类对象的使用方法。

习　题

一、选择题

1. 在 Visual FoxPro 中，表单（Form）是指（　　）。
   A. 数据库中各个表的清单
   B. 一个表中各个记录的清单
   C. 数据库查询的列表
   D. 窗口界面

2. 表单文件的扩展名为（　　）。
   A. .DBC
   B. .DBF
   C. .SCX
   D. .PJX

3. 下列关于"表单"说法中正确的是（　　）。
   A. 任何表单都隶属于一个项目
   B. 有的表单可游离于任何项目而独立存在
   C. 任何表单都含数据表的字段
   D. 表单不属于容器控件

4. 下列控件中，不能设置数据源的是（　　）。
   A. 复选框
   B. 列表框
   C. 命令按钮
   D. 选项组

5. 在引用对象时，下面格式中正确的是（　　）。
   A. Text1.value="中国"
   B. Thisform.Text1.value="中国"
   C. ext.value="中国"
   D. Thisform.Text.value="中国"

6. DblClick 事件是（　　）时触发的基本事件。
   A. 当创建对象
   B. 当从内存中释放对象
   C. 当表单或表单集装入内存
   D. 当用户双击对象

7. 关于表单中文本框，下列说法正确的是（　　）。
   A. 文本框能输入多行文本
   B. 文本框只能显示文本，不能输入文本
   C. 文本框只能编辑备注型字段
   D. 文本框只能输入一行文本

8. 命令按钮组中，通过修改（　　）属性，可把按钮个数设为 5 个

    A．Caption
                 B．PageCount

    C．ButtonCount
             D．Value

9. 在对象的引用中，THISFORM 表示（　　）。

    A．当前对象
                 B．当前表单

    C．当前表单集
           D．当前对象的上一级对象

10. 下列关于微调控件说法中不正确的是（　　）。

    A．可以使用微调控件和文本框来微调数值
    B．可以使用微调控件和文本框来微调日期

    C．微调控件属于容器类控件
          D．增减的步长取决于属性 Increment 的值

二、填空题

1. 创建表单的方法有＿＿＿＿和表单设计器两种。

2. 表单正在编辑时，如果在其上双击某控件可打开＿＿＿＿窗口。

3. 在程序代码编辑窗口中，有"对象"和＿＿＿＿两个下拉列表，在＿＿＿＿下拉列表框中，列出了"对象"所拥有的全部事件和方法。

4. 每个表单或表单集都有一个数据环境，数据环境定义了表单所使用的＿＿＿＿，包括数据表、视图以及表之间的关系。

5. 在表单中要使控件成为可见的，应设置控件的＿＿＿＿属性。

6. 某表单上有两个命令按钮 Command1 和 Command2。

其中 Command1 的 Click 事件代码如下：

```
THISFORM.COMMAND2.ENABLED=.T.
SKIP -1
IF  BOF()
THIS.ENABLED=.F.
ENDIF
THISFORM.REFRESH
```

其中 Command2 的 Click 事件代码如下：

```
THISFORM.COMMAND1.ENABLED=.T.
SKIP
IF EOF()
GO BOTTOM
THIS.ENABLED=.F.
ENDIF
THISFORM.REFRESH
```

试回答：执行以上表单后，若单击 Command1 命令按钮，程序将作＿＿＿＿处理；若单击 Command2 命令按钮，程序将作＿＿＿＿处理。

7. 如图 7-37 所示，用标签、文本框、命令按钮构成一个表单 Form1。在标签中显示以下文字："当前日期和时间："。运行表单时，在文本框中单击将显示当前系统日期，右击将显示当前系统时间；单击"清除"按钮，文本框中的结果将被清除；单击"退出"按钮，将退出表单的运行。为完成上述任务，应该编写的"清除"按钮的 Click 事件代码是＿＿＿＿，"退出"按钮的 Click 事件代码是＿＿＿＿。在文本框 Text1 中的 Click 事件代码是＿＿＿＿，而 RightClick 事件代码是＿＿＿＿。

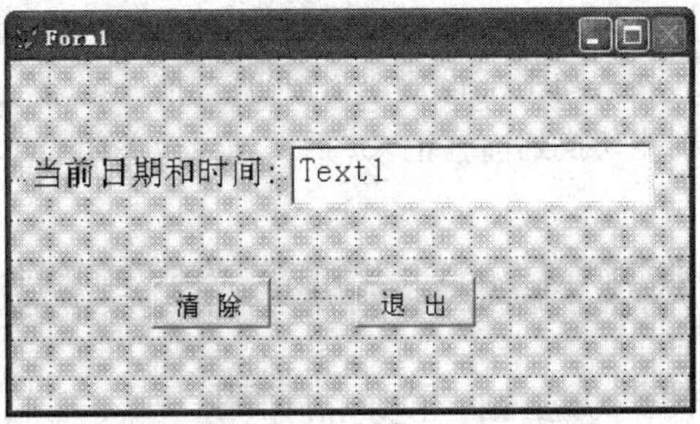

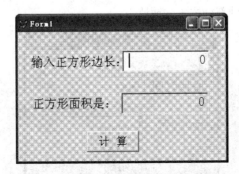

图 7-37　显示当前系统时间和日期

8. 创建一个表单，该表单的功能是：若在 Text1 中输入一个除数（整数），然后单击"开始"按钮，就能求出 1~300 之间能被此除数整除的数及这些数之和，并将结果分别在 Edit1 和 Text2 中输出。单击"清除"按钮，则清除 Text1、Edit1 和 Text2 中的内容。请将以下操作步骤和程序填写完整。

（1）在表单上显示文本"输入除数"，应使用_____控件。

（2）创建对象 Text1，应使用_____控件。

（3）创建对象 Edit1，应使用_____控件。

（4）创建"开始"按钮，应使用_____控件。

（5）将对象 Text2 的 Value 属性值设置为_____。

（6）为了完成题目要求"开始"按钮的功能，应使用"开始"按钮的（Click）事件，并编写如下相应的事件代码：

```
FOR I=1 TO 300
     IF_____
       (THISFORM).EDIT1.VALUE=(THISFORM ).EDIT1.VALUE+STR(I,5)
         THISFORM.TEXT2.VALUE=( STR(VAL(THISFORM.TEXT2.VALUE)+I) )
       ENDIF
ENDFOR
```

三、操作题

1. 设计如图 7-38 所示标题为"计算正方形面积"的表单，利用文本框输入正方形的边长，再单击"计算"按钮输出正方形的面积，要求"正方形的面积是:"文本框为只读，表单文件名为 JSMJ.scx。

图 7-38　计算正方形的面积（运行界面）

2. 为表"职工表.dbf"设计一个如图 7-39 所示标题为"浏览职工记录"的表单,在表单上部用于显示编辑表中某记录,在表单下部设置 3 个按钮:"前一记录"按钮、"后一记录"按钮和"退出"按钮,单击时分别能切换到前一记录、后一记录及关闭表单,最后将表单以"职工.scx"为名保存。

图 7-39　浏览职工表记录

3. 设计一个表单,表单运行界面如图 7-40 所示,将学生档案 XSDA.DBF 中所有记录的姓名显示在一个列表框中,而在此列表框中选中的姓名将会自动显示在左边的文本框中。

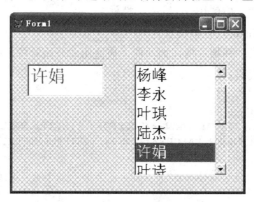

图 7-40　浏览学生姓名

4. 下面是一个公用电话计费表单(见图 7-41),公用电话收费标准如下:
(1)通话时间在 3 分钟之内(1~180 秒),收费 0.2 元。
(2)超过 3 分钟部分每分钟 0.1 元。
(3)通话时间不足 1 分钟部分按 1 分钟计。

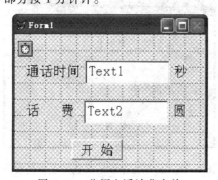

图 7-41　公用电话计费表单

5. 设计一个"演讲"计时的表单，要求完成下列功能：

（1）在表单中添加一个文本框、一个命令按钮组和一个计时器。其表单的布局如图 7-42 所示，其中文本框中的文本对齐方式为居中（0 表示左对齐，1 表示右对齐，2 表示居中）；文本框内的文本字体大小为 20。命令按钮组中各按钮的标题由代码生成。

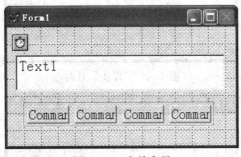

图 7-42　表单布局

（2）运行表单后，其初始界面如图 7-43 所示。

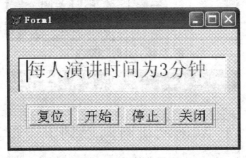

图 7-43　初始化界面

（3）单击"开始"按钮，系统开始倒计时，并在文本框中显示"剩余时间"，此时，其中的"复位"和"开始"按钮为不可用，如图 7-44 所示。

图 7-44　"开始"计时

（4）当单击"停止"按钮时，系统停止计时，并在文本框中显示"你的演讲时间为"，此时"停止"和"开始"按钮为不可用，如图 7-45 所示。

（5）当单击"复位"按钮时，系统回到初始状态，此时"复位"按钮不可用，如图 7-46 所示。

（6）当倒计时进入"00:00"时，在文本框中显示"你的演讲时间已到了"，如图 7-47 所示。

（7）当单击"关闭"按钮时，系统正常退出。

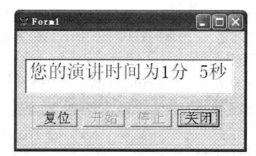

图 7-45 "停止"计时

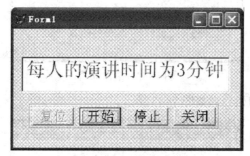

图 7-46 计时"复位"

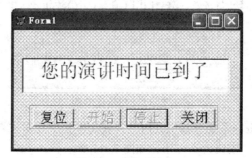

图 7-47 计时结束

菜单

8.1　菜单设计概述

菜单在应用程序中是必不可少的，开发者通过菜单将应用程序的功能、内容有条理地组织起来展现给用户使用，菜单是应用程序与用户最直接的交互界面。Visual FoxPro 为开发者提供了自定义菜单功能，从而使开发者能根据需要设计符合实际应用的菜单。

8.1.1　菜单概述

菜单分为下拉菜单和快捷菜单。菜单同样有着自己的组织结构（树形结构），它由菜单栏、菜单标题、菜单和菜单项组成，菜单系统的结构如图 8-1 所示。

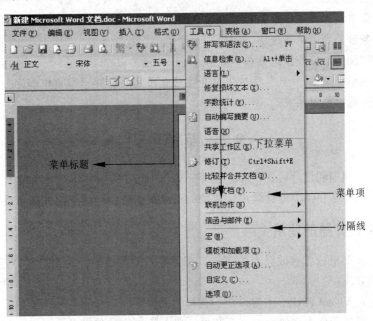

图 8-1　菜单系统结构

菜单栏位于屏幕上部、窗口标题栏之下，用于放置多个菜单标题。菜单标题位于菜单栏上，它表示菜单功能的一个名称或图标；单击某菜单标题，可以打开相应的菜单，它包含相应的命令、过程或子菜单。菜单项用于实现某一具体的任务。在下拉菜单中，对逻辑或功能紧密相关的菜单项采用分隔线进行分类，每个菜单项可以对应一个命令或程序，也可以是一个子菜单。

8.1.2 菜单的设计原则与步骤

设计菜单系统主要是要确定需要哪些菜单，这些菜单要出现在界面的何处，以及哪几个菜单要有子菜单等。因为应用程序的实用性在一定程度上取决于菜单系统的质量，所以要对菜单系统进行统一的规划和设计。

1. 设计原则

在规划菜单系统时，须考虑下列原则：

① 根据用户任务组织菜单系统。

② 给每个菜单和菜单选项设置一个意义明了的标题。

③ 按照估计的菜单项使用频率、逻辑顺序或字母顺序组织菜单项。

④ 在菜单项的逻辑组之间放置分隔线。

⑤ 给每个菜单和菜单选项设置热键或键盘快捷键。例如，【Alt+E】组合键可以作为"编辑"菜单的访问键。

⑥ 将菜单上菜单项的数目限制在一个屏幕之内，如果超过了一屏，则应为其中一些菜单项创建子菜单。

⑦ 在菜单项中混合使用大小写字母，只有强调时才全部使用大写字母。

2. 设计步骤

要设计菜单系统，可以通过以下步骤进行：

① 菜单系统规划。

② 利用菜单设计器建立菜单和子菜单。

③ 将任务分派到菜单系统中，即给每个菜单项设置任务。

④ 选择"预览"按钮预览菜单系统。

⑤ 选择菜单"菜单"→"生成"命令生成菜单程序，并运行菜单程序。

⑥ 测试并运行菜单系统。

8.2 菜单的设计

对菜单进行规划和设计后，下面就可以在 Visual FoxPro 中具体设计菜单了。在 Visual FoxPro 中设计菜单一般都是在菜单设计器中完成的，可以根据需要创建下拉式菜单或快捷菜单。

8.2.1 菜单设计器的使用

无论建立新菜单或者修改已有的菜单，都需要打开菜单设计器窗口。打开菜单设计器可以通过以下几种方法：

方法一：在 Visual FoxPro 主窗口中，选择"文件"→"新建"→"菜单"命令。

方法二：通过命令方式建立或打开菜单，建立菜单的命令如下：

```
CREATE MENU <菜单文件名>      --新建菜单文件
MODIFY MENU <菜单文件名>      --创建菜单或打开已有的菜单
```

方法三：通过项目管理器的"其他"选项卡也可以创建或打开菜单。

"菜单设计器"窗口如图 8-2 所示。

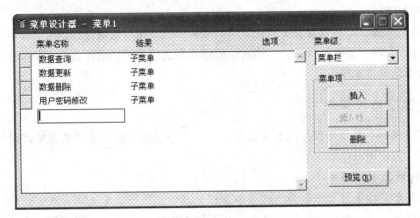

图 8-2　菜单设计器

在"菜单设计器"窗口中，每个选项及按钮的功能说明如下：

① 菜单名称栏：在此输入菜单的提示字符串，可以通过在某一字母前输入"\<"来设置菜单的快捷键。

② 结果栏：选定菜单项的类别，如下所示：

- 子菜单：即此菜单项下还有子菜单，单击右边的编辑按钮可编辑子菜单。
- 命令：选择此菜单执行一条命令，可调用一个程序。
- 主菜单名或菜单项：给菜单对象设置一个名字，以方便对它的引用。
- 过程：定义一个与菜单项相关联的过程。

③ 选项按钮栏（位于选项列下方）：单击此按钮弹出如图 8-3 所示的"提示选项"对话框，在此对话框中可设置菜单的属性，包括：菜单的快捷键、控制菜单项的说明信息的显示、控制菜单项的允许和禁止、指定菜单项的名字等。

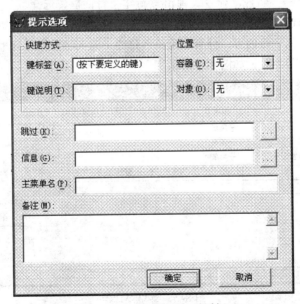

图 8-3　"提示选项"对话框

④ 菜单级：此处显示当前所处的菜单级别，从子菜单返回上面的任一级菜单使用时，也可使用此下拉列表框。

⑤ "预览"按钮：可以查看所设计菜单的效果，但不执行任何操作。

⑥ "插入"和"删除"按钮："插入"按钮指在当前菜单之前插入一个菜单项；"删除"按钮指删除当前的菜单项。

8.2.2　创建下拉式菜单

下拉式菜单是一个应用程序的总体菜单。设计一个结构清晰的下拉式菜单可以使系统的结构清晰明了，方便用户使用。

1．下拉式菜单的组成

下拉式菜单是由条形菜单和弹出式菜单组成。其中，条形菜单又称为系统菜单，弹出式菜单又称为子菜单。Visual FoxPro 菜单就是一个下拉式菜单。在 VFP 主界面窗口中，主菜单就是一个条形菜单，当在主菜单栏选中一个菜单项时，在该菜单项下方出现的菜单就是弹出式菜单。VFP 使用可视化设计工具——菜单设计器来创建菜单。

2．建立下拉式菜单

建立下拉式菜单的基础步骤包括：打开菜单设计器，在菜单设计器中进行菜单定义，保存菜单，生成菜单程序，执行菜单程序。下面以具体实例介绍下拉式菜单的使用过程。

图 8-4　新建菜单对话框

【例 8-1】为工资管理系统设计一个下拉菜单，要求条形菜单中的菜单项有操作员管理、工资管理、职工信息管理和帮助，工资管理的弹出式菜单有工资信息输入、工资结算、工资信息查询。工资结算的快捷键为【Ctrl+H】。

操作步骤如下：

① 选择"文件"→"新建"命令，弹出"新建"对话框，选择"菜单"单选按钮，单击"新建文件"按钮，打开菜单设计器，如图 8-4 所示。

② 定义条形菜单的主要内容，分别在菜单名称栏中输入"操作员管理"、"工资管理"、"职工信息管理"和"帮助"，如图 8-5 所示。

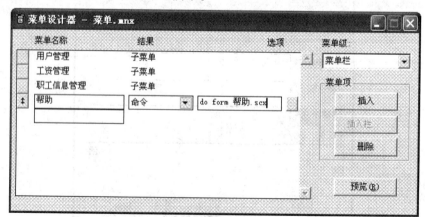

图 8-5　菜单设计器

③ 为帮助菜单项确定任务，单击结果列上的命令，并在右侧框中输入如下代码：

Do form 帮助.scx

然后关闭。

④ 建立工资管理弹出式菜单。单击"工资管理"菜单项结果列上的创建按钮，菜单设计器进入子菜单页，然后在第一行菜单名称列中输入"工资信息输入"，在结果列中选"命令"，在右侧框输入命令为：do form 信息录入，在第二行菜单名称列输入"工资结算"，在结果列中选"命令"，在右侧框输入命令为：do form 工资结算。工资管理的弹出式菜单的设计器，如图 8-6 所示。

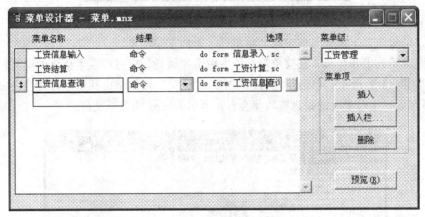

图 8-6　"工资管理"子菜单

⑤ 为"工资结算"设置快捷键，单击"工资结算"行上的选项列，弹出"提示选项"对话框，如图 8-7 所示。在"键标签"文本框中按【Ctrl+H】组合键，单击"确定"按钮。用同样方法可为其他菜单项设置快捷键。

图 8-7　"提示选项"对话框

⑥ 在"菜单级"下拉列表框中选"菜单栏"返回到主菜单页。

⑦ 同样，建立其他菜单的子菜单，并可对各子菜单项设快捷键，也可对各子菜单指定内部名称，以方便使用。例如，可以为职工信息管理子菜单指定内部名称为 cd,如图 8-8 所示。

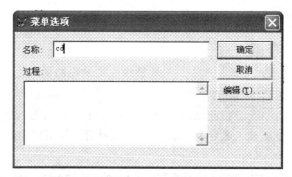

图 8-8　设置职工信息管理子菜单内部名

⑧ 在"菜单级"下拉列表框中选"菜单栏"返回主菜单页。

⑨ 预览菜单效果并存盘。在菜单设计器中单击"预览"按钮,在主菜单中便可看到菜单系统的效果,如图 8-9 所示。单击预览对话框中的"确定"按钮结束预览。若设计完成,则将所设计的菜单存盘,这时对应的磁盘空间便会有扩展名为.mnx 的菜单文件。

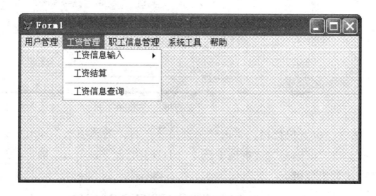

图 8-9　菜单预览效果

⑩ 生成菜单程序。选"菜单"→"生成"命令,打开生成确认对话框,单击"是"按钮,打开"另存为"对话框,在"保存菜单"为文本框中输入 P8_1 单击"保存"按钮,打开"生成菜单"对话框单击"生成"按钮。这时,在磁盘空间中有一个扩展名为.mpr 的可执行菜单程序文件。

> **注意**:以.mnx 文件格式存储的菜单定义文件,其本身是一个表文件,并不能直接运行,必须将其生成为可执行的菜单程序文件(.mpr)后才能运行。

⑪ 执行菜单。选择"所有程序"→"运行"命令,弹出"运行"对话框,在"运行"对话框的文件列表中选 P8_1.mpr 文件,单击"确定"按钮。

本题中用菜单项调用表单,采用的方法为在菜单项的命令中加入如下命令:

```
DO FORM <表单名>
```

若要将菜单放置到顶层表单中,需要作如下几步:

① 在定义菜单时,将常规选项对话框中的顶层表单复选框选中。

② 创建一个顶层表单,即将表单的 Show Window 属性设为 2。

③ 在表单的 Init 事件中加入如下运行菜单的命令。

```
DO <菜单名>.mpr WITH this, .T.
```

8.2.3 创建快捷菜单

在 Windows 环境中,快捷菜单的应用非常广泛,它给软件的使用带来很多方便。右击对象时所弹出的菜单就是快捷菜单,这种菜单可以快速展示对象可用的所有功能。

Visual FoxPro 支持创建快捷菜单,并将这些菜单添加到对象中。与下拉菜单相比,快捷菜单没有条形菜单,只有弹出式菜单。例如,可创建包含"剪切"、"复制"和"粘贴"命令的快捷方式菜单,使得当用户在文本框控件内所包含的数据上右击时出现快捷菜单,从而实现快速操作。

创建快捷菜单的方法和创建普通菜单的方法基本是一样的,区别是快捷菜单需要被对象调用。

设计快捷菜单的方法与步骤如下:

① 选择"文件"菜单中的"新建"命令。

② 在"新建"对话框中选择"菜单"选项,并单击"新建文件"按钮。

③ 在"新建菜单"对话框中单击"快捷菜单"按钮,打开"快捷菜单设计器"窗口。

④ 用与设计下拉式菜单相似的方法,在"快捷菜单设计器"窗口中设计快捷菜单。

⑤ 在快捷菜单的"清理"代码中添加清理菜单命令,以便在执行菜单命令后能及时清除快捷菜单,释放其所占的内存空间。其命令格式为:

RELEASE POPUPS <快捷菜单名>[EXTENDED]

⑥ 保存快捷菜单文件,并生成菜单程序文件。

⑦ 在表单设计器环境下,选定需要建立快捷菜单的对象。

⑧ 在选定对象的 RightClick 事件代码中添加调用快捷菜单程序的命令:

DO <快捷菜单名.mpr>

【例 8-2】建立一个表单 Form1,向其中添加一个文本框控件,为该文本框控件建立快捷菜单 kjcd,菜单选项有:剪切、粘贴、放大、缩小。剪切、粘贴菜单项使用标准的 Visual FoxPro 系统菜单命令,选中"放大"或"缩小"时,将文本框中的字体放大或缩小。运行结果如图 8-10 所示。

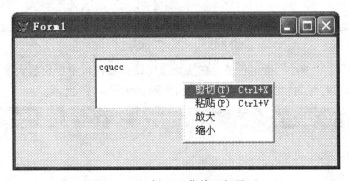

图 8-10 [例 8-2]菜单运行界面

操作步骤如下:

(1)打开快捷菜单设计器窗口。在 Visual FoxPro 系统主菜单下,从"文件"菜单中选择"新建"命令,弹出"新建"对话框后,选择"菜单"单选按钮,然后单击"新建文件"按钮,弹出"新建菜单"对话框。在"新建菜单"对话框中,单击"快捷菜单"按钮,进入"快捷菜单设计器"窗口。

（2）插入系统菜单栏。在快捷菜单设计器窗口中，单击"插入栏"按钮，进入"插入系统菜单栏"对话框，在"插入系统菜单栏"对话框中选择"粘贴"选项，并单击"插入"按钮，如图 8-11 所示。类似地插入"剪切"等选项，最后单击"关闭"按钮返回到快捷菜单设计器窗口，如图 8-12 所示。

图 8-11　插入系统菜单栏

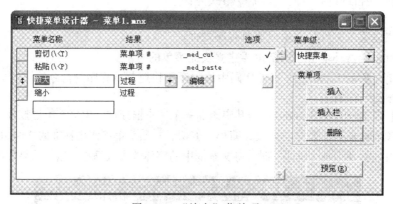

图 8-12　"放大"菜单项

（3）为"放大"、"缩小"指定任务。在快捷菜单设计器窗口中指定放大菜单项为"过程"，打开放大菜单项的过程编辑窗口，并书写相关的代码，如图 8-13 所示。

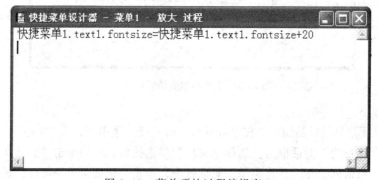

图 8-13　菜单项的过程编辑窗口

同理，指定缩小菜单项的任务为过程，并在其过程中书写字体的缩小代码如下：

快捷菜单 1.text1.fontsize=快捷菜单 1.text1.fontsize-20

注意：快捷菜单 1 为表单的名字。

（4）生成菜单程序。打开"菜单"菜单，选择"生成"命令，在保存文件时，将菜单文件主名设为"菜单 1"，于是菜单保存在菜单文件"菜单 1.mnx"和菜单备注文件"菜单 1.mnt"中。在"生成菜单"对话框中单击"生成"按钮，就会生成菜单程序菜单 1.mpr。

（5）编写调用程序。新建表单"快捷菜单 1"，并在此表单中添加一个文本框控件 text1，当在文本框中右键单击时，便调用刚才生成的快捷菜单"菜单 1.mpr"。

在表单的代码窗体中，对象选择 text1，过程选择 rightclick，编写执行表单的代码如下：

do 菜单 1.mpr

调用菜单的过程代码窗口如图 8–14 所示。

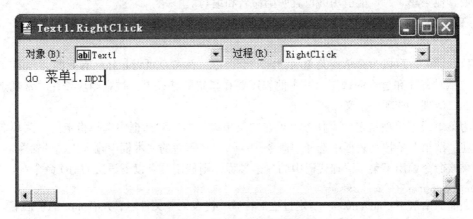

图 8–14　调用菜单的过程代码

8.3　为菜单系统指定任务

在创建菜单系统时，需要考虑系统访问的简便性，也必须为系统指定任务，如显示表单、工具栏以及其他的菜单系统。应该定义可以访问菜单系统的访问键和添加键盘的快捷键，并且控制菜单何时可用。

1. 指定访问键

设计良好的菜单都具有访问键，从而通过键盘可以快速地访问菜单的功能。在菜单标题或菜单项中，访问键用带有下画线的字母表示。例如，Visual FoxPro 的"文件"菜单使用"F"作为访问键。如果没有为某个菜单标题或菜单项指定访问键，则 Visual FoxPro 自动指定第一个字母作为访问键。例如，"工资信息输入"菜单中的"G"即可以作为访问键。

若要为菜单或菜单项指定访问键，可以在访问键的字母左侧输入"\<"。例如，要在"工资信息输入"菜单标题中设置 R 作为访问键，可在"菜单名称"栏中将"工资信息输入"替换为"工资信息输入（\<R）"。

注意：如果菜单系统的某个访问键不起作用，则可查看是否有重复的访问键。

2．指定键盘快捷键

与使用访问键一样，使用键盘快捷键是当按下某个键的同时再按另一个键而选择菜单或菜单项，它可以在不显示菜单的情况下选择此菜单中的一个菜单项。

Visual FoxPro 菜单项的快捷键一般用【Ctrl】或【Alt】键与另一个键配合使用。例如，按组合键【Ctrl+O】可在 Visual FoxPro 中打开文件。

8.3.1　为菜单或菜单项指定任务

选择一个菜单或菜单项，将执行相应的任务，如显示表单、工具栏或另一个菜单系统等。要执行任务，菜单或菜单项就必须执行一个 Visual FoxPro 命令，此命令可以是一条语句，也可以是一个过程调用。

如果预计在若干个地方都会使用同样一组命令，则应编写一个过程，该过程必须在菜单清理代码或其他菜单、对象能引用的位置明确命名和编写。

8.3.2　使用命令完成任务

要执行任务，可以为菜单或菜单项指定一个命令，此命令可以是任何有效的 Visual FoxPro 命令，包括对程序和过程的调用，其中的程序要在指定的路径上，过程则应该在"常规选项"对话框的"清理"选项中定义。

要为菜单或菜单项指定命令任务，可在"菜单设计器"对话框中选择指定的"菜单名称"栏，并在"结果"下拉列表框中选择"命令"，然后在其后的文本框中输入正确的命令。

如果该命令调用了菜单清理代码中的一个过程，则使用具有以下语法的 DO 命令：

```
DO procname IN menuname
```

在上面的语法中，menuname 指定过程的位置，代表菜单文件名，并有.mpr 的扩展名。如果 menuname 没有指定菜单的位置，而在该菜单的清理代码中有该过程的定义，则必须使用 SET PROCEDURE 命令指定此过程的位置。

8.3.3　使用过程完成任务

可以为菜单或菜单项指定一个过程，这取决于菜单或菜单项是否有子菜单。

若要为不含有子菜单的菜单或菜单项指定过程，其步骤如下：

① 在"菜单名称"栏中，选择相应的菜单标题或菜单项。

② 在"结果"下拉列表框中选择"过程"，其"创建"按钮出现在列表的右侧，如果已经定义了一个过程，则这里出现的是"编辑"按钮。

③ 单击"创建"或"编辑"按钮，此时系统会弹出一个窗口，用于编辑过程代码。

> **注意**：由于 Visual FoxPro 会自动生成 PROCEDURE 这一行代码，因而不必在过程编辑窗口中输入此命令，只有在清理代码中才需要 PROCEDURE 命令。

若要为含有子菜单的菜单或菜单项指定过程，其步骤如下：

① 在"菜单级"下拉列表框中，选择包含相应菜单或菜单项的菜单级。

② 选择"显示"→"菜单选项"命令，此时会弹出如图 8-15 所示的"菜单选项"对话框。

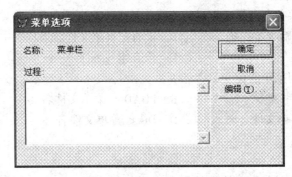

图 8-15 "菜单选项"对话框

③ 在"过程"编辑框中编写或调用过程，或者单击"编辑"按钮打开独立的编辑窗口编写或调用过程。

小 结

本章介绍了菜单的基本概念以及菜单的创建和设计过程。

在菜单的基本概念中，主要包括菜单概述、一般菜单的设计原则和步骤等，在为一个系统设计菜单前，首先要根据一定的原则和步骤对菜单进行设计，然后便进入菜单的具体实现环节。在菜单的设计中，主要介绍了下拉式菜单的创建和使用过程以及快捷菜单的创建和使用过程，并重点介绍了如何为菜单系统指定任务以完成菜单所规定的任务。

本章的重点是下拉式菜单和快捷菜单的创建和使用过程，难点是如何为菜单系统指定任务。

习 题

一、思考题

1. 如何为表单项指定一项任务？
2. 如何将所设计的菜单附加在指定的表单上？
3. 如何将所设计的快捷菜单附加在指定的控件上？
4. 建立一个表单，并将事先设计好的相应的程序、表单、报表、查询等挂在该菜单上，然后生成.mpr 文件。

二、选择题

1. 使用菜单设计器窗口时，在"结果"组合框选项中，如果定义一个过程，应选择（   ）。

    A. 命令   B. 过程

    C. 子菜单   D. 填充名称

2. 为一个表单建立了快捷菜单，要打开这个菜单应当（   ）。

    A. 用热键   B. 用事件

    C. 用快捷键   D. 用菜单

3. 将一个预览成功的菜单存盘后，再运行该菜单时却不能执行，原因是（　　　　）。

    A. 使用调用菜单的命令不正确　　　　B. 没有把菜单文件放入项目中

    C. 没有生成菜单文件　　　　　　　　D. 没有编写程序

4. 在命令文件中，调用菜单的命令（　　　　）。

    A. CALL < 菜单文件名 >　　　　　　B. LOAD < 菜单文件名 >

    C. PROCEDURE<菜单文件名>　　　　D. DO < 菜单文件名 >

三、填空题

1. 用菜单设计器设计的菜单文件的扩展名为＿＿＿＿＿＿＿，生成的菜单程序文件的扩展名为＿＿＿＿＿＿。

2. 下拉菜单一般包括条形菜单和一组弹出式菜单，其中，条形菜单称为＿＿＿＿＿＿，弹出式菜单称为＿＿＿＿＿＿。

3. 在运行了一个用户定义的菜单程序后，如果要从菜单退出回到系统菜单下，可在 Visual FoxPro 命令窗口中输入的命令是＿＿＿＿＿＿。

第9章

报表与标签

报表的作用是把系统中检索的结果或操作的过程在打印机上打印输出。报表文件的扩展名是.frx 文件。每个报表文件还有与报表文件同名的报表备注文件，其扩展名为.frt。采用 Visual FoxPro 提供的报表和标签，能够方便地实现对表中的数据和查询结果进行显示或打印。

9.1 报表的创建

在创建报表前应确定所需报表的常规布局，常用的报表布局有：列报表、行报表、一对多报表、多栏报表和标签，其中列报表中每行输出一个记录,记录字段的值在页面上按水平方向放置，常用于分组/总汇报表、财政报表等。行报表中每条记录的输出字段在页面上按垂直方向分布,例如列表。一对多报表则输出父表中的一条记录，以及与其对应的子表中的多条记录，例如发票等。多栏报表里，表中每条记录的输出字段在同一个页面上分多栏、按垂直方向分布。例如名片、电话号码簿等。

Visual FoxPro 提供了 3 种创建报表的方法：使用报表向导创建报表、使用报表设计器创建自定义的报表以及使用快捷报表创建简单规范的报表。下面将分别介绍这 3 种报表的创建方法。

9.1.1 使用报表向导创建报表

报表向导是创建报表的最简单的方法，可引导完成报表的设计。利用报表向导创建单一报表的操作共分 6 步：选择字段、分组记录、选择报表样式、定义报表布局、排序记录、定义报表标题并完成。在设计一个报表时，首先要启动报表向导，启动报表向导有下面几种方法：

① 选择项目管理器→"文档"→"报表"→"新建"→"新建报表"对话框→"报表向导"按钮。

② 选择"文件"→"新建"→"新建报表"，单击"报表向导"按钮。

③ 选择"工具"→"向导"→"报表"命令。

④ 单击工具栏上的"报表"按钮。

无论用上述哪种方法启动报表向导，都会弹出如图 9-1 所示的"向导选取"对话框,然后将进入报表设计。

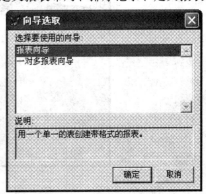

图 9-1 向导选取

利用报表向导创建报表的具体过程如下：

① 启动报表向导，进行报表向导选取。

② 进入"报表向导"字段选取，如图 9-2 所示，单击"数据库和表"下拉列表框，从中选取数据库，然后选择表。在"可用字段"中，将表的全部或部分字段，通过移动按钮，移到"选定字段"列表框中。

图 9-2　选取

③ 对记录进行分组。单击"下一步"按钮，系统进入"报表向导"的分组记录选取，确定记录的分组方式，此处选择按照班级分组，如图 9-3 所示。

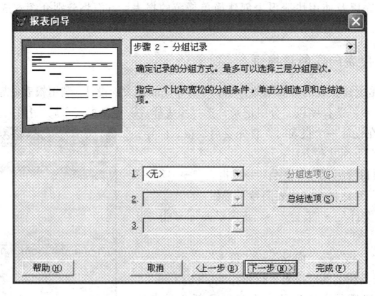

图 9-3　分组记录

④ 选择报表样式。单击"下一步"按钮，系统进入"报表向导"的样式选取对话框，选择样式，如图 9-4 所示。

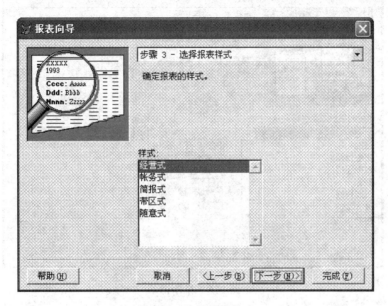

图 9-4 选择报表样式

⑤ 定义报表布局。单击"下一步"按钮，系统进入"报表向导"的定义报表布局对话框，如图 9-5 所示。在"字段布局"中单击"列"或"行"，则相应的报表为列报表或行报表。

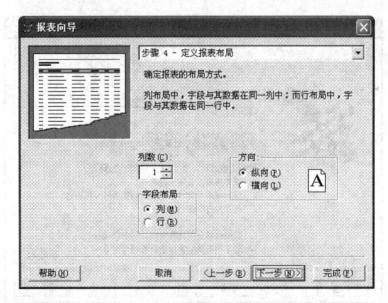

图 9-5 定义报表布局

⑥ 排序记录。单击"下一步"按钮，系统进入"报表向导"的排序记录对话框。在"可用的字段或索引标识"列表框中，选择排序字段，然后单击"添加"按钮，将其转移到"选定字段"列表框中，如图 9-6 所示。

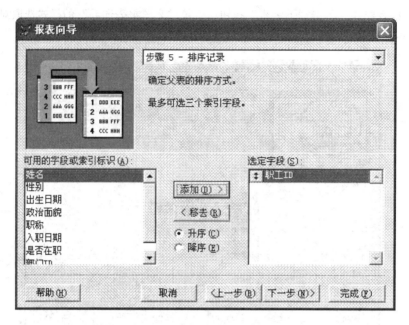

图 9-6　排序记录

⑦ 输入报表标题和确定保存方式。单击"下一步"按钮，系统进入"报表向导"的完成阶段，如图 9-7 所示。在"报表标题"文本框中，自动显示报表标题，用户可修改此标题为自己适合的标题。

图 9-7　完成报表

单击"完成"按钮保存报表，如图 9-8 所示。

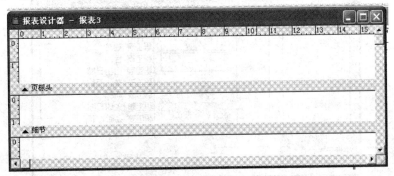

表格内容:

职工id 是否在职	姓名 备注	性别	出生日期	政治面貌 部门id	职称	入职日期
01G00001 Y	李永	Y	05/08/66	党员 D02	教授	02/23/01
01G00002 Y	叶琪	N	08/08/76	党员 D03	讲师	02/23/01
02G00001 Y	周木	Y	02/01/71	群众 D06	副教授	01/01/02
02G00002 Y	蔡洁	N	09/10/65	党员 D07	教授	10/02/02
02G00004 Y	张琪	N	02/26/65	群众 D07	讲师	07/18/82
03G00001 Y	叶诗	N	05/06/78	党员 D04	讲师	03/01/03
03G00002 N	李诗歌	N	05/28/76	党员 D06	讲师	07/06/03
04G00001	陆杰	Y	01/01/81	群众	助教	02/23/04

图 9-8 报表预览

9.1.2 用快速报表创建报表

"快速报表"是系统提供的自动建立一个简单报表布局的快速工具。用户可以使用系统提供的"快速报表"功能，来初步创建一个简单的报表，如不满意，再利用"报表设计器"对该报表进行调整。快速创建报表时，必须在报表设计器打开时才可以创建报表。

首先打开报表设计器，然后在"报表"菜单中选择"快速报表"，在创建报表之前没有打开任何数据库或数据表，会弹出"打开"对话框用于选择创建报表的数据。如果在创建报表之前有数据库或数据表打开，则直接弹出"快速报表"对话框。创建快速报表可以按照以下步骤进行：

① 进入报表设计器。选择菜单栏中的"文件"→"新建"→"报表"，单击"新建文件"按钮后，出现"报表设计器"窗口，如图 9-9 所示。

图 9-9 报表设计器

② 设置数据源。设置数据源的途径有两条，在报表设计器中右击，在弹出的快捷菜单中选择"数据环境"命令，如图 9-10 所示，然后在数据环境中添加数据源，或事先打开一个表。如果没有设置数据源，直接进行第 3 步的操作，则会弹出打开表的对话框让用户选择要使用的表。

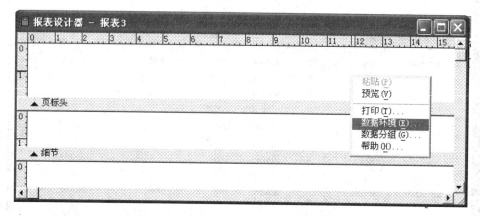

图 9-10 数据环境设置

③ 启动快速报表。在报表设计器窗口中，选择"报表"菜单中的"快速报表"命令，弹出"快速报表"对话框，如图 9-11 所示。

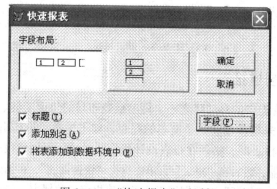

图 9-11 "快速报表"对话框

④ 单击"字段"按钮，弹出"字段选择器"对话框，选择需要在报表中显示的字段，如图 9-12 所示。

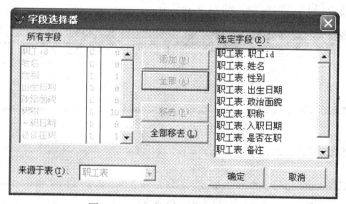

图 9-12 "字段选择器"对话框

最后单击"确定"按钮，生成快速报表格式，如图 9-13 所示。

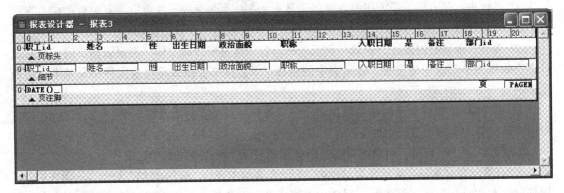

图 9-13 快速报表

9.2 报表的设计

报表包括两个基本部分：数据源和布局。数据源是报表和标签的数据来源，可以是数据库中的表或自由表，也可以是查询、视图或临时表；报表文件只存储报表数据源的位置、报表需要输出的内容和页面布局等说明，并不保存数据源中的数据值。因此，当数据源中的数据变动后，运行报表文件得到的报表内容将随之相应改变。报表布局则用于指定报表和标签中各输出内容的位置和格式。

9.2.1 报表设计器窗口

"报表设计器"将创建一个新的空白报表，如图 9-14 所示，可以向空白报表中添加控件并定制报表。报表设计器可以创建比报表向导、快速报表创建的报表更灵活多样、更复杂的报表，还可以将已由报表向导、快速报表创建的报表进行修改。

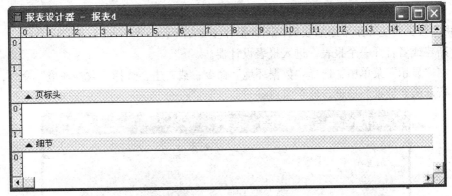

图 9-14 "报表设计器"窗口

报表中的每个白色区域，称为"带区"，它可以包含文本、来自表字段中的数据、计算值、用户自定义函数以及图片、线条和框等；并可以在带区中插入各种报表控件。"报表设计器"由若干个带区组成，用户可以在各个带区中建立各种报表数据，而各个带区中的数据打印方法是不同的，用户应该根据自己的需要确定需要哪些带区，在各个带区中建立哪些数据。

默认情况下，"报表设计器"显示 3 个带区：页标头、细节和页注脚。

① 页标头：在页标头带区中的数据将会显示在每一页报表的开头处，而且包含的信息在每页中只出现一次，每页打印一次，一般打印报表名及字段名，位置在标题后，页初。

② 细节：报表的内容区，一般存放记录的内容，也是报表的主体。当报表输出时，报表设计器会根据细节带区中的设置，显示表中的全部记录。这部分格式是报表文件中最基本也是最重要的。

③ 页注脚：在页注脚带区中的数据将会显示在每一页报表的最底端，而且每页只显示一次。可以在该区打印页码、节、小计等。

除了默认的 3 个带区，用户可以根据需要添加带区，可以使用的带区有：

① 标题和总结带区：从系统菜单中的"报表"菜单中选择"标题/总结"命令，分别选中"标题带区"和"总结带区"复选框，则会在报表的最上方和最下方添加相应带区。在这两个带区中的数据只会分别出现在第一页报表的最顶端和最后一页报表的最底端。标题带区中一般放置报表的题目，而将整份报表的统计信息放置在总结带区中。如果选定"新页"复选框，则标题或总结会被单独打印一页。

② 组标头和组脚注带区：从"报表"菜单中选择"数据分组"，报表设计器中会出现组标头和组脚注带区。每组一次，在组标头带区中的数据会出现在每一个分组的开始处，一般是这个分组的标题；在组脚注带区中的数据会出现在每个分组的结束处，一般是这个分组的小计信息。组标头和组脚注带区总是成对出现在报表中。

③ 列标头和列脚注带区：从"文件"菜单中选择"页面设置"，设置"列数"大于 1，就会在报表设计器中出现列标头和列脚注带区。每列一次，分别在每列的开始与结尾部分打印一次。

9.2.2 报表的数据源

报表文件按数据源中记录出现的顺序处理记录，如果直接使用表内的数据，数据就不会在布局内正确地按组排序。因此，在打印一个报表文件之前，应确认数据源中已对数据进行了正确排序。

利用"数据环境"菜单添加表或视图的操作步骤如下：

① 新建或者打开一个报表，进入报表设计器。

② 在"显示"菜单中，选择"数据环境"命令；或右击，选择"数据环境"命令，弹出如图 9-15 所示的"数据环境设计器"窗口。

图 9-15　报表的数据环境设计器

③ 在"数据环境设计器"窗口中右击,在弹出的快捷菜单中选择"添加"命令(见图 9-16),弹出"添加表或视图"对话框。

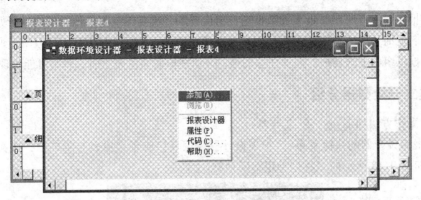

图 9-16 在数据环境设计器中添加表

④ 在"添加表或视图"对话框中,选择需要加入的表,单击"添加"按钮,单击"关闭"按钮,此时需要显示的表已经添加到数据环境设计器中。

9.2.3 报表控件的使用

"报表控件"工具栏(见图 9-17)中的控件可以添加到报表布局中,用来显示及设计报表中的内容。添加控件的方法是单击需要的控件控钮,把鼠标指针移到报表上,然后单击报表来放置控件或把控件拖动到适当大小。

图 9-17 报表控件工具栏

1. 标签控件 A

标签控件用于保存不希望改动的文本。在标签控件所在位置处可以输入文字。可以为选定的对象设定字体字号,操作方法是先选定对象,后选择"格式"菜单中的"字体"命令,通过"字体"对话框进行字体字号设定。

2. 线条、矩形和圆角矩形 ┼ □ ○

线条控件:设计时用于画各种线条样式。矩形控件:用于画矩形。圆角矩形控件:用于画椭圆和圆角矩形。如果要设定线条粗细,可以先选定对象,后选择"格式"。

3. 域控件 abl

域控件用于显示表字段、内存变量或其他表达式的内容。双击域控件,打开"报表表达式"对话框,可以通过"报表表达式"对话框定义报表中字段控件的内容。

4. 选定对象控件

移动或更改控件的大小。在创建了一个控件后,会自动选定"选定对象"按钮,除非选择"按钮锁定"按钮。

5. 图片/Activex 绑定控件

用于显示图片或通用数据字段的内容。双击图片/ActiveX 绑定控件,打开"报表图片"对话框,可以通过"报表图片"对话框绑定图片/ActiveX。

9.3 数据分组和多栏报表

在设计报表时，有时所要报表的数据是成组出现的，需要以组为单位对报表进行处理。例如阅读学生花名册时，为了方便，需要按所在性别或籍贯进行分组。利用分组可以明显地分隔每组记录，使数据以组的形式显示。需要注意的是，分组字段必须事先索引，否则可能出现错误。

9.3.1 建立一级数据分组

分组的操作方法如下：

① 从报表设计器的快捷菜单、"报表设计器"工具栏或者"报表"菜单中，选择"数据分组"，弹出如图 9-18 所示的"数据分组"对话框。

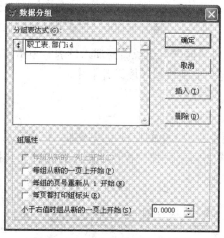

图 9-18   "数据分组"对话框

② 在第一个"分组表达式"文本框内输入分组表达式，或者单击"分组表达式"后面的按钮，在弹出的"表达式生成器"对话框中创建表达式，如图 9-19 所示。

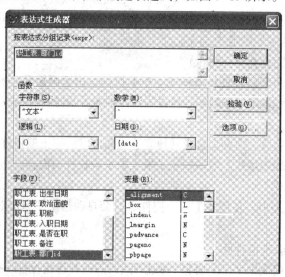

图 9-19   "表达式生成器"对话框

③ 在"组属性"区域选定属性。

④ 单击"确定"按钮，完成数据分组。组的分隔是根据分组表达式进行的，这个表达式通常由一个以上的表字段生成，有时也可以相当复杂。分组之后，报表布局就有了组标头和组注脚带区，可以向其中添加控件。组标头带区中一般都包含组所用字段的"域控件"，可以添加线条、矩形、圆角矩形，也可以添加希望出现在组内第一条记录之前的任何标签。组注脚通常包含组总计和其他组总结性信息。报表格式如图 9-20 所示。

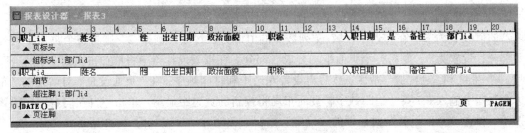

图 9-20 数据分组后的报表

9.3.2 建立多级数据分组

VFP 中在报表内最多可以有 20 级数据分组，在设计多级分组报表时，须注意分组的级与多重索引的关系。在单个数据分组创建的基础上，单击"插入"按钮，生成第二个分组的文本框，再进行下一步设置，完成第二个分组的创建，再依此类推，如图 9-21 所示。

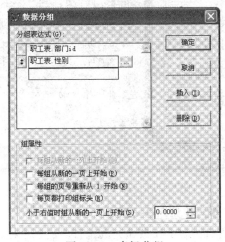

图 9-21 多级分组

多级分组后的报表如图 9-22 所示。

图 9-22 多级分组后的报表

9.3.3　多栏报表设计

多栏报表是一种分为多个栏目打印输出的报表。如果打印的内容较少，横向只占用部分页面，则可以设计成多栏报表。设计多栏报表的步骤如下：

① 生成空白报表：选择"文件"→"新建"命令，或者在"常用"工具栏上单击"新建"按钮，选择"报表"类型，单击"新建文件"按钮，生成一个空白报表，在"报表设计器"中打开。

② 页面设置：从"文件"菜单中选择"页面设置"，在"页面设置"对话框中把"列数"微调器的值设置为 2。在"列"区域，"列数"的值即为栏目数，例如 2，则将整个页面平均分成两部分；设置为 3，则将整个页面平均分成 3 部分。在报表设计器中将添加占页面 1/2 的一对"列表头"带区和"列注脚"带区。然后再设置左边距和打印顺序，在"页面设置"对话框的"左页边距"框中输入 0.7 英寸边距数字，页面布局将按新的页边距显示。单击"自左向右"打印顺序按钮，单击"页面设置"对话框的"确定"按钮，关闭对话框，如图 9-23 所示。

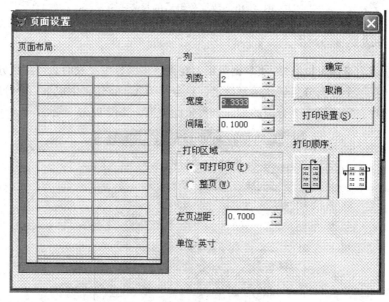

图 9-23　多栏报表页面设置

在打印报表时，对于多栏报表（见图 9-24）而言，"自上而下"的打印顺序只能靠左边距打印　栏目，页面上其他栏目空白。为了在页面上真正打印出多个栏目，需要把打印顺序设置为"自左向右"打印。

③ 设置数据源：在"报表设计器"工具栏上单击"数据环境"按钮，打开"数据环境设计器"窗口。右击鼠标，在弹出的快捷菜单中选择"添加"命令，添加表工资.dbf 和职工.dbf 作为数据源。

④ 添加控件：在"数据环境设计器"中分别选择姓名、基本工资、年终奖金 3 个字段，并将其拖曳到报表设计器的"细节"带区，自动生成字段域控件。注意不要超过带区宽度。

⑤ 预览效果：单击"常用"工具栏上的"打印预览"按钮，观察预览效果，如图 9-25 所示。

⑥ 保存：单击"常用"工具栏上的"保存"按钮，保存为多栏报表文件。

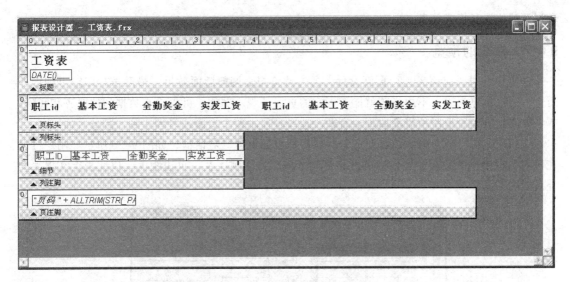

图 9-24 多栏报表

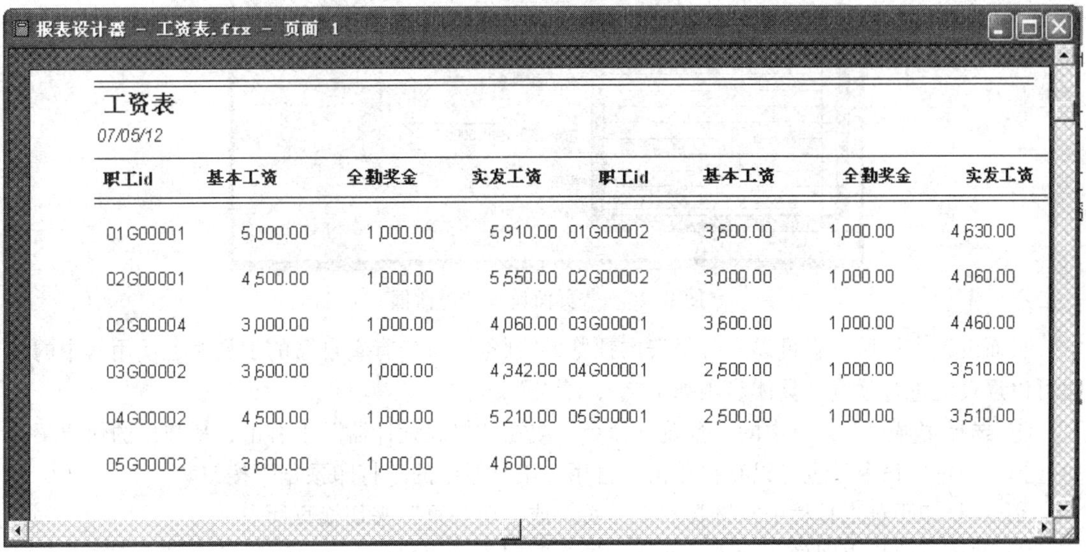

图 9-25 预览效果图

9.4 报表的预览与打印

报表制作完成，就可保存报表并打印。一般在打印之前，为了确保报表满足用户要求和表报的正确性，首先要预览报表内容。

9.4.1 报表的保存

报表制作完成后需要保存，保存的方法为：选择"文件"→"保存"命令，弹出"另存为"对话框，在"保存报表为"文本框中输入报表名称，单击"保存"按钮。保存完毕后，形成扩展名为.frx 的报表文件，该文件存储报表设计的详细说明，但不存储每个数据字段的值，只存储数据源的位置和格式信息。

9.4.2　报表的预览

输出报表时，应该先进行页面设置，通过预览报表调整版面效果，最后再打印输出到纸介质上。通过预览报表，不用打印就能看到它的页面外观。例如，可以检查数据列的对齐和间隔，或者查看报表是否返回所需的数据。有两个选择：显示整个页面或者缩小到一部分页面。

选择"文件"→"页面设置"命令，弹出"页面设置"对话框，如图 9-26 所示。用户可以在该对话框中设置打印的列数、宽度、打印区域、打印顺序及左页边距等，以此来定义报表的外观。

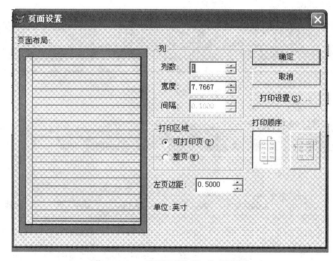

图 9-26　"页面设置"对话框

页面设置完毕后，就可以进行报表的预览，"预览"窗口有它自己的工具栏，使用其中的按钮可以逐页地进行预览。具体步骤如下：

① 选择"显示"菜单中的"预览"命令，或在"报表设计器"中右击，从弹出的快捷菜单中选择"预览"命令，也可以直接单击"常用"工具栏中的"打印预览"按钮。

② 在打印预览工具栏中，选择"上一页"或"前一页"来切换页面。

③ 若要更改报表图像的大小，选择"缩放"列表。

④ 若要打印报表，选择"打印报表"按钮。

⑤ 若要返回到设计状态，单击"关闭预览"按钮。

在打印或预览报表时也可以使用命令，命令的格式如下：

格式：REPORT FORM <报表文件名> [ENVIRONMENT] [PRIVEW] [TO PRINT] [PROMPT]

功能：预览或打印由报表文件名指定的报表。

说明：

① [ENVIRONMENT]：用于恢复存储在报表文件中的环境信息。

② [PRIVEW]：预览报表。

③ [TO PRINT]：打印报表，若选[PROMPT]在打印前打开设置打印机的对话框，用户可以进行相应的设置。

9.4.3　报表的打印

使用报表设计器创建的报表布局文件只是一个外壳，它把要打印的数据组织成令人满意的格式。如果使用预览报表，在屏幕上获得最终符合设计要求的页面后，就要打印出来。具体步骤如下：

① 选择"文件"菜单中的"打印"命令，或在报表设计器中右击，从弹出的快捷菜单中选择"打印"命令，也可以直接单击"常用"工具栏上的"运行"按钮，弹出"打印"对话框，如图 9-27 所示。

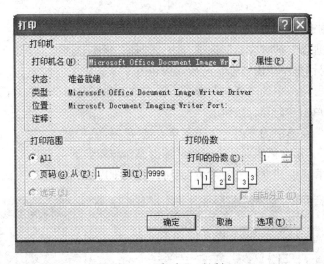

图 9-27　"打印"对话框

② 在"打印"对话框中，设置合适的打印机、打印范围、打印份数等项目，通过"属性"按钮设置打印纸张的尺寸、打印精度等。"打印属性"对话框如图 9-28 所示。

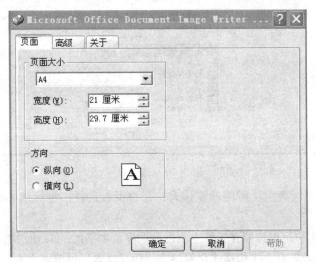

图 9-28　"打印属性"对话框

③ 单击"确定"按钮，Visual FoxPro 就会把报表发送到打印机上。

9.5 标签的设计

标签是一种特殊类型的报表，适合打印在特定的标签纸上。标签的建立与报表的建立方法类似,可以使用"标签向导"或"标签设计器"来建立标签文件。标签保存后系统会产生一个标签文件，其扩展名为.lbx。另外，系统还将自动生成一个与标签文件同名的标签备注文件，其扩展名为.lbt 。

9.5.1 标签向导

使用标签向导创建标签，首先要启动标签向导，启动的方法如下：

① 在"项目管理器"的"文档"选项卡中，选择"标签"选项，单击"新建"按钮，在弹出的"新建标签"对话框中单击"标签向导"按钮。

② 选择"文件"菜单中的"新建"命令，弹出"新建"对话框，在对话框的文件类型栏中选择"标签"，然后单击"向导"按钮。

③ 打开"工具"菜单中的"向导"子菜单，选择"标签"命令。

启动标签向导后，用"标签向导"创建标签的操作步骤如下：

① 选择表。选择需要建立标签的"表"，可以是数据库表、自由表，如图 9-29 所示。

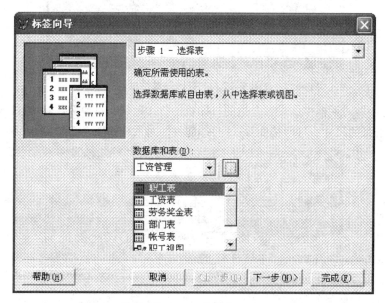

图 9-29 选择表

② 选择标签类型，确定所需的标签样式。用户可以选择一种标准标签类型，如图 9-30 所示。

③ 定义布局。用户可以按照在标签中出现的顺序添加字段,可以使用图 9-31 中所显示的空格、标点符号、换行符等命令按钮格式化标签并使用"文本"框输入文本。

④ 排序记录。单击"下一步"按钮，系统进入"排序记录"对话框，如图 9-32 所示。选择排序记录的方式（升序或降序），确定标签中记录的排序顺序，按选定字段的顺序对记录排序。

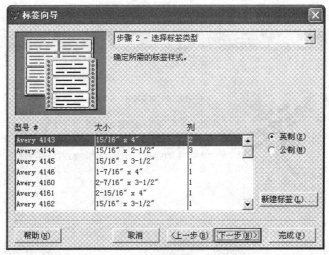

图 9-30　选择标签类型

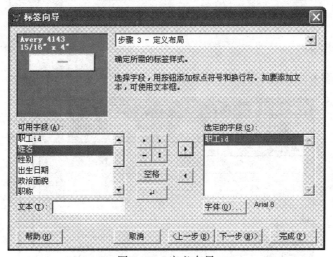

图 9-31　定义布局

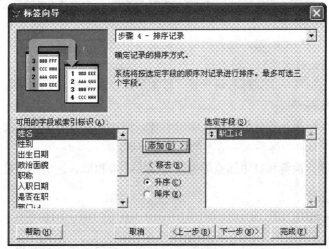

图 9-32　排序记录

⑤ 预览保存标签，如图 9-33 所示。

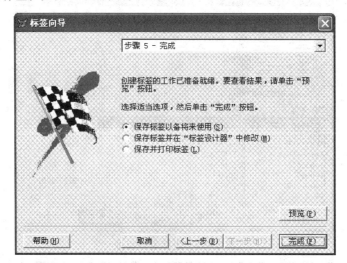

图 9-33 保存预览

9.5.2 标签设计器

标签设计器如图 9-34 所示。

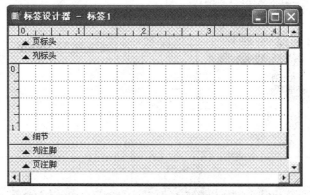

图 9-34 标签设计器

在标签设计器的空白处右击，在弹出的快捷菜单中选择"数据环境"命令，进入"数据环境设计器"窗口。指定数据源后，将数据表中所需字段拖至设计器"细节"带区中的合适位置。如果未打开数据库，则可单击鼠标右键选择"添加"命令，从弹出的"添加表或视图"对话框中加入所需的数据库表。

在各字段的"页标头"带区位置输入字段名称，通过鼠标拖动的方式改变字段的位置，并利用"报表控件"工具栏为标签加上适当的标题和图形。

编辑、修改标签，预览和打印标签的操作与报表非常相似，这里不再赘述，请参考报表设计器的相应内容。

9.5.3 标签的打印

标签设计完毕后，通过预览没有问题就可以打印，打印过程和报表的打印过程相同，这里不再赘述。

小　　结

本章主要介绍了 VFP 中报表和标签的操作，主要包括报表的创建方式、报表设计器的布局和报表控件的使用、报表数据的分组和多栏报表、报表的打印预览、标签设计器的使用和标签设计、标签打印预览等内容。学习本章内容之后，读者将能够掌握报表的使用方法，进行报表的设计。

习　　题

一、思考题

1. 在报表设计器中，各个不同的控件用于什么场合？
2. 创建报表的方法有哪些？
3. 报表设计器的各个带区各有什么作用？
4. 报表的数据源可以是哪些？

二、选择题

1. 报表的作用是（　　　）。
  A. 显示数据表中数据   B. 查询数据表中数据
  C. 打印出数据统计和分析结果   D. 建立一个临时表
2. 报表的数据源（　　　）。
  A. 只能是查询   B. 只能是视图
  C. 既能是表，也能是视图   D. 只能是表
3. 报表设计器中默认的带区有（　　　）个。
  A. 3   B. 5   C. 4   D. 6
4. 报表中排序字段最多可设（　　　）个。
  A. 5   B. 4   C. 3   D. 2
5. 在报表中，打印每条记录的带区为（　　　）。
  A. 标题   B. 页标头   C. 细节   D. 总结
6. 在 Visual FoxPro 报表设计中，不能插入的控件是（　　　）。
  A. 域控件   B. 线条   C. 文本框   D. 图片/OLE 绑定型

三、填空题

1. 报表主要包括两部分内容，数据源和_____。
2. 打印或预览报表的命令是_____。
3. 报表文件的扩展名是_____标签文件的扩展名是_____。
4. 要将表中数据显示到报表中，应使用_____控件。
5. 常用报表布局有_____、_____、_____、_____、_____。

第10章

应用程序的开发与发布

利用 Visual FoxPro，可以开发有数据库支持的应用程序，用户利用数据库存储必需的数据，利用应用程序对数据库中的数据进行操作。Visual FoxPro 中提供了应用程序的开发向导，并能够完成应用程序的发布。

10.1　应用程序的需求分析

所谓"需求分析"，是指对要解决的问题进行详细的分析，弄清楚问题的要求，包括需要输入什么数据，要得到什么结果，最后应输出什么。可以说，在软件工程中的"需求分析"就是确定要计算机"做什么"。

在使用 VFP 完成系统的时候，系统的需求分析主要包括系统的功能模块的划分和数据库的设计。功能模块划分确定整个系统的功能，数据库设计则根据实际的情况确定数据库的结构和完整性约束。

10.2　应用程序设计的基本过程

应用程序的开发一般总是遵循着一定的原则和步骤。需求分析完毕后，就可以根据需求分析的结果来进行系统的设计。

10.2.1　应用程序设计的基本步骤

在开发应用程序时，首先应进行系统环境规划，规划中要考虑的因素有：应用程序所面向的用户及其可能需要的各种操作、数据库规模、系统工作平台（单用户或是网络）、程序要处理的数据类型（是本地数据还是远程数据）等。规划完成之后，即可利用项目管理器来进行每一步开发，它可以帮助管理开发过程中的所有文件，并最终连编成应用程序。应用程序的开发步骤大致如下：

① 数据库结构设计；
② 系统功能模块设计；
③ 菜单设计；
④ 用户界面设计；
⑤ 查询设计；

⑥ 报表设计;

⑦ 系统维护设计;

⑧ 系统模块调试;

⑨ 用项目管理器连编成应用程序。

10.2.2 项目管理器组织

项目是文件、数据、文档及对象的集合。项目管理器是通过项目文件（*.pjx）对应用程序开发过程中所有文件、数据、文档、对象进行组织管理，它是整个 VFP 开发工具的控制中心；它可以建文件、修改文件、删除文件，可以对表等文件进行浏览；它可以轻松地向项目中添加、移出文件等。项目管理器最终可以对整个应用程序的所有各类文件及对象进行测试及统一连编形成应用程序文件（*.app）或可执行文件（*.exe）。

在项目管理器窗口中有 6 个选项卡，如图 10-1 所示。

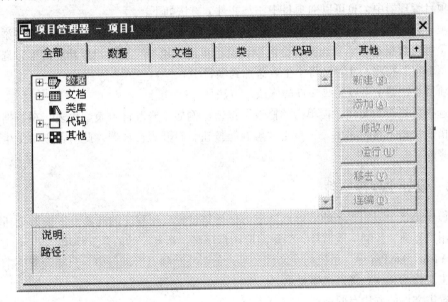

图 10-1　项目管理器

1．"全部"选项卡

该选项卡包含了其他 5 个选项卡的内容，集中显示该项目的所有文件。

2．"数据"选项卡

用于显示项目的所有数据，包括数据库、自由表、查询、视图。

3．"文档"选项卡

用于显示项目中处理的所有文档，包括表单、报表、标签。

4．"类选"项卡

用于显示项目中所有自定义类。

5．"代码"选项卡

用于显示项目使用的所有程序，包括程序文件（*.prg）、函数 API Libraries、应用程序文件（*.app）。

6. "其他"选项卡

用于显示项目中所用到的其他文件，包括菜单文件、文本文件、其他文件，如位图文件（*.bmp），图标文件（*.ico）等。

在完成一个系统的时候，可以首先创建一个项目，项目的创建方法：选择"文件"菜单中的"新建"命令，弹出"新建"对话框，在文件类型中选"项目"，然后选择新建文件，打开"创建"对话框，在对话框中输入项目名，如学生，然后单击"保存"按钮，此时建立一个"学生.pjx"项目文件，同时打开项目管理器且主菜单中显示项目菜单项。

项目创建完毕后，项目管理器自动打开，在项目管理器中可以创建文件，方法如下：

先选中文件的类型，然后单击"新建"按钮。例如，建立一个自由表，可在数据选项卡中选中自由表，然后单击"新建"按钮，弹出"新建表"对话框，选择新建表，打开"创建"对话框，然后在输入表名文本框中输入一个表名，如学生表，单击"保存"按钮，打开表设计器，此时就可以建表了。

在项目管理器中，也可以向项目中添加文件，方法如下：

在项目管理器中，先选择文件类型，然后单击"添加"按钮。例如，向项目中添加自由表学生表，可在数据选项卡中选择自由表项，然后单击"添加"按钮，打开对话框，选择学生表后单击"确定"按钮，此时已将学生表添加到项目中。

在项目管理器中可以完成文件的修改，方法如下：

先选中要修改的文件，再单击"修改"按钮。例如，修改自由表学生表，在数据选项卡中选择自由表项的下属项学生表，单击"修改"按钮，打开表设计器，此时可以对学生表的结构等进行修改。

10.2.3 设计主程序文件

主程序是整个应用程序的入口点，它的任务是设置应用程序的起始点、初始化环境、显示初始的用户界面、控制实践循环，当退出应用程序时，恢复原始的开发环境。

在 Visual FoxPro 中，系统的主文件是唯一的。一个项目管理器中，只能设置一个主文件，设置为主文件的文件名将以黑体显示。

设置主文件的方法有两种：

① 在项目管理器中选中主程序文件，从"项目"菜单或快捷菜单中选择"设置为主文件"选项。

② 在"项目信息"的"文件"选项卡中选中要设置的主程序文件后，右击，在弹出的快捷菜单中选择"设置为主文件"命令。

10.2.4 连编应用程序

连编应用程序的操作步骤如下：

① 在"项目管理器"中单击"连编"按钮，弹出如图 10-2 所示的对话框。

② 如果在"连遍选项"对话框中，选择"连编应用程序"单选按钮，将生成一个 APP 文件；若选择"连编可执行文件"单选按钮，则生成一个 .exe 文件。

③ 选择所需的其他选项，单击"确定"按钮。

连编项目获得成功后，可在"项目管理器"中选择主程序，然后选择"运行"，或使用命令：

DO〈主程序名〉运行该项目程序，最终连编成一个应用程序文件。

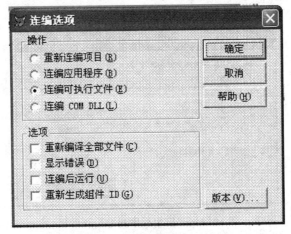

图 10-2　"连编选项"对话框

10.3　应用程序生成器

利用 VFP 的应用程序向导和应用程序生成器，可以帮助用户生成应用程序并发布。

10.3.1　应用程序向导

利用应用程序向导创建一个新项目有两种途径：

① 仅创建一个项目文件。

② 生成一个项目和一个 VFP 应用程序框架。

使用应用创建项目和应用程序框架启动"应用程序向导"的具体操作如下：

① 选择"文件"→"新建"命令，选择"项目"单选按钮，如图 10-3 所示。

图 10-3　新建项目

② 单击"向导"按钮，在弹出的"应用程序向导"对话框中选中"创建项目目录结构"复选框，如图 10-4 所示。

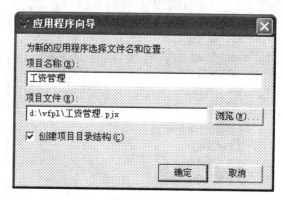

图 10-4　"应用程序向导"对话框

③ 在对话框的"项目名称"文本框中，输入新项目的名称。

④ 单击"应用程序向导"对话框中的"确定"按钮。

10.3.2　应用程序生成器的功能

应用程序生成器与应用程序框架结合在一起提供以下功能：

① 添加、编辑或删除与应用程序相关的组件。

② 设定表单和报表的外观样式。

③ 加入常用的应用程序元素。

④ 提供应用程序的作者和版本等信息。

应用程序生成器包括"常规"、"信息"、"数据"、"表单"、"报表"和"高级" 6 个选项卡，如图 10-5 所示。

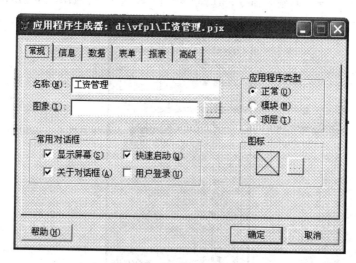

图 10-5　应用程序生成器

① "常规"选项卡：可使用此选项卡指定应用程序的名称和其他可选特性，包括启动画面、启动表单和应用程序的类型。

②　"信息"选项卡：使用此选项卡可指定应用程序的生产信息，包括作者、公司、版本、版权和商标。

③　"数据"选项卡：使用此选项卡可指定应用程序的数据源以及表单和报表的样式。表格显示了在应用程序中使用的表。

④　"表单"选项卡：使用此选项卡可指定菜单类型，启动表单的菜单、工具栏以及表单是否可有多个实例。

⑤　"报表"选项卡：可用此选项卡指定在应用程序中使用的报表。

⑥　"高级"选项卡：使用此选项卡指定帮助文件名和应用程序的默认目录，还可指定应用程序是否包含常用工具栏和"收藏夹"菜单。

10.3.3　应用程序向导和生成器的使用

使用应用程序向导和应用程序生成器创建并修改应用程序，步骤如下：

①　使用应用程序向导创建项目。

②　添加已创建的数据库。

③　创建表单和报表。

④　查看和修改表单和报表。

⑤　连编项目。

⑥　连编应用程序。

⑦　打包应用程序。

10.4　发布应用程序

应用程序的发布过程如下：

首先使用 Visual FoxPro 开发环境创建并调试应用程序。在可以发布应用程序之前，必须连编一个以 .app 为扩展名的应用程序文件，或者一个以 .exe 为扩展名的可执行文件。

其次创建发布目录，存放用户运行应用程序所需的全部文件。发布目录用来存放构成应用程序的所有项目文件的副本。发布目录树的结构也就是由"安装向导"创建的安装程序，将在用户机器上创建的文件结构。

把发布目录分成适合于应用程序的子目录。从应用程序项目中复制文件到该目录中。

可利用此目录模拟运行环境，测试应用程序。如果有必要，还可以暂时修改开发环境的一些默认设置，模拟目标用户机器的最小配置情况。当一切工作正常时，就可以使用"安装向导"创建磁盘映射，以便在发布应用程序副本时重建正确的环境。

然后使用"安装向导"创建发布磁盘和安装路径。若要创建发布磁盘，使用"安装向导"。"安装向导"压缩发布目录树中的文件，并把这些压缩过的文件复制到磁盘映射目录，每个磁盘放置在一个独立的子目录中。用"安装向导"创建应用程序磁盘映射之后，就把每个磁盘映射目录的内容复制到一张独立的磁盘上。

在发布软件包时，用户通过运行"磁盘 1"上的 Setup.exe 程序，便可安装应用程序的所有文件。

小　结

本章系统地介绍了应用程序的开发过程，包括系统的需求分析，应用程序的设计步骤，应用程序生成器的使用和最终应用程序的发布。通过学习本章，读者能够掌握应用程序的开发方法，能够在 VFP 中开发应用程序。

习　题

一、思考题

1. 应用程序建立的步骤。
2. 主程序有什么作用。

二、填空题

1. 在应用程序设计中，数据库结构设计是第_____个要进行的工作。在应用程序设计开始之前，要先进行_____。
2. 一个项目管理器中，可以设置_____个主文件，设置为主文件的文件名将以黑体显示。主文件的作用是_____。

第11章 Visual FoxPro 系统开发案例——工资管理系统

本章通过编写工资管理系统这样一个较完整的项目，介绍了如何使用 Visual FoxPro 编写一个应用程序，同时了解开发一个项目的基本过程。工资管理系统是一个比较典型的应用软件，限于篇幅，这里只列出了其中相对重要一些的功能和过程。

11.1 总体方案的设计

11.1.1 系统功能

工资管理是所有单位必需的，帮助实施工资管理的软件——工资管理系统的主要功能如下：

① 工资管理：对职工的工资进行管理，主要包括职工工资数据的输入、工资的计算以及根据一定的条件进行统计查询。其中统计查询功能应该实现：按职工号查询、按部门查询和按姓名查询等。工资计算可以对基本工资的各个条款进行汇总计算。工资记录包含如下字段：工资 id、职工 id、姓名、基本工资、全勤奖金、绩效奖金、过节费、年终奖金、应发工资、扣款以及实发工资等。

② 职工基本信息管理：对职工的基本情况信息进行管理，主要包括职工信息的添加、职工信息的删除、职工信息的修改以及按一定条件进行统计查询等。职工信息记录主要包含如下字段：职工 id、姓名、性别、出生日期、政治面貌、职称、入职日期、是否在职、备注以及部门 id 等。

③ 操作员管理：包括退出登录、密码修改、添加操作员以及删除操作员等。对操作员的密码进行管理。在操作员登录系统时，首先要核对操作员的职工 id；如果是本企业的职工，接着核对输入密码是否正确。对密码进行统一的管理，没有操作权限的职工不能进入本系统，从而保证了系统的安全。

④ 系统工具：可以查看系统日期时间等。

⑤ 帮助：提供帮助信息。

11.1.2 系统结构图

开发程序前，要先理清思路，有一个清晰明了的结构图，能大大提高开发程序的效率和质量。为了开发工资管理系统，需要设计若干表单、表、程序、报表和主菜单。由项目管理器进行统一管理，由主程序进入系统，由主程序调出用户登录界面。登录成功后调出应用系统的主菜单，由主菜单调出各个表单界面。整个系统的结构要紧凑、简洁；功能要明确、完整。

工资管理系统的总体功能流程如图 11-1 所示。

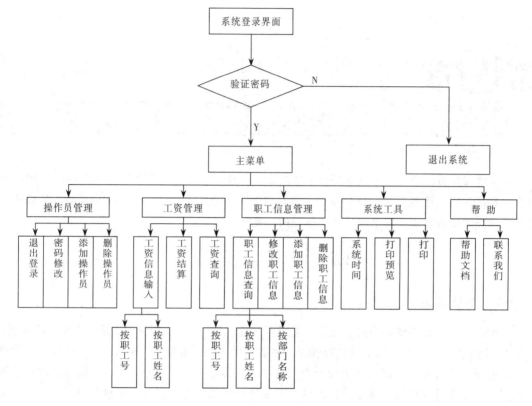

图 11-1　总体功能流程图

11.2　项目管理器

为了方便应用系统的开发和维护，设计应用系统时应首先在硬盘的合适位置建立一个目录，比如 D:\gzgl，然后建立项目管理器，项目管理器的名称为"工资管理系统"，并保存在 D:\gzgl 目录中。这样，一方面借助 Viusal FoxPro 十分友好的界面集成环境，方便地访问 Viusal FoxPro 提供的各种辅助设计工具，另一方面可以充分利用项目管理器对项目中的数据和对象进行集中管理，在开发应用程序时用它来组织所用到的各种文件（如数据库、表、表单、报表、菜单及应用程序等）。在一个项目文件中统一管理所用到的各种文件，并将其编译成一个可独立运行的.app 或.exe 文件。

通过这种方法，用户可以快速、方便地存取存放在项目文件中的任何对象。项目的扩展名是.pjx。建立项目管理器的步骤如下：

① 启动 Visual FoxPro，进入程序主界面。选择菜单栏中的"文件"→"新建"命令，在弹出的"新建"对话框中，选中"项目"单选按钮，如图 11-2 所示。

② 单击"新建文件"按钮，在弹出的"创建"对话框中设置一个文件名，单击"保存"按钮后即可弹出"项目管理器"对话框。这样一个新项目就在项目管理器中建立起来，如图 11-3 所示。

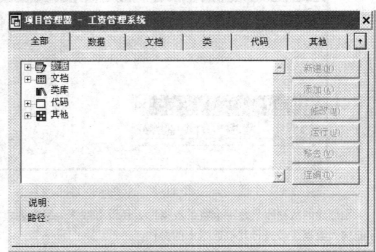

图 11-2　"新建"对话框　　　　　　　　　图 11-3　"项目管理器"对话框

11.3　数据库设计

项目管理器建立好之后，就可以建立工资管理系统所需要的数据库和数据表。

1．建立数据库

首先在项目管理器中建立数据库。建立数据库的步骤如下：

① 单击"数据"选项卡，选择"数据库"选项。单击"新建"按钮，弹出"新建数据库"对话框，如图 11-4 所示。

图 11-4　"新建数据库"对话框

② 单击"新建数据库"按钮，弹出"保存"对话框，保存数据库名为"工资管理.dbc"。保存后出现"数据库设计器"窗口，如图 11-5 所示。

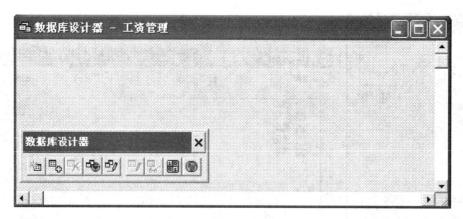

图 11-5 "数据库设计器"窗口

刚创建的数据库只是一个空的数据库,还没有数据。只有创建了数据表和其他数据对象后,才能输入数据或者进行其他数据库的操作。

2. 建立数据表

下面开始在数据库中建立数据表。首先建立基本工资表,建立的步骤如下:

① 右击"数据库设计器"窗口,在弹出的快捷菜单中选择"新建表"命令,弹出"新建表"对话框,如图 11-6 所示。

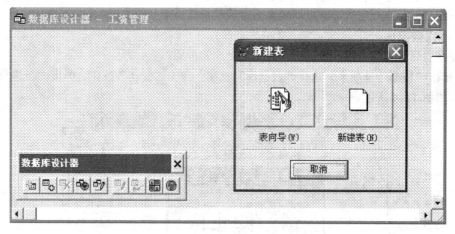

图 11-6 "新建表"对话框

② 在该对话框中,单击"新建表"按钮,在弹出的"保存"文件对话框中设置文件名为"基本工资.dbf"。单击"保存"按钮后即弹出"表设计器"对话框,如图 11-7 所示,在该对话框中设计表结构。

③ 设计表结构时,在"字段"选项卡中,输入字段名、类型、宽度、小数位数、索引和 NULL 值(该功能是在一个记录中使用空标记,此时,记录的默认值不起作用)。在"显示"区域设置字段的格式、输入掩码和标题。其他区域与之类似,如图 11-8 所示。

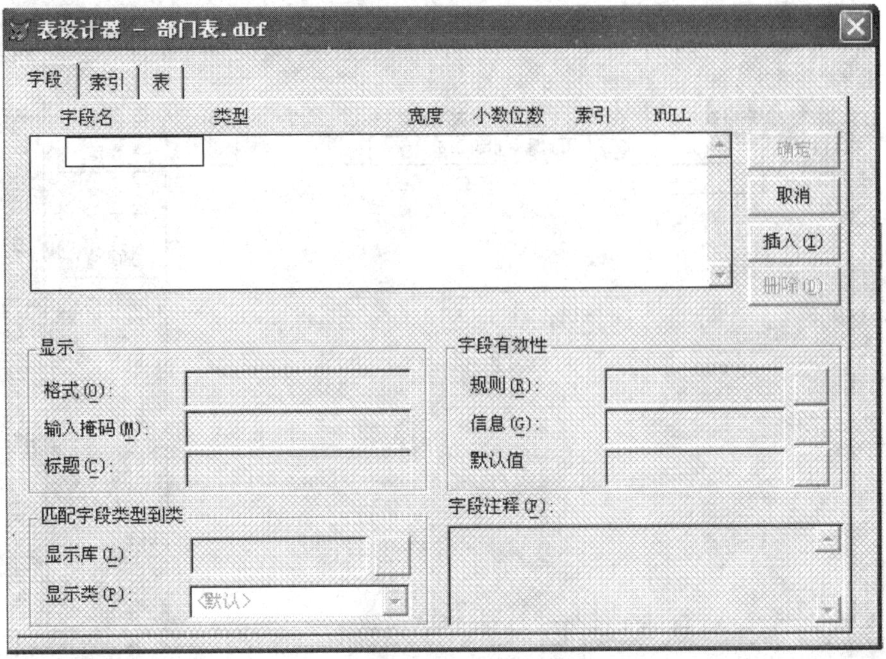

图 11-7　"表设计器"对话框-1

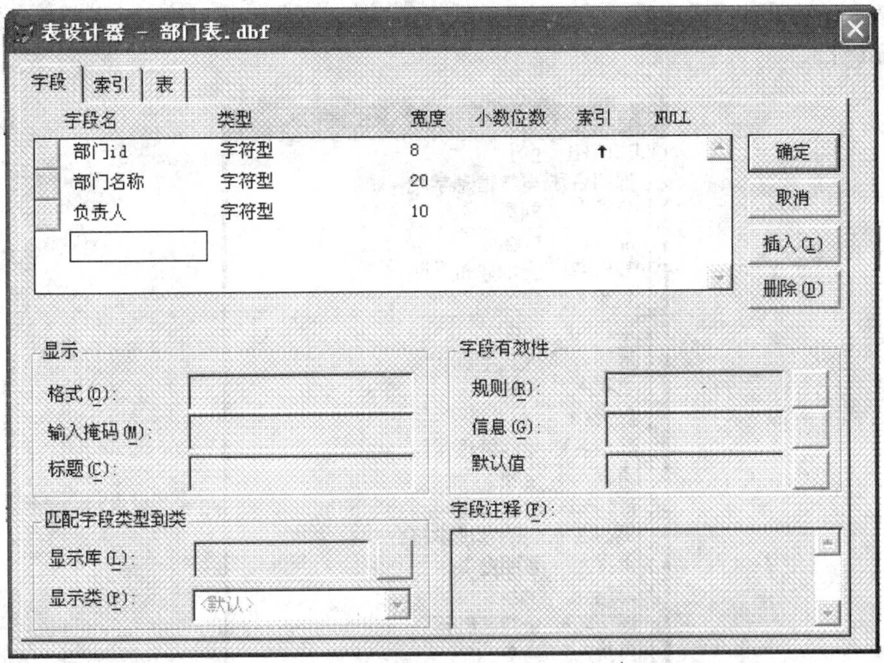

图 11-8　"表设计器"对话框-2

④ 设置"表设计器"的"索引"页，切换至"索引"选项卡，设置部门 id 号为"主索引"，如图 11-9 所示。"主索引"和"唯一索引"是有区别的，主索引键值在数据表中是唯一的且不允许为空，唯一索引键值也是唯一的但允许为空（如果需要，可以包含 null 值，请选取"允许 null 值"）。

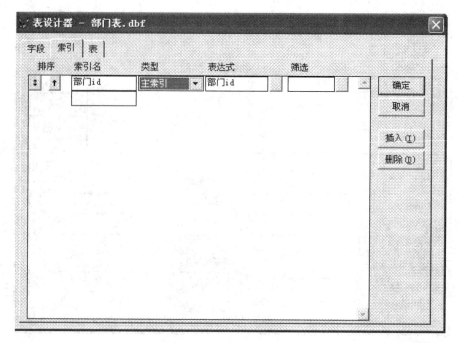

图 11-9　"表设计器"对话框-3

⑤ 表的结构设计完成之后，系统会提示是否立即输入数据，可以输入几条数据以供演示，如图 11-10 所示。

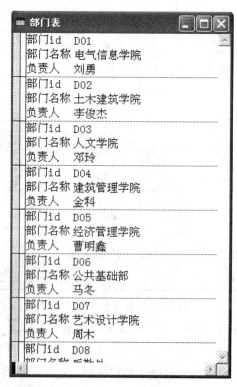

图 11-10　数据输入

现在就把部门表建好了。按照以上步骤，下面开始建立职工表、工资表和账号表。各表的结构分别如表 11-1、表 11-2、表 11-3 所示，表间的关联如图 11-11 所示。

表 11-1　职工表.dbf 的结构

字　段　名	类　型	宽　度	小 数 位 数	索 引 类 型
职工 id	字符型	8		主索引
姓名	字符型	10		
性别	逻辑型	1		
出生日期	日期型	8		
政治面貌	字符型	8		
职称	字符型	10		
入职日期	日期型	8		
是否在职	逻辑型	1		
备注	备注型	4		
部门 id	字符型	8		普通索引

表 11-2　工资表.dbf 的结构

字　段　名	类　型	宽　度	小 数 位 数	索 引 类 型
工资 id	字符型	5		主索引
职工 id	字符型	8		候选索引
基本工资	数值型	10	1	
全勤奖金	数值型	10	1	
绩效奖金	数值型	10	1	
过节费	数值型	10	1	
年终奖金	数值型	10	1	
应发工资	数值型	10	1	
扣款	数值型	10		
实发工资	数值型	10	1	

表 11-3　账号表.dbf 的结构

字　段　名	类　型	宽　度	小 数 位 数	索 引 类 型
账号 id	字符型	10		主索引
职工 id	字符型	8		候选索引
用户名	字符型	10		
密码	字符型	20		

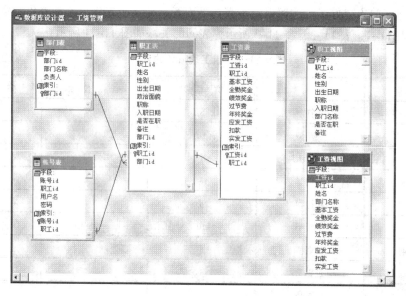

图 11–11   各表之间的关联关系

11.4   各功能模块的实现

11.4.1   主窗口模块的实现

主窗口模块的实现步骤如下：

① 表单文件名为"登录表单"。登录表单的作用是操作者只有输入了正确的姓名和密码才能登录进入工资管理系统。

② 建立用户界面，首先将"账号"表添加到数据环境。表单布局如图 11–12 所示。

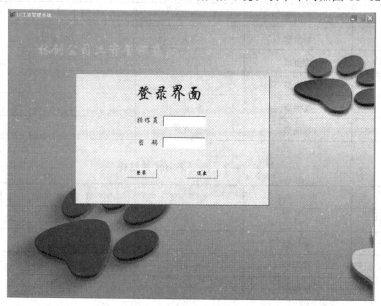

图 11–12   主窗口表单布局

③ 事件代码如下：

命令按钮"登录"（Command1）的 Click 事件代码：

```
select 账号表
username=alltrim(this.parent.text2.value)
pw=alltrim(thisform.container1.text1.value)
locate for username==alltrim(用户名)
if found() and pw==alltrim(密码)
   do menu\菜单.mpr with thisform,.t.
   thisform.container1.visible=.f.
   thisform.label1.caption="欢迎"+alltrim(thisform.container1.text2.value)+ "
   使用工资管理系统"
   thisform.label1.forecolor=rgb(255,128,64)
else
   messagebox("密码错误，请重新输入! ")
   thisform.container1.text1.value=""
   thisform.container1.text1.setfocus
endif
thisform.refresh
```

命令按钮"退出"（Command2）的 Click 事件代码：

```
secede=messagebox("您确定要退出工资管理系统吗? ",4+32+0,"工资管理系统")
if secede==6
   thisform.release
endif
clear events
```

11.4.2　密码修改模块的实现

密码修改模块的实现步骤如下：

① 表单文件名为"密码修改"。密码修改表单的作用是操作者可以将修改后的密码信息保存到账号表。

② 建立用户界面，首先将"账号"表添加到数据环境。表单布局如图 11-13 所示。

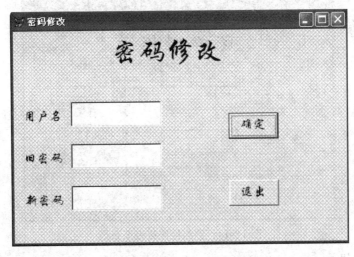

图 11-13　密码修改表单布局

③ 事件代码如下：

命令按钮"确定"（Command1）的 Click 事件代码：

```
select 账号表
locate for 用户名=thisform.text1.value
if found()
    if thisform.text2.value=密码
        if messagebox("此用户名存在，是否更改密码",1+32+256,"提示信息")=1
            replace 密码 with thisform.text3.value
            messagebox("密码更改成功!")
            thisform.release
        endif
    else
        messagebox("无此用户名存在，请重新输入!")
        thisform.text1.value=""
        thisform.text2.value=""
        hisform.text3.value=""
        thisform.text1.setfocus
    endif
endif
thisform.refresh
```

命令按钮"退出"（Command2）的 Click 事件代码：

```
thisform.release
```

11.4.3 添加操作员模块的实现

添加操作员模块的实现步骤如下：

① 表单文件名为"添加操作员"。添加操作员表单的作用是操作者可以往"账号"表里面添加新的操作员信息。

② 建立用户界面，首先将"账号"表和"职工"表添加到数据环境。表单布局如图 11-14 所示。

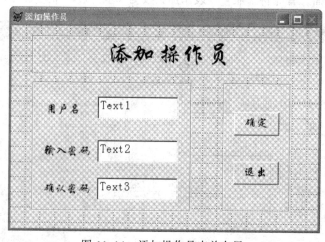

图 11-14　添加操作员表单布局

③ 事件代码如下：

命令按钮"确定"（Command1）的 Click 事件代码：

```
username=alltrim(thisform.text1.value)
select 职工表
locate for alltrim(姓名)==username
if found()
    eid=alltrim(职工表.职工id)
    pw=alltrim(thisform.text2.value)
    pw1=alltrim(thisform.text3.value)
    if pw==pw1
        select 账号表
        count to ct
        insert into 账号表 values(alltrim(str(ct+1)),eid,username,pw)
        if messagebox("添加操作员成功!需要继续添加吗?",4+64,"提示")==6
            thisform.setall("value","","TextBox")
            thisform.text1.setfocus
        else
            thisform.release
        endif
    else
        messagebox("密码与确认密码不一致!请重新确认密码。")
    endif
else
    if messagebox("添加操作员非法，公司无此职工。是否继续?",4+64,"提示")==6
        thisform.setall("value","","TextBox")
        thisform.text1.setfocus
    endif
endif
```

命令按钮"退出"（Command2）的 Click 事件代码：

```
thisform.release
```

11.4.4　删除操作员模块的实现

删除操作员模块的实现步骤如下：

① 表单文件名为"删除操作员"。删除操作员表单的作用是操作者可以删除离职的或者是更换部门的其他操作者的信息。

② 建立用户界面，首先将"账号"表和"职工"表添加到数据环境。表单布局如图 11-15 所示。

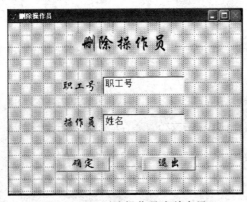

图 11-15　删除操作员表单布局

③ 事件代码如下：

命令按钮"确定"（Command1）的 Click 事件代码：

```
select 职工表
eid=alltrim(thisform.职工号.value)
locate for alltrim(职工 id)==eid
if found()
   thisform.姓名.value=姓名
   if messagebox("确实要删除此操作员记录吗?",1+64+256,"信息提示")==1
      select 账号表
      locate for alltrim(职工 id)==eid
      delete
      pack
      skip -1
      thisform.refresh
      thisform.setall("value","","TextBox")
      messagebox("删除成功！")
   endif
else
   messagebox("本公司没有该员工！","信息提示")
endif
```

命令按钮"退出"（Command2）的 Click 事件代码：

```
thisform.release
```

11.4.5　输入职工工资信息模块的实现

1. 按职工号输入职工工资信息表单设计

① 表单文件名为"按职工号输入工资信息"。按职工号输入工资信息表单的作用是操作者可以按职工号输入职工的工资信息，并将其保存到工资表。

② 建立用户界面，首先将"部门表"、"职工表"和"工资表"添加到数据环境。表单布局如图 11-16 所示。

图 11-16　添加操作员表单布局

③ 事件代码如下：

命令按钮"确定"（Command1）的 Click 事件代码：

```
eid=alltrim(thisform.text1.value)
select 职工表
locate for alltrim(职工表.职工id)==eid
if found()
    thisform.container1.visible=.t.
    thisform.text1.visible=.f.
    thisform.label2.visible=.t.
    thisform.label2.width=133
    thisform.label2.height=25
    thisform.label2.left=225
    thisform.label2.top=73
    thisform.label2.caption=thisform.text1.value
    thisform.container1.command1.enabled=.t.
    thisform.container1.text2.value=eid
    thisform.container1.text3.value=职工表.姓名
    departid=alltrim(职工表.部门id)
    select 部门表
    locate for alltrim(部门表.部门id)==departid
    thisform.container1.text1.value=部门表.部门名称
    select 职工表
else
    messagebox("职工号输入错误，请重新输入! ")
    thisform.text1.value=""
    thisform.text1.setfocus
endif
thisform.refresh
```

命令按钮"取消"（Command2）的 Click 事件代码：

```
thisform.container1.visible=.f.
thisform.text1.value=""
thisform.text1.visible=.t.
thisform.label2.visible=.f.
```

命令按钮"退出"（Command3）的 Click 事件代码：

```
thisform.release
```

命令按钮"录入"（Command4）的 Click 事件代码：

```
eid=alltrim(thisform.text1.value)
select 职工表
locate for alltrim(职工表.职工id)==eid
if found()
    select 工资表
    locate for alltrim(工资表.职工id)==eid
    if found()
        replace  工资表.基本工资  with thisform.container1.txt基本工资.value,;
                 工资表.年终奖金 with thisform.container1.txt年终奖金.value,;
                 工资表.全勤奖金 with thisform.container1.txt全勤奖金.value,;
                 工资表.绩效奖金 with thisform.container1.txt绩效奖金.value,;
                 工资表.过节费 with thisform.container1.txt过节费.value,;
                 工资表.扣款 with thisform.container1.txt扣款.value
    messagebox("录入成功! ")
```

```
        this.enabled=.f.
    else
      messagebox("该职工还没有建立工资信息数据.")
    endif
else
  messagebox("该职工号不存在!")
endif
select 职工表
thisform.refresh
```

2. 按职工姓名输入工资信息表单的设计

① 表单文件名为"按职工姓名输入工资信息.scx"。按职工姓名输入工资信息表单的作用是操作者可以按职工姓名输入职工的工资信息，并将其保存到工资表。

② 建立用户界面，首先将"部门表"、"职工表"和"工资表"添加到数据环境。表单布局如图 11-17 所示。

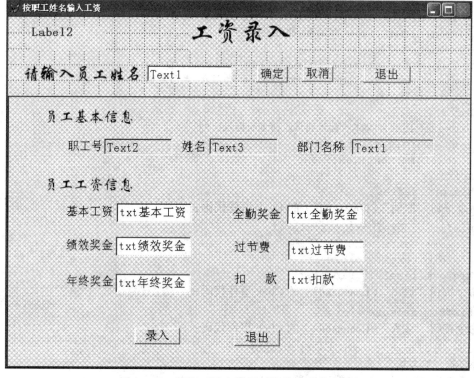

图 11-17　按职工姓名输入工资信息表单布局

③ 界面设计、属性设置和事件代码同按职工号输入职工工资信息表单类似，在此不再赘述。

11.4.6　工资结算模块的实现

工资结算模块的实现步骤如下：

① 表单文件名为"工资计算"。工资计算表单的作用是使操作者能够计算每个职工的应发工资和实发工资，并将其保存到工资表。

② 建立用户界面，首先将"工资视图"添加到数据环境。表单布局如图 11-18 所示。

图 11-18　工资计算表单布局

③ 事件代码如下：

命令按钮"计算应发工资"（Command1）的 Click 事件代码：

```
update 工资视图 set 应发工资=基本工资+过节费+绩效奖金+全勤奖金+过节费+年终奖金
update 工资表 set 应发工资=基本工资+过节费+绩效奖金+全勤奖金+过节费+年终奖金
thisform.command1.enabled=.f.
thisform.command2.enabled=.t.
thisform.command3.enabled=.t.
thisform.refresh
```

命令按钮"计算实发工资"（Command2）的 Click 事件代码：

```
update 工资视图 set 实发工资=应发工资-扣款
update 工资表 set 实发工资=应发工资-扣款
thisform.command2.enabled=.f.
thisform.refresh
```

命令按钮"重新计算"（Command3）的 Click 事件代码：

```
update 工资视图 set 应发工资=0,实发工资=0
update 工资表 set 应发工资=0,实发工资=0
thisform.command1.enabled=.t.
thisform.command2.enabled=.f.
thisform.command3.enabled=.f.
thisform.refresh
```

命令按钮"退出"（Command4）的 Click 事件代码：

```
thisform.command1.enabled=.t.
thisform.release
```

11.4.7　工资信息查询模块的实现

工资信息查询模块的实现步骤如下：

① 表单文件名为"工资信息查询"。工资信息查询表单的作用是操作者可以按一定的条件查询出职工的工资信息。

② 建立用户界面，首先将"部门表"、"职工表"和"工资表"添加到数据环境。表单布局如图 11-19 所示。

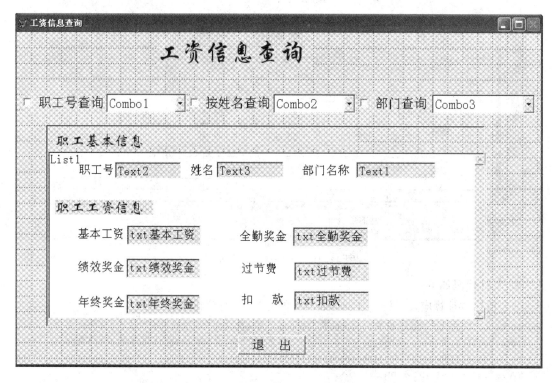

图 11-19　工资信息查询表单布局

③ 事件代码如下：

复选框"职工号查询"（Check1）的 Click 事件代码：

```
if thisform.check1.value=1
    thisform.check2.value=0
    thisform.check3.value=0
    thisform.combo1.visible=.t.
    thisform.combo2.visible=.f.
    thisform.combo3.visible=.f.
    thisform.label2.visible=.f.
    thisform.list1.visible=.f.
    thisform.container1.visible=.t.
else
    thisform.check2.value=0
    thisform.check3.value=0
    thisform.combo1.visible=.f.
    thisform.combo2.visible=.f.
    thisform.combo3.visible=.f.
    thisform.label2.visible=.f.
    thisform.list1.visible=.f.
    thisform.container1.visible=.t.
endif
```

复选框"按姓名查询"（Check2）的 Click 事件代码：

```
if thisform.check2.value=1
    thisform.check1.value=0
    thisform.check3.value=0
    thisform.combo1.visible=.f.
    thisform.combo2.visible=.t.
    thisform.combo3.visible=.f.
    thisform.label2.visible=.f.
    thisform.list1.visible=.f.
    thisform.container1.visible=.t.
else
    thisform.check1.value=0
    thisform.check3.value=0
    thisform.combo1.visible=.f.
    thisform.combo2.visible=.f.
    thisform.combo3.visible=.f.
    thisform.label2.visible=.f.
    thisform.list1.visible=.f.
    thisform.container1.visible=.t.
endif
```

复选框"职工号查询"（Check3）的 Click 事件代码：

```
if thisform.check1.value=1
    thisform.check2.value=0
    thisform.check3.value=0
    thisform.combo1.visible=.t.
    thisform.combo2.visible=.f.
    thisform.combo3.visible=.f.
    thisform.label2.visible=.f.
    thisform.list1.visible=.f.
    thisform.container1.visible=.t.
else
    thisform.check2.value=0
    thisform.check3.value=0
    thisform.combo1.visible=.f.
    thisform.combo2.visible=.f.
    thisform.combo3.visible=.f.
    thisform.label2.visible=.f.
    thisform.list1.visible=.f.
    thisform.container1.visible=.t.
endif
```

复选框"职工号查询"（Check3）的 Click 事件代码：

```
if thisform.check3.value=1
    thisform.check2.value=0
    thisform.check1.value=0
    thisform.combo1.visible=.f.
    *thisform.text1.visible=.f.
    thisform.combo2.visible=.f.
    thisform.combo3.visible=.t.
    thisform.container1.visible=.f.
    thisform.label2.visible=.t.
    thisform.list1.visible=.t.
else
```

```
      thisform.check2.value=0
      thisform.check1.value=0
      thisform.combo1.visible=.f.
      *thisform.text1.visible=.f.
      thisform.combo2.visible=.f.
      thisform.combo3.visible=.f.
      thisform.label2.visible=.t.
      thisform.list1.visible=.t.
      thisform.container1.visible=.f.
endif
```

组合框（Combo1）的 InteractiveChange 事件代码：

```
eid=alltrim(this.value)
select 职工表.职工 id,职工表.姓名,部门表.部门名称,基本工资,全勤奖金,绩效奖金,过节费,
年终奖金,扣款;
from 职工表,部门表,工资表;
where 职工表.职工 id==工资表.职工 id  and 职工表.部门 id==部门表.部门 id  and
alltrim(职工表.职工 id)==eid;
into cursor cst
locate for alltrim(职工 id)==eid
thisform.container1.text2.value=职工 id
thisform.container1.text3.value=姓名
thisform.container1.text1.value=部门名称
thisform.container1.txt 基本工资.value=基本工资
thisform.container1.txt 全勤奖金.value=全勤奖金
thisform.container1.txt 绩效奖金.value=绩效奖金
thisform.container1.txt 过节费.value=过节费
thisform.container1.txt 年终奖金.value=年终奖金
thisform.container1.txt 扣款.value=扣款
select 职工表
thisform.refresh
```

组合框（Combo2）的 InteractiveChange 事件代码：

```
xm=alltrim(this.value)
select 职工表.职工 id,职工表.姓名,部门表.部门名称,基本工资,全勤奖金,绩效奖金,过节费,
年终奖金,扣款;
from 职工表,部门表,工资表;
where 职工表.职工 id==工资表.职工 id  and 职工表.部门 id==部门表.部门 id  and
alltrim(职工表.姓名)==xm;
into cursor cst
locate for alltrim(姓名)==xm
thisform.container1.text2.value=职工 id
thisform.container1.text3.value=姓名
thisform.container1.text1.value=部门名称
thisform.container1.txt 基本工资.value=基本工资
thisform.container1.txt 全勤奖金.value=全勤奖金
thisform.container1.txt 绩效奖金.value=绩效奖金
thisform.container1.txt 过节费.value=过节费
thisform.container1.txt 年终奖金.value=年终奖金
thisform.container1.txt 扣款.value=扣款
select 职工表
thisform.refresh
```

组合框（Combo3）的 InteractiveChange 事件代码：

```
thisform.list1.clear
dptname=alltrim(this.value)
select 职工表.职工 id,职工表.姓名,部门表.部门名称,基本工资,全勤奖金,绩效奖金,过节费,
年终奖金,应发工资,扣款,实发工资;
from 职工表,部门表,工资表;
where 职工表.职工 id==工资表.职工 id  and 职工表.部门 id==部门表.部门 id  and
alltrim(部门表.部门名称)==dptname;
into cursor cst
f=0
scan for alltrim(部门名称)==dptname
    f=1
    thisform.list1.additem(职工 id+"   "+姓名+"   "+部门名称+alltrim(str(应发
工资))+"   "+alltrim(str(实发工资)))
endscan
if f==0
    messagebox(this.value+"的部门不存在! ",0+64+0)
endif
select 职工表
thisform.refresh
```

命令按钮"退出"（Command1）的 Click 事件代码：

```
thisform.release
```

11.4.8　职工信息查询模块的实现

1. 按职工号查询职工信息表单的设计

① 表单文件名为"按职工号查询职工信息"。按职工号查询职工信息表单的作用是操作者可以按职工号查询职工信息。

② 建立用户界面，表单布局如图 11-20 所示。

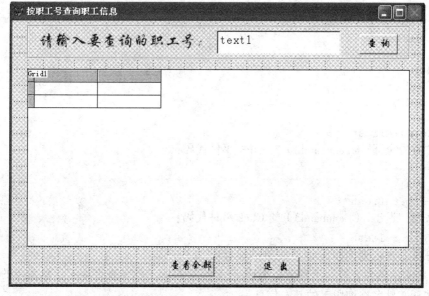

图 11-20　按职工号查询职工信息表单布局

③ 事件代码如下：

表格（Grid1）的 Init 事件代码：

```
select 工资表.工资id,职工表.职工id,姓名,部门名称,基本工资,全勤奖金,绩效奖金,过节费,
年终奖金,应发工资,扣款,实发工资;
from data\职工表,data\工资表,data\部门表;
where 职工表.部门id==部门表.部门id and 职工表.职工id==工资表.职工id;
into table cst
```

表单"按职工号查询职工信息"（Form1）的 Init 事件代码：

```
set delete on
close all
thisform.grid1.recordsourcetype=0
thisform.grid1.recordsource="cst"
thisform.refresh
```

表单"按职工号查询职工信息"（Form1）的 Destroy 事件代码：

```
set delete off
close all
erase cst.dbf
```

按钮"查询"（Command1）的 Click 事件代码：

```
eid=alltrim(thisform.text1.value)
select 20
use data\职工表
locate for alltrim(职工表.职工id)==eid
if found()
    select cst
    delete all
    recall for alltrim(cst.职工id)==eid
else
    recall all
    if messagebox("无此职工号!需要继续查询吗? ",4+64+0,"提示")==6
        thisform.text1.value=""
        thisform.text1.setfocus
        select cst
        recall all
    else
        thisform.release
    endif
endif
thisform.refresh
```

按钮"查看全部"（Command2）的 Click 事件代码：

```
select cst
recall all
thisform.refresh
```

命令按钮"退出"（Command3）的 Click 事件代码：

```
thisform.release
```

2. 按职工姓名查询职工信息表单的设计

① 表单文件名为"按职工姓名查询职工信息"。按职工姓名查询职工信息表单的作用是操作者可以按职工姓名查询职工的基本信息。

② 建立用户界面，首先将"账号"表和"职工"表添加到数据环境。表单布局如图 11-21 所示。

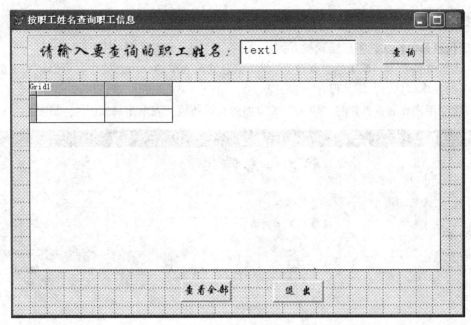

图 11-21　按职工姓名查询职工信息表单布局

③ 界面设计、属性设置和事件代码同按职工号查询职工信息表单类似，在此不再赘述。

3．按职工所在部门查询职工信息表单的设计

① 表单文件名为"按部门名称查询职工信息"。按职工所在部门查询职工信息表单的作用是操作者可以按职工所在部门查询职工的基本信息。

② 建立用户界面，表单布局如图 11-22 所示。

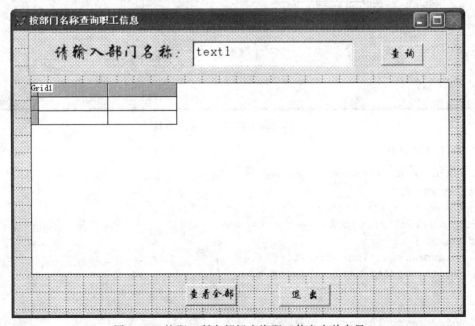

图 11-22　按职工所在部门查询职工信息表单布局

③ 界面设计、属性设置和事件代码同按职工号查询职工信息表单类似，在此不再赘述。

11.4.9 职工信息修改模块的实现

职工信息修改模块的实现步骤如下：

① 表单文件名为"职工信息修改"。职工信息修改表单的作用是操作者可以按一定的条件修改职工的基本信息，并将其保存到职工表。

② 建立用户界面，首先将"职工"表添加到数据环境。表单布局如图 11-23 所示。

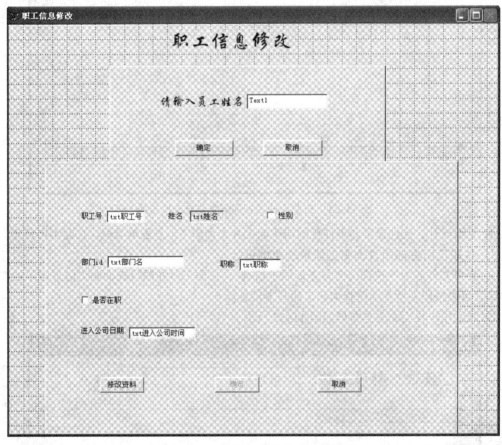

图 11-23　职工信息修改表单布局

③ 事件代码如下：

命令按钮"确定"（Command1）的 Click 事件代码：

```
select 职工表
employeename=alltrim(this.parent.text1.value)
locate for alltrim(姓名)==employeename
if found()
   thisform.container1.visible=.f.
   thisform.container2.visible=.t.
   thisform.container2.top=120
else
   thisform.container1.visible=.t.
   thisform.container2.visible=.f.
   thisform.container2.top=350
```

```
        messagebox("本公司没有该职员！")
endif
```

命令按钮"取消"（Command2）的 Click 事件代码：

```
thisform.release
```

命令按钮"修改资料"（Command3）的 Click 事件代码：

```
thisform.container2.txt 职工号.visible=.t.
thisform.container2.txt 姓名.visible=.t.
thisform.container2.chk 性别.visible=.t.
thisform.container2.txt 部门名.visible=.t.
thisform.container2.txt 职称.visible=.t.
thisform.container2.chk 是否在职.visible=.t.
thisform.container2.txt 进入公司时间.visible=.t.
thisform.container2.command1.enabled=.f.
thisform.container2.command2.enabled=.t.
```

命令按钮"确定"（Command4）的 Click 事件代码：

```
replace 职工 id with thisform.container2.txt 职工号.value,;
        姓名 with thisform.container2.txt 姓名.value,;
        性别 with thisform.container2.chk 性别.value,;
        职称 with thisform.container2.txt 职称.value,;
        是否在职 with thisform.container2.chk 是否在职.value,;
        入职日期 with thisform.container2.txt 进入公司时间.value
locate for 职工 id=thisform.container2.txt 职工号.value
messagebox("修改成功！")
this.enabled=.f.
thisform.refresh
```

命令按钮"取消"（Command5）的 Click 事件代码：

```
thisform.container2.visible=.f.
thisform.container1.visible=.t.
thisform.container2.top=350
thisform.container1.command1.enabled=.t.
thisform.refresh
```

11.4.10　添加新职工信息模块的实现

添加新职工信息模块的实现步骤如下：

① 表单文件名为"新增职员录入"。新增职员录入表单的作用是操作者可以添加一个新职工的信息，并将其保存到职工表。

② 建立用户界面，首先将"部门表"、"职工表"和"工资表"添加到数据环境。表单布局如图 11-24 所示。

③ 事件代码如下：

命令按钮"确定"（Command1）的 Click 事件代码：

```
eid=alltrim(thisform.text1.value)
ename=alltrim(thisform.text2.value)
if thisform.optiongroup1.男.value=1
   sex=.T.
else
   sex=.F.
```

```
endif
birth=ctod(alltrim(thisform.text3.value))
zzmm=alltrim(thisform.text4.value)
zc=alltrim(thisform.text5.value)
rzrq=ctod(alltrim(thisform.text6.value))
if thisform.optiongroup2.是.value=1
   iszaizhi=.t.
else
   iszaizhi=.f.
endif
dptid=alltrim(thisform.text7.value)
insert into 职工表(职工 id,姓名,性别,出生日期,政治面貌,职称,入职日期,是否在职,部门 id);
values(eid,ename,sex,birth,zzmm,zc,rzrq,iszaizhi,dptid)
select 工资表
count to ct
insert into 工资表(工资 id,职工 id) values(alltrim(str(ct+1)),eid)
if messagebox("录入数据成功! 是否继续添加职工信息?",4+64+0,"提示")==6
   thisform.text1.value=""
   thisform.text1.setfocus
else
   thisform.setall("enabled",.f.,"TextBox")
endif
thisform.refresh
```

命令按钮 "查看是否存在" (Command2) 的 Click 事件代码:

```
select 职工表
zgh=alltrim(thisform.text1.value)
do while !eof()
   if alltrim(职工 id)==zgh
      messagebox("此职工号已存在, 请重新输入!!!")
      thisform.text1.value=""
      thisform.text1.setfocus
      exit
   else
      skip
   endif
   if eof()
      messagebox("此职工号可用!!!")
      thisform.录入.enabled=.t.
   endif
enddo
go top
thisform.refresh
```

命令按钮 "退出" (Command3) 的 Click 事件代码:

```
thisform.setall("enabled",.t.,"TextBox")
thisform.release
```

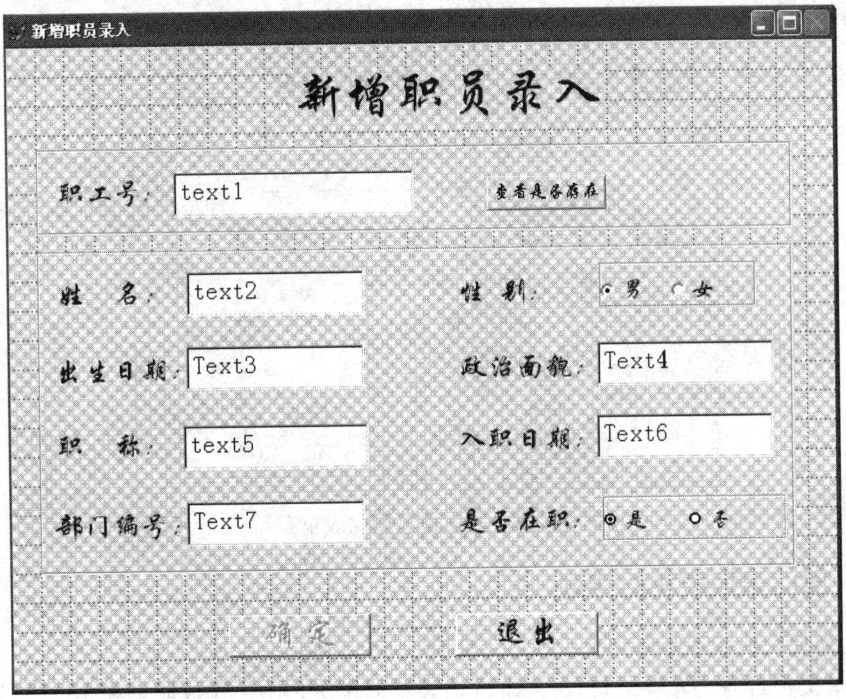

图 11-24 添加操作员表单布局

11.4.11 离职职工信息删除模块的实现

离职职工信息删除模块的实现步骤如下：

① 表单文件名为"职工信息删除"。职工信息删除表单的作用是操作者可以删除离职职工的基本信息。

② 建立用户界面，首先将 "职工"表添加到数据环境。表单布局如图 11-25 所示。

③ 事件代码如下；

命令按钮"确定"（Command1）的 Click 事件代码：

```
select 职工表
zgh=alltrim(thisform.职工号.value)
locate for alltrim(职工 id)==zgh
if found()
   thisform.姓名.value=姓名
   if messagebox("确实要删除本职工记录吗?",1+64+256,"信息提示")==1
     delete
     pack
     skip -1
     thisform.refresh
   endif
else
   messagebox("本公司没有该员工! ","信息提示")
endif
```

命令按钮"退出"（Command2）的 Click 事件代码：

```
thisform.release
```

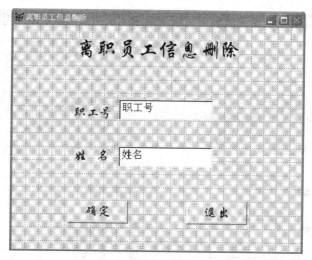

图 11-25　职工信息删除表单布局

11.4.12　部门调换模块的实现

部门调换模块的实现步骤如下：

① 表单文件名为"人事调动"。人事调动表单的作用是用来完成职工在不同的部门之间的变动。

② 建立用户界面，首先将"账号表"和"职工表"添加到数据环境。表单布局如图 11-26 所示。

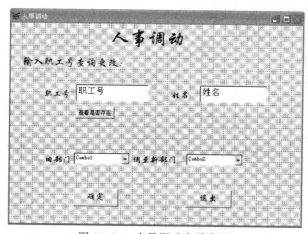

图 11-26　人员调动表单布局

③ 事件代码如下：

命令按钮"查看是否存在"（Command2）的 Click 事件代码：

```
select 职工表
zgh=alltrim(thisform.职工号.value)
do while not eof()
    if 职工id=zgh
        messagebox("此职工号存在!!!")
        thisform.姓名.value=姓名
```

```
            thisform.combo1.value=部门名称
            exit
        else
            skip
        endif
        if eof()
            messagebox("此职工号不存在，请重新输入！！！")
            thisform.职工号.value=""
            thisform.职工号.setfocus
        endif
enddo
go top
thisform.refresh
```

命令按钮"确定"（Command1）的 Click 事件代码：

```
select 职工表
locate for 职工id=thisform.职工号.value
if found()
    if messagebox("是否要更改?",1+32+256,"提示信息")==1
        replace    部门名称 with thisform.combo2.value
        messagebox("部门调换成功! ")
    endif
else
    message("输入有问题")
endif
thisform.refresh
```

命令按钮"退出"（Command3）的 Click 事件代码：

```
thisform.release
```

11.5　系统主菜单的设计

11.5.1　布局菜单

创建菜单之前首先进行菜单的布局，在本系统中，主要包含以下菜单：

① 用户管理：退出登录、密码修改、添加操作员、删除操作员、退出系统。

② 工资管理：工资信息输入、工资结算、工资查询。

③ 职工信息管理：查询职工信息、修改职工信息、添加新职工、删除职工、部门调换。

④ 系统工具：系统时间、打印预览、打印。

⑤ 帮助：帮助文档、联系我们。

11.5.2　创建自定义菜单

布局好菜单之后，用"菜单设计器"把布局好的菜单设计出来。设计系统菜单，文件名为"菜单.mnx"，预览如图 11-27 所示。

具体操作步骤如下：

① 定义菜单：在项目管理器——工资管理系统中选定其他选项卡中的菜单，单击"新建"按钮，打开新建菜单窗口；再单击"菜单"按钮，打开菜单设计器窗口来设计菜单。

图 11-27　系统菜单

系统中的系统主菜单的结构如表 11-4 所示。

表 11-4　系统主菜单结构

菜　单	菜　单　项	结　果	命　令
操作员管理	退出登录\\<T	过程	
	密码修改\\<X	命令	do form 密码修改
	\\	子菜单	
	添加操作员	命令	do form 添加操作员
	删除操作员	命令	do form 删除操作员
	\\	子菜单	
	退出\\<Q	过程	
工资管理	工资信息输入	子菜单	
	\\	子菜单	
	工资结算	命令	do form 工资计算
	\\	子菜单	
	工资信息查询	命令	do form 工资信息查询
职工信息管理	查询职工信息	子菜单	
	\\	菜单	
	修改职工信息	命令	do form 职工信息修改
	添加职工信息	命令	do form 新增职员录入
	删除职工信息	命令	do form 职工信息删除
	\\	子菜单	
	部门调换	命令	do form 人员调动
系统工具	系统时间	命令	do form 系统时间
	\\	子菜单	
	打印预览(\\<V)	过程	
	\\	子菜单	
	打印(\\<P)...	菜单#	_mfi_sysprint
帮助	帮助文档	命令	do form 帮助.scx
	\\	子菜单	
	联系我们	命令	do form 联系我们.scx

② 生成菜单：菜单设计完成后，还需要生成可执行的菜单文件（.MPR 文件），在项目管理器——工资管理系统中展开菜单，选定菜单，单击"修改"按钮，打开菜单设计器窗口，单击菜单中的生成命令项，生成"菜单.mpr"文件。

③ 运行菜单：在项目管理器——工资管理系统中选择菜单，单击"运行"按钮，运行效果如图 11-28 所示。

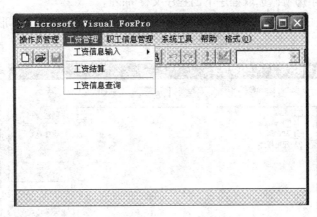

图 11-28　系统菜单

11.5.3　菜单的使用

自定义菜单的使用方式为：DO [PATH]FILENAME.MPR，可以随时执行菜单，用来替换系统菜单。可以使用 SET SYSMENU TO DEFAULT 命令来恢复系统菜单。

11.6　主程序设计

11.6.1　建立主程序

主程序是程序的入口，其作用是设置程序的运行环境、声明公共变量、初始化信息和捕获错误信息并进行处理等。建立主程序的步骤如下：

① 在项目管理器——工资管理系统中选定代码选项卡的程序选项，单击"新建"按钮。

② 在弹出的程序窗口中编写程序代码，如图 11-29 所示。

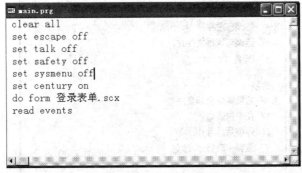

```
clear all
set escape off
set talk off
set safety off
set sysmenu off
set century on
do form 登录表单.scx
read events
```

图 11-29　程序编写窗口

11.6.2　设置主文件

主程序建好后，就可以把主程序设置为主文件，作为应用程序的入口。设置主文件的步骤如下：

① 在项目管理器——工资管理系统中选定要设置为主文件的文件。在项目管理器中，选择"代码"选项卡的程序选项，选取程序下的程序文件 main。

② 选择菜单栏中的"项目"→"设置主文件"命令。被设置的文件以粗体形式显示，如图 11-30 所示。

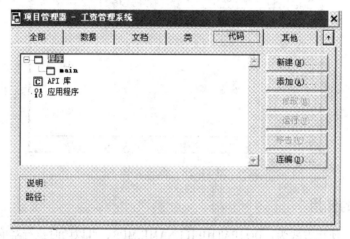

图 11-30　设置主文件

11.7　连编应用程序系统

至此，数据库、数据库表、视图、表单、菜单以及主文件都已经设计完毕，现在就可以把各个分散的功能连编成应用程序或者可执行文件。具体连编应用程序的步骤如下：

① 在项目管理器——工资管理系统对话框的"代码"选项卡中，选择程序中的主程序 main.prg，单击"连编"按钮，弹出"连编选项"对话框，如图 11-31 所示。

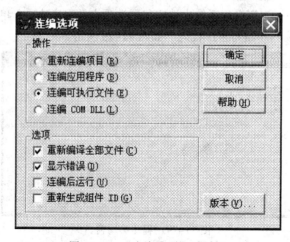

图 11-31　"连编选项"对话框

② 选择连编可执行文件选项，以及重新编译全部文件和显示错误选项。单击“确定”按钮，输入编译后的.exe 文件名为“工资管理系统”，然后保存在 D:\VFP 目录下。这样就可以生成一个可脱离 Visual FoxPro 环境运行的可执行文件。

在 Windows 中，双击该.exe 文件的图标即可运行该程序。

小　结

本章介绍了工资管理系统实例的开发过程。该系统实现了工资输入、工资计算、工资查询、职工基本信息管理以及查询功能。读者在学习过程中要注意掌握事件代码的设计方法。在学习了该实例的开发过程后，读者可以尝试着设计该系统的新功能，比如工资数据的定期备份功能。

习　题

设计题

1．设计一个学生成绩查询系统。主要包括如下功能：

（1）实现学生的成绩查询，包括学生的学期总成绩查询和课程成绩信息的查询。

（2）实现学生的基本信息的查询。

（3）实现课程成绩的打印。

（4）实现用户的登录管理。

2．设计一个学校图书管理系统。包括如下功能：

（1）信息录入：录入读者信息与图书信息。

（2）信息存储：存储读者信息、图书信息和借归还信息等。

（3）书目查询：对图书信息进行按书名查询，按作者查询以及按出版社信息查询等。

（4）读者查询：对读者信息进行查询管理，主要包括读者信息查询、书刊借阅查询以及书刊借阅历史查询等。

（5）信息公布：对一些公有信息，比如超期罚款、超期催还、预约到书以及新书到馆等，进行及时的公布。

（6）数据维护：对录入的数据进行修改与删除等。

（7）实现用户的登录管理。

附录 Ⓐ

各章习题参考答案

第1章

一、选择题

1. D   2. A   3. C   4. D   5. B

6. B   7. C   8. D   9. B   10. B

二、填空题

1. 数据库管理系统

2. 元组　字段

3. 选择

4. 关系模式

5. 数据与数据之间的结构

6. 关系模型

7. 关系

第2章

一、思考题　略

二、选择题

1. A   2. B   3. C   4. B   5. D

6. A   7. B   8. C   9. B   10. A

11. B   12. B   13. B   14. C   15. A

16. B   17. D   18. C   19. D   20. A

三、填空题

1. 系统内存变量　数组变量

2. 15

3. $X>=10\ AND\ X<=50$

4. 通用型　G　4

5. 数值型

6. 函数>数值运算>关系运算>逻辑运算

第 3 章

一、思考题　略

二、选择题

1. B	2. A	3. D	4. D	5. C
6. B	7. A	8. C	9. B	10. D
11. C	12. B	13. B	14. C	15. C
16. C	17. A	18. B	19. B	20.A

三、填空题

1. 字段名　　字段宽度　　小数位数

2. 双精度　　整数型　　备注型

3. 254

第 4 章

一、思考题　略

二、选择题

1. B	2. B	3. A	4. C	5. D
6. C	7. A	8. C		

三、填空题

1. 32 767　　0

2. 删除规则　插入规则

3. 临时关联

4. 系统指定　用户自定义

第 5 章

一、思考题　略

二、选择题

1. A	2. C	3. A	4. B	5. D
6. D	7. D	8. C	9. A	10. B
11. C	12. A	13. C	14. D	15. A
16. D	17. C	18. A		

三、填空题

1. 查询

2. ALTER　UPDATE

3. 降序

4. SUM()　AVERAGE()　COUNT()　MAX()　MIN()

5. 内联接　　左联接　右联接　全联接

6. INTO cursor

四、操作题　略

第6章

一、思考题　略

二、选择题

1. A　　　　2. B　　　　3. B　　　　4. C　　　　5. A

6. D　　　　7. C　　　　8. A　　　　9. C　　　　10. D

三、填空题

1. *或&

2. 代码或全部

3. LOCAL

4. DO

5. 14

四、编程题　略

第7章

一、选择题

1. D　　　　2. C　　　　3. B　　　　4. C　　　　5. B

6. D　　　　7. D　　　　8. C　　　　9. B　　　　10. C

二、填空题

1. 使用表单向导

2. 代码

3. 过程　过程

4. 数据

5. Visible

6. 将当前表的指针向上移动　将当前表的指针向下移动

7. thisform.text1.value=""　　　　thisform.release

　thisform.text1.value=date()　　　　thisform.text1.value=time()

8. 文本框　文本框　编辑框　命令按钮　0　I%(val(thisform.text1. value))=0

三、操作题　略

第8章

一、思考题　略

二、选择题

1. B　　　　2. B　　　　3. C　　　　4. D

三、填空题

1. .mnx　　　.mpr

2. 系统菜单　子菜单

3. SET SYSMENU TO DEFAULT

第 9 章

一、思考题　略

二、选择题

1. C　　　2. C　　　3. A　　　4. C　　　5. C　　　6. C

三、填空题

1. 布局

2. REPORT FORM <报表文件名>

3. .frx　　　.lbx

4. 域

5. 列报表　行报表　一对多报表　多栏报表　　标签

第 10 章

一、思考题　略

二、填空题

1. 1　需求分析

2. 1　主程序是整个应用程序的入口点

附录

Visual FoxPro 常用命令一览表

命 令	说 明
*	表明程序文件中非执行的注释行的开始
=	计算表达式的值
\ / \\	输出文本行
?/??	计算表达式的值，并输出计算结果
???	把结果直接输出到打印机
ACCEPT	从屏幕接收字符串数据，包含此命令是为了提供向后兼容性，在 Visual FoxPro 中，可使用文本框控制命令代替
ACTIVATE MENU	显示并激活一个菜单栏
ACTIVATE POPUP	显示并且激活一个菜单
ACTIVATE SCREEN	把结果输出到 Visual FoxPro 主窗口，而不是活动的用户自定义窗口
ACTIVATE WINDOW	显示并激活一个或多个用户自定义窗口或 Visual FoxPro 系统窗口
ADD CLASS	向.VCX 可视类库中添加一个类定义
ADD TABLE	在当前数据库中添加一个自由表
ALTER TABLE-SQL	以编程方式修改表的结构
APPEND	在表的末尾添加一个或多个记录
APPEND FORM	从一个文件中读入记录，添加到当前表的尾部
APPEND FORM ARRRY	对数组中的每一行，添加一条记录到当前选表中，并从相应的数组中取出数据添加到记录中
APPEND GENERAL	从文件中导入 OLE 对象并将其放入通用字段中
APPEND MEMO	将文本文件的内容复制到备注字段中
APPEND PROCEDURES	将文本文件中的存储过程追加到当前数据库中
ASSIST	运行_ASSIST 系统内存变量指定的程序，包含此命令是为了提供向后兼容性
AVERAGE	计算数值表达式或字段的算术平均值
BEGIN TRANSACTION	启动一个事务处理器
BLANK	如果发现该命令时不带任何参数，则清除当前记录中所有字段数据
BULD APP	使用项目文件信息创建以.APP 为扩展名的应用程序
BROWSE	打开浏览窗口
BULLD DLL	从项目文件中创建一个动态链接

命　　令	说　　明
BULD EXE	在一个项目中创建一个可执行文件
BULD PROJECT	创建并生成一个项目文件
CALCULATE	对表中的字段或包含字段的表达式进行财务和统计操作
CALL	执行由 LOAD 加载到内存中的二进制文件、外部命令或外部函数。包含此命令是为了提供向后兼容性。可用 SET LIBRARY 代替
CANCEL	结束当前 Visual FoxPro 程序的执行
CHANGE	显示要编辑的字段
CLEAR	从内存中释放指定项
CLOSE	关闭各种类型的文件
CLOSE DATABASES	关闭数据库文件
CLOSE MEMO	关闭一个或多个备注编辑窗口
CLOSE TABLES	关闭表文件
COMPILE	编译一个或多个源文件，并为每一个源文件创建一个目标文件
COMPILE DATABAS	编译数据库中的存储过程
COMPILE PROM	编译一个或多个表单对象
CONTIUE	继续执行先前的 LOCATE 命令
COPY FILE	复制任何类型的文件
COPY INDEXES	从单项所用.IDX 文件创建复合索引标识
COPY MEMO	复制当前记录中的指定备注字段的内容到文本文件
COPY PROCEDURES	将当前数据库中的存储过程复制到文本文件
COPY STRUCTURE	用当前选择的表结构创建一个新的空自由表
COPY STRUCTURE EXTENDED	创建新表，它的字段包含当前选定的结构信息
COPY TAG	根据复合索引文件的标识创建单项索引（IDX）的文件
COPY TO	用当前选定表的内容创建新
COPY TO ARRAY	将当前选定表中的数据复制到数组
COUNT	统计表中记录数目
CREATE CLASS	打开类设计器，创建一个新的类定义
CREATE CLASSLIB	创建一个新的、空的可视类库（VCX）文件
CREATE COLOR SET	从当前颜色设置中创建一个颜色集合
CREATE CONNECTION	创建一个命令联接并把它存储在当前数据库中
CREATE CURSOR SQL	创建一个临时表
CREATE DATABASE	创建并打开一个数据库
CREATE FROM	利用 COPY STRUCTURE EXTENDED 命令建立的文件创建一个表
CREATE LABEL	打开标签设计器，以创建标签
CREATE MENU	在 Visual FoxPro 和 FoxPro for Windows 中打开菜单设计器，在 FoxPro for Macintosh 中打开菜单生成器
CREATE PROJECT	打开项目管理器并创建一个项目

命　令	说　明
CREATE QUERY	打开查询设计器
CREATE REPORT	在报表设计器中打开报表
CREATE REPORT	快速报表，以编程方式创建报表
CREATE SCREEN	打开表单设计器。包含此命令是为了提供向后兼容性
CREATE SCREEN-	以编程方式创建一屏幕，包含此命令是为了提供向后兼容
CREATESQLVIEW	显示视图设计器来创建 SQL 视图
CREATE TABLE-SQL	创建一个含有指定字段的表
CREATE TRIGGER	创建表的删除、插入或更新触发器
CREATE VIEW	从 Visual FoxPro 环境创建试图文件
DEACTIVATE MENU	使一个用户自定义菜单栏失效，并将其从屏幕上移去，但并不从内存中删除菜单栏的定义
DEACTIVATE POPUP	使 DEFINE POPUP 创建的菜单失效
DECTIVEATE WINDOW	使用用户自定义窗口或 Visual FoxPro 系统窗口失效，并将它们从屏幕上移去，但不从内存中删除
DEBUG	打开 Visual FoxPro 调试器
DEBUGOUT	把一个表达式的结果指向调试器输出窗口
DECLARE	创建一维或二维数组
DECLARE-DLL	注册外部 Windows 32 位动态链接（.DLL）中的一个函数
DEFINE BAR	在 DEFINE POPUP 创建的菜单中创建一个菜单项
DEFINE BOX	在打印文本周围画一个方框。包含此命令是为了提供向后兼容性
DEFINE CLASS	创建一个用户自定义类或子类，并为创建的类或子类指定属性、事件和方法
DEFINE MENU	创建菜单栏
DEFINE POPUP	创建菜单
DEFINEWINDOW	创建一个窗口并指定它的属性
DELETE	给要删除的记录做标记
DELETE-SQL	给要删除的记录做标记
DELETE CONNECTION	从当前数据库中删除一个命令联接
DELETE DATABASE	从磁盘上删除数据库
DELETE FILE	从磁盘上删除文件
DELETE TAG	从复合索引（.CDX）文件中删除标识
DELETE TRIGGER	从当前数据库的表中删除"删除"、"插入"或"更新"触发器
DELETE VIEW	从当期数据库中删除一个 SQL 视图
DIMENSION	创建一维或二维内存变量数组
DIR/DIRECTORY	显示目录或文件夹中文件的信息
DISPLAY	在 Visual FoxPro 主窗口或用户自定义窗口中显示与当前有关的信息
DISPLAY CONNECTIONS	显示当前数据库中与命令联接有关的信息
DISPLAY DATABASE	显示有关当前数据库的信息，或当前数据库中的字段、命令联接、表或视图的信息

续表

命　令	说　明
DISPLAY DLLS	在 Visual FoxPro 中，显示与 32 位 Windows 动态链接库（DLL）函数有关的信息，这些动态链接库（DLL）函数是用 DECLARE-DLL 注册
DISPLAY FILES	显示关于文件的信息
DISPLAY MEMORY	显示内存变量和数组的当前内容
DISPLAY OBJECTS	显示有关一个对象或一组对象的信息
DISPLAY PROCEDURES	显示当前数据库中存储过程的名称
DISPLAY STATUS	显示 Visual FoxPro 环境的状态
DISPLAY STRUCTURE	显示一个表文件的结构
DISPLAY TABLES	显示包含在当前数据库中所有的表和表的信息
DISPLAY VIEWS	显示当前数据库中关于 SQL 视图的信息以及 SQL 视图是否基于本地或远程表的信息
DO	执行一个 Visual FoxPro 程序或过程
DO CASE...ENDCASE	根据不同的条件表达式结果执行不同的命令
DO FORM	运行用表单设计器创建的、编译过的表单或表单集
DO WHILE...ENDDO	在一条循环里执行一组命令
DOEVENTS	执行所有等待的 Windows 事件
DROP TABLE	从当前数据库中删除一个表，并把它从磁盘上删除
DOROP VIEW	从当前数据库删除一个 SQL 视图
EDIT	显示要编辑的字段
EJECT	向打印机发送换页符
EJECT PAGE	向打印机发出有条件走纸的指令
END TRANSACTION	结束当前事务
ERASE	从磁盘上删除文件
ERROR	生成一个 Visual FoxPro 错误
EXIT	从 DO WHILE/FOR 或 SCAN 循环中退出
EXPORT	把 Visual FoxPro 表中的数据复制到其他格式的文件中
EXTERNAL	向项目管理器提示一个未定义的引用
FIND	搜索已建立索引表。包含此命令是为了提供向后兼容性，可用 SEEK 代替
FLUSH	将对表和索引所作的修改存入磁盘
FOR EACH...ENDFOR	对 Visual FoxPro 的数组或集合执行一系列命令
FOR...ENDFOR	按指定的次数重复执行一组命令
FREE TABLE	删除表中的数据库引用
FUNCTION	定义一个用户自定义函数
GATHER	将当前选定表中当前记录的数据替换为某个数组、内存变量组或对象中的数据
GETEXPR	显示表达式生成器对话框,从中可以创建表达式并把此表达式存储在内存变量或数组元素中
GO/GOTO	将记录指针移动到指定记录上
HELP	打开"帮助"窗口

命　　令	说　　明
HIDE MENU	隐藏一个或多个活动的用户定义菜单栏
HIDE POPUP	隐藏一个或多个用 DEFINE POPUP 定义的活动菜单
HIDE WINDOW	隐藏一个用户自定义窗口或 Visual FoxPro 系统窗口
IF…ENDIF	根据逻辑表达式值，有选择地执行一组命令
IMPORT	从外部文件导入数据，创建一个 Visual FoxPro 新表
INDEX	创建索引文件，利用该文件可以按某种逻辑顺序显示和访问表记录
INPUT	从键盘输入数据，送到一个内存变量或数组元素中。包含此命令是为了提供向后兼容性，可用文本框控制代替
INSERT	在当前表中插入一个新记录。包含此命令是为了提供向后兼容性，可使用 APPEND 或 INSERT-SQL 命令代替
INSERT-SQL	在表尾追加一个包含指定字段值得记录
JOIN	通过联接两个已有的表来创建一个新表。包含此命令是为了提供向后兼容性，可使用 SELECT-SQL 命令代替
KEYBOARD	把指定的字符表达式放置到键盘缓冲区
LABEL	根据表文件和标签定义文件打印标签
LIST	连续显示表或环境信息
LIST CONNECTIONS	连续显示有关当前数据库中命名联接的信息
LIST DATABASE	连续显示有关当前数据库的信息
LIST DLLS	连续显示有关 32 位 Windows DLL 函数的信息。DLL 函数可用 DECLARE-DLL
LISTOBJECTS	命令在 Visual FoxPro 中注册
LIST PROCEDURES	连续显示当前数据库存储过程的名称
LIST TABLES	连续显示包含在当前数据库中的所有表和表的信息
LIST VIEWS	连续显示当前数据库中有关 SQL 视图的信息
LOAD	把二进制文件、外部命令或外部函数放置在内存中。包含此变量是为了提供向后兼容性，可用 SET LIBRARY 代替
LOCAL	创建局部内存变量和内存变量数组
LOCATE	按顺序搜索表从而找到满足指定逻辑表达式的第一个记录
LPARAMETERS	将调用程序传入的数控赋给局部内存变量或数组
MD/MKDIR	在磁盘上创建一个新目录
MENU	建菜单系统。包含此命令是为了提供向后兼容性，可用菜单设计器创建菜单
MENU TO	激活菜单栏。包含此命令是为了提供向后兼容性，可用 Visual FoxPro 的菜单设计器来创建菜单
MODIFY CLASS	打开类设计器，让用户修改已有的类定义或创建新的类定义
MODIFY	打开一个编辑窗口，从中可以修改或创建程序文件
MODIFY CONNECTION	显示联接设计器，能够交互地修改当前数据库中已有的命令联接
MODIFY DATABASE	打开数据库设计器，能够交互地修改当前数据库
MODIFY FILE	打开编辑窗口，从中可以修该或创建文本文件

命　　令	说　　明
MODIFY FORM	打开表单设计器，从中可以修改或创建一个表单
MODIFY GENERAL	在编辑窗口打开当前记录中的通用字段
MODIFY LABEL	打开标签设计器，从中可以修改或创建一个标签
MODIFY MEMO	打开当前记录备注字段的编辑窗口
MODIFY MENU	打开菜单设计器，从中可以修改或创建菜单系统
MODIFY PROCEDURE	打开 Visual FoxPro 文本编辑器，可在其中当前数据库创建新的存储过程，或修改数据库已有的存储过程
MODIFY PROJECT	打开项目管理器，从中可以修改或创建一个项目文件
MODIFY QUERY	打开查询设计器，从中可以修改或创建一个查询
MODIFY REPORT	打开报表设计器，从中可以修改或创建一个报表
MODIFY SCREEN	打开表单设计器，从中可以修改或创建一个表单。包含此命令是为了提供向后兼容性
MODIFY STRUCTURE	显示表设计器，从中可以修表的结构
MODIFY VIEW	显示视图设计器，允许修改已存在的 SQL 视图
MODIFY WINDOW	修改用户自定义窗口或 Visual FoxPro 主窗口
MOUSE	单击、双击、移动或拖动鼠标
MOVE POPUP	把菜单移动到新位置，该菜单可以是 DEFINE POPUP 命令创建的用户自定义菜单，或者是 FoxPro for MS-DOS 系统菜单
MOVE WINDOW	把窗口移动到新的位置，该窗口可以是用 DEFINE WINDOW 命令创建的用户自定义窗口，或者是 Visual FoxPro 系统窗口
NOTE	在程序文件中指示注释行的开始，注释行不可执行
ON BAR	指定从菜单中选择特定菜单项时激活的菜单或菜单栏
ON ERROE	指定当前出现错误时执行的命令
ON ESCAPE	指定程序或命令运行过程中，按下【Esc】键时所执行的命令
ON EXIT BAR	指定离开一个指定菜单项时执行的命令
ON EXIT MENU	在离开指定菜单栏中任一菜单标题时执行一条命令
ON EXIT PAD	在离开指定菜单标题时执行一条命令
ON EXIT POPUP	在离开指定菜单中任一菜单项时执行一条命令
ON KEY	指定在程序运行过程中按下任一键时，所要执行的命令
ON KEY=	在离开指定菜单中任一菜单项执行一条命令
ON KEY LABEL	指定当按下特定键或组合键，或者单击鼠标按钮时所要执行的命令
ON PAD	指定菜单或菜单栏，当选择特定的菜单标题时激活它
ON PAGE	指定当报表中打印输出到达一定行数，或发出 EJECT PAGE 时，将执行命令
ON READERROR	指定响应数据输入错误执行的命令。包含此命令是为了提供向后兼容性，可用 Error 事件代码
ON SELECTION BAR	指定选择特定菜单项时应执行的命令
ON SELECTION　MENU	指定在菜单栏上选择任何菜单标题时执行的命令
ON SELECTION PAD	指定选择菜单栏上特定菜单标题时执行的命令

命　　令	说　　明
ON SELECTION POPUP	指定从特定菜单或所有菜单上选择任一菜单时所要执行的命令
ON SHUTDOW	指定当试图退出 Visual FoxPro、FoxPro for Windows、FoxPro for Macintosh、Microsoft Windows 或 Macintosh Finder 时所要执行的命令
OPEN DATABASE	打开一个数据库
PACK	从当前表中永久删除标有删除标记的记录,减少与该表相关的备注文件所占用的空间
PACK DATABASE	从当前数据库中删除标有删除标记的记录
PARAMETERS	返回传递给程序、过程或用户自定义函数的参数数目,这里的程序、过程或用户自定义函数是指最近调用的程序、过程或用户自定义函数
PLAY MACRO	执行一个键盘宏
POP KEY	恢复用 PUSH KEY 命令放入栈内的 ON KEY LABEL 指定键值
POP MENU	恢复用 PUSH MENU 命令压进堆栈的菜单栏定义
POP POPUP	恢复用 PUSH POPUP 命令压进堆栈的菜单定义
PRINTJOB… ENDPRINTJOB	激活打印作业中系统内存变量的设置
PRIVATE	在当前程序中隐藏指定的、在调用程序中定义的内存变量或数组
PROCEDURE	用在程序文件中标识一个过程的开始
PUBLIC	定义全局内存变量或数组
PUSH KEY	把所有的 ON KEY LABEL 命令设置压入内存中的一个堆栈
PUSH MENU	把一个菜单栏定义压进内存中的菜单栏定义堆栈
PUSH POPUP	把一个菜单定义压进内存中的菜单定义堆栈
RD/RMDIR	从磁盘上删除一个目录
READ	激活控制。包含此命令是为了提供向后兼容性,可用表单设计器代替
READ EVENTS	启动事件处理
READ MENU	激活一个菜单,包含此命令是为了提供向后兼容性。使用菜单设计器可以创建菜单
RECALL	恢复所选表中带有删除标记的记录
REGIONAL	创建区域内存变量和数组
REINDEX	重建打开的索引文件
RELEASE	从内存中删除内存变量和数组
RELEASE BAR	从内存中删除菜单上的指定菜单项或所有菜单项
RELEASE CLASSLIB	关闭包含定义类的.VCX 可视类库
RELEASE LIBRARY	从内存中删除一个外部的 API 库
RELEASE MENUS	从内存中删除用户自定义菜单栏
RELEASE	从内存中释放表单集或表单
RELEASE PAD	从内存中删除指定或所有的菜单标题
RELEASE POPUPS	从内存中删除指定或所有的菜单
RELEASE PROCEDURE	关闭用 SET PROCEDURE 命令打开的过程文件
RELEASE WINDOWS	从内存中释放用户自定义窗口或 Visual FoxPro 主窗口

续表

命　　令	说　　明
REMOVE CLASS	从.VCX 可视类库中删除一个类定义
REMOVE TABLE	从当前数据库中移去一个表
RENAME	把文件名称更改为一个新名称
RENAME CLASS	重命名.VXC 可视类库中一个类定义
Rename Connection	重命名当前数据库中的一个命名联接
RENAME TABLE	重命名当前数据库中的表
RENAME VIEW	重命名当前数据库中的 SQL 视图
REPLACE	更新表的记录内容
REPALCE FROM ARRAY	使用内存变量数组中的值更新字段内容
REPORT	根据 MODIFY REPORT 或 CREATE REPORT 创建的报表定义文件，显示或打印报表
RESTORE FROM	恢复保存在内存变量文件或备注字段中的内存变量和内存变量数组,并把它们放回到内存中
RESTORE MACROS	把保存在键盘宏文件或备注字段中的键盘宏恢复到内存中
RESTORE SCREEN	恢复先前保存在屏幕缓冲区、内存变量或数组元素中的 Visual FoxPro 主窗口或用户自定义窗口
RESTORE WINDOW	将保存在窗口文件或备注字段中的窗口定义和窗口恢复到内存中
RESUME	继续执行一个挂起的程序
RETRY	重新执行前面的命令
RETURN	将程序控制返回给调用程序
ROLLBACK	取消当前事务期间所做的任何修改
RUN	执行外部操作命令或程序
SAVE MACROS	把一组键盘宏保存到键盘宏文件或备注字段中
SAVE SCREEN	继续执行一个挂起的程序
SAVE TO	把 Visual FoxPro 主窗口或活动的用户自定义窗口的图像保存到屏幕缓冲区、内存变量或数组元素中
SAVE WINDOWS	把当前内存和数组保存到内存变量文件或备注字段中
SCAN...ENDSCAN	在当前选定的表中移动记录指针，并对每一个满足指定条件的记录执行一组命令
SCATTER	从当前记录中把记录数据复制到一组内存变量或数组中
SCROLL	向上、向下、向左或向右滚动 Visual FoxPro 主窗口或用户自定义窗口的一个区域
SEEK	SEEK 在一个表中搜索首次出现的一个记录，这个记录的索引关键字必须与制定的表达式匹配
SELECT	激活指定工作区
SELECT-SQL	从一个或多个表中检索数据
SET	打开查看窗口
SET ALTERNATE	将由？、？？、DISPLAY 和 LIST 命令创建的屏幕或打印输出定向到一个文本文件中
SET ANSI	确定 Visual FoxPro SQL 命令中如何用操作符 "：" 对不同长度字符串进行比较
SET ASSERTS	指定 ASSERT 命令是否被评估或忽略

续表

命　　令	说　　明
SET AUTOSAVE	当退出 READ 命令或返回到命令窗口时，决定 Visual FoxPro 是否把数据缓冲区中的数据保存到磁盘上
SET BELL	关掉或打开计算机铃声，并设置铃声属性
SET BLOCKSIZE	指定 Visual FoxPro 如何为保存备注字段分配磁盘空间
SET BRSTATUS	控制浏览窗口中状态的显示。包含此命令是为了提供向后兼容性
SET CARRY	决定使用 INSERT、APPEND 和 BROWSE 命令创建新记录时，是否将当前记录数据复制到新记录
SET CENTURY	决定是否显示日期表达式中的世纪部
SET CLASSLIB	打开包含类定义的.VCX 可视类库
SET CLEAR	决定发出 SETFORMAT 命令后是否清理 Visual FoxPro 主窗口。包含此命令是为了提供向后兼容性
SET CLOCK	决定 Visual FoxPro 是否显示系统时钟，也可以指定系统时钟在 Visual FoxPro 主窗中的位置
SET COLLATE	指定在后续索引和排序操作中，字符型字段的排序顺序
SET COLOR OF	指定用户自定义的菜单和窗口的颜色。包含此命令是为了提供向后兼容性。可用 SET COLOR OF CHEME 代替
SET COLOR OF SCHEME	指定配色方案的颜色或把一个配色方案复制到另一个配色方案
SET COLOR SET	装入先前已定义的颜色集合
SET COLOR TO	指定用户自定义的菜单和窗口的颜色。包含此命令是为了提供向后兼容性，可用 SET COLOR OF CHEME 代替
SET COMPATIBLE	控制与 FoxBASE+和其他 XBASE 语言的兼容性
SET CONFIRM	指定是否可以用在文本框中输入最后一个字符的方法退出文本框
SET CONSOLE	激活或废止从程序中向 Visual FoxPro 主窗口或活动的用户自定义窗口的输出
SET COVERAGE	确定打开或关闭代码覆盖，或指定输出代码覆盖信息的文本文件
SET CPCOMPILE	指定编译程序的代码页
SET CPDIALOG	指定打开表是否显示"代码页"对话框
SET CURRENCY	定义货币符号，并且指定货币符号的数值、货币、浮点和双精度表达式中的显示位置
SET CURSOR	确定在 Visual FoxPro 等输入时，是否插入
SET DATABASE	指定当前数据库
SET DATASESSION	激活指定的表单数据工作期
SET DATE	指定日期表达式和日期时间表达式的显示格式
SET DEBUG	决定能否从 Visual FoxPro 的菜单系统中打开调试窗口和跟踪窗口
SET DEBUGOUT	将调试信息输出到文件
SET DECIMALS	指定数值表达式中的小数点位数
SET DEFAULT	指定默认的驱动器、目录或文件夹
SET DELETED	指定 Visual FoxPro 是否处理标有删除标记的记录，以及其他命令是否可以操作它们
SET DELIMITERS	指定是否分隔文本框，包含此命令是为了提供向后兼容性

命　令	说　明
SET DEVELOPMENT	使 Visual FoxPro 在运行程序时，对目标文件的编译日期时间与程序的创建日期时间进行比较
SET DISPLAY	允许在支持不同显示方式的显示器上更改当前的显示方式
SET DOHISTORY	决定程序中的命令是否放在命令窗口或文本文件中
SET ECHO	为调试程序打开跟踪窗口
SET ESCAPE	决定是否可以通过按【Esc】键中断程序和命令的运行
SET EVENTLIST	指定在调试输出窗口中或用 SET EVENTTRACKING 设置的文件中要跟踪的事件
SET EVENTRACKING	打开或关闭对事件的跟踪，或指定输出事件跟踪信息的文本文件
SET EXACT	指定比较不同长度两个字符串时，Visual FoxPro 使用的规则
SET EXCLUSIVE	指定 Visual FoxPro 在网络上以独占方式还是共享方式打开表文件
SET FDOW	指定一周中的第一天
SET FILTER	指定访问当前表中记录时必须满足的条件
SET FIXED	指定在显示数值时小数位数是否固定
SET FORMAT	打开格式文件供 APPEND、CHANGE、EDIT 和 INSERT 使用。包含此命令是为了提供向后兼容性
SET FULLPATH	指定 CDX()、DBF()、MDX()和 NDX() 等函数是否返回文件名的路径
SET FWEEK	指定一年的第一周要满足的条件
SET HEADINGS	指定用 TYPE 显示文件内容时，是否显示字段的列标头，并指定是否包含文件信息
SET HELP	激活或废止 Visual FoxPro 联机帮助或指定的帮助文件
SET HELPFILTER	在帮助窗口中，让 Visual FoxPro 显示.DBF 样式帮助主题的子集
SET HOURS	将系统时间设置为 12 小时或 24 小时格式
SET INDEX	打开一个或多个索引文件，使当前表使用
SET KEY	根据索引关键字，指定访问记录的范围
SET KEYCOMP	控制 Visual FoxPro 的键击定位
SET LIBRARY	打开一个外部的 API（应用程序接口）库文件
SET LOCK	激活或废止在某些命令中的自动文件锁定
SET LOGERRPRS	决定 Visual FoxPro 是否编译错误信息送入文本文件
SET MACKEY	指定显示"宏键定义"对话框的单个键或组合键
SET MARGIN	设置打印的左页边距，对所有定向到打印机的输出结果都起作用
SET MARK OF	为菜单标题或菜单项指定标记字符，或指定显示/清除标记字符
SET MARK TO	指定显示日期表达式时所使用的分隔符
SET MEMOWIDTH	指定备注字段和字符表达式的显示宽度
SET MULTILOCKS	决定能否使用 LOCK()或 RLOCK()锁定多个记录
SET NEAR	FIND 或 SEEK 查找记录不成功时，确定记录指针停留的位置
SET NOCPTRANS	防止把已打开表中的选定字段转换到另一个代码页
SET NOTIFY	确定是否显示某种系统信息
SET NULL	确定 ATLTER TABLE、CREATE TABLE 和 INSERT-SQL 命令如何处理 null 值

命　　令	说　　明
SET NULLDISPLAY	为 null 指定显示的文本
SET ODOMETER	对处理记录的各命令指定记录计数器的报告间隔
SET OLEOBJECT	Visual FoxPro 找不到对象时，指定是否在 Windows Registry 中查找
SET OPTIMIZE	启用或废止 Rushmore 优化
SET ORDER	指定表的主控索引文件或标识
SET PALETTE	指定是否使用默认的调色板
SET PATH	指定查找文件的路径
SET PDSETUP	装入一个打印机驱动程序设置或清除当期打印机驱动程序设置
SET POINT	显示数值表达式或货币表达式时，确定所用小数点字符
SET PRINTER	启用/废止输出到打印机，或将结果输出达到文件、端口或网络打印机
SET PROCEDURE	打开过程文件
SET REFRESH	当网络上的其他用户修改记录时,确定是否更新浏览窗口或确定更新浏览窗口的频度
SET RELATION	在两个打开的表之间建立关系
SET RELATION OFF	解除当前选定工作区中父表与相关子表之间建立的关系
SET REPROCESS	指定一次锁定尝试不成功后，Visual FoxPro 对文件或记录再次尝试加锁的次数或时间
SET RESOURCE	更新资源文件或指定资源文件
SET SAFETY	决定改写已有文件之前是否显示对话框，或者决定当用表设计器或用 ALTER TABLE 命令对表结构进行修改后，是否重新计算表或字段规则、默认值以及错误信息
SET SECONDS	当显示日期时间值时，指定是否显示时间部分的秒
SET SEPARATOR	指定小数点左边每 3 个数字一组进行分隔的字符
SET SKIP	创建表与表之间的一对多关系
SET SKIP OF	启用或废止用户自定义菜单或 Visual FoxPro 系统菜单的菜单、菜单栏、菜单标题或菜单项
SET SPACE	使用? 或? ? 命令时，确定字段或表达式之间是否显示空格
SET STATUS	显示或移去基于字符的状态栏。包含此命令是为了提供向后兼容性
SET STATUS BAR	显示或删除图形状态栏。包含此命令是为了提供向后兼容性
SET STEP	为程序调试打开跟踪窗口并挂起程序
SET SYSFORMATS	指定是否当前 Windows 系统设置值更新 Visual FoxPro 系统设置
SET SYSMENU	在程序运行期间，启用或废止 Visual FoxPro 系统菜单栏，并对其重新配置
SET TALK	决定 Visual FoxPro 是否显示命令结果
SET TEXTMERGE	指定是否对文本合并分隔符括起的字段、内存变量、数组元素、函数或表达式进行计算，并允许指定文本合并输出
SET TOPIC	指定激活 Visual FoxPro 帮助系统时，要打开的帮助主题
SET TRBETWEEN	在跟踪出口的断点之间启用或废止跟踪
SET TYPEAHEAD	指定键盘缓冲区中可以存储的最大字符
SET UDFPARMS	Visual FoxPro 在向用户定义函数（UDF）传递参数时，指定为按值传递还是通过引用传递

命　　令	说　　明
SET UNIQUE	指定具有重复索引关键字的记录是否保留在索引文件中
SET VIEW	打开/关闭查看窗口，或者从一个视图文件中恢复 Visual FoxPro 环境
SHOW GET	重新显示指定到内存变量、数组元素或字段的控制。包含此命令是为了提供向后兼容性，可用 Refresh 方法代替
SHOW GETS	重新显示所有控件。包含此命令是为了提供向后兼容性，可用 Refresh 方法代替
SHOW MENU	显示一个或多个用户自定义菜单栏，但不激活它们
SHOW OBJECT	重新显示指定控件。包含此命令是为了提供向后兼容性，可用 Refresh 方法代替
SHOW POPUP	显示一个或多个用 DEFINE POPUP 定义的菜单，但不激活它们
SHOW WINDOW	显示一个或多个用户自定义窗口或 Visual FoxPro 系统窗口，但不激活它们
SIZE POPUP	更改用 DEFINE POPUP 命令创建的菜单大小
SIZE WINDOW	更改用 DEFINE POPUP 命令创建的菜单窗口大小，或者更改 Visual FoxPro 系统窗口的大小
SKIP	使记录指针在表中向前移动或向后移动
SORT	对当选定表进行排序，并将排过序的记录输出到新表中
SUM	对当前选定表的指针数值字段或全部数值字段进行求和
SUSPEND	使用 SUSOEND 可暂停程序的执行，并返回到 Visual FoxPro 的交互状态
TEXT…ENDTEXT	输出文本行、表达式和函数的结果及内存变量的内容
UNLOCK	对一个表中的单条记录、多条记录或者文件解锁，或者对所有打开的表解除所有记录锁和文件锁
UPDATE-SQL	以新值更新表中的记录
UPDATE	用其他表的数据更新当前选定工作区中打开的表。包含此命令是为了提供向后兼容性，可用 UPDATE-SQl 命令代替
VALIDATE DATABASE	保证当前数据库中表和索引位置的正确性
WAIT	显示信息并暂停 Visual FoxPro 的执行，按某个键或单击鼠标后继续执行
ZAP	从表删除所有记录，只留下表的结构
ZOOM WINDOW	更改用户自定义窗口或 Visual FoxPro 系统窗口的大小位置

Visual FoxPro 常用函数一览表

函　　数	说　　明
ABS()	返回指定数值表达式的绝对值
ACOPY()	把一个数组的元素复制到另一个数组中
ADATABASES()	将所有打开数据库的名称和路径放到内存变量数组中
AEDEL()	删除一维数组中的一个元素或删除二维数组的一行或一列
ADIR()	将文件信息存放到数组中，然后返回文件个数
AELEMENT()	由元素下标值返回数组元素的编号
AFIELDS()	把当前表的结构信息存放在一个数组中，并且返回表的字段数
AFONT()	将可用字体的信息放到一个数组中
AINS()	往一维数组中插入一个元素，或往二维数组中插入一行或一列
ALEN()	返回数组中元素/行或列的数目
ALIAS()	指定与临时对象相关的每个表或视图的别名
ALLTRIM()	删除指定字符表达式的前后空格符，并且返回删除空格符后的字符串
AMEMBERS()	将一个对象的属性名、过程名和成员对象存入内存变量数组
APRINTERS()	将安装在 Windows 打印管理器中的打印机名称存入内存变量数组中
ASC()	返回字符表达式中最左边字符的 ANSI 值
ASCAN()	在数组中搜索与一个表达式具有相同数据和数据类型的元素
ASELOBJ()	把活动"表单设计器"中当前选定控制的对象引用存入内存变量数组
ASIN()	返回数值表达式的反正弦弧度值
ASORT()	按升序或降序对数中的元素排序
ASUBSCRIPT()	根据元素编号返回元素的行和列下标值
AT()	返回一个字符表达式或备注字段在另一个字符表达式或备注字段中首次出现的位置，从最左边开始计数
ATC()	返回一个字符表达式或备注字段在另一个字符表达式或备注字段中首次出现的位置，此函数不区分字符大小写
ATCC()	返回一个字符表达式或备注字段在另一个字符表达式或备注字段中首次出现的位置，不区分两个表达式的大小写
ATCLINE()	返回一个字符表达式或备注字段在另一个字符表达式或备注字段中第一次出现的行号，不区分字符大小写

续表

函　　数	说　　明
ATLINE()	返回一个字符表达式或备注字段在另一个字符表达式或备注字段中首次出现的行号。从第一个行开始计算
AUSED()	将一个数值工作期中的表别名和工作区存入内存变量数组
BAR()	返回最近一次选择的菜单项的编号。该菜单项在 DEFINE POPUP 命令定义的菜单上，或是一个 Visual FoxPro 菜单
BARPROMPT()	返回菜单项的文本
BETWEEN()	判断一个表达式的值是否在另外两个相同数据类型的表达式的值之间
BINTOC()	将一个整数转换为二进制字符表示法
BITAND()	返回两个数值型数值在按位进行 AND 运算后的结果
BITCLEAR()	清除一个数值来型数值的指定位（将此位设置成 0），并返回结果值
BITLSHIFT()	返回一个数值型数值向左移动给定位后的结果
BINOT()	返回一个数值型数值按位进行 NOT 运算的结果
BITOR()	返回两个数值型数值按位进行 OR 运算的结果
BITRSHIFT()	返回一个数值型数值向右移动指定位后的结果
BITSET()	将一个数值型数值的某一个位置设置为 1 并返回结果
BITXOR()	返回两个数值型数值按位进行异或运算的结果
BOF()	确定当前记录指针是否在表头
CANDIDATE()	如果索引标识是候选索引标识，则返回 i"真"（T）；否则，返回"假"（F）
CAPSLOCK()	返回 CAPS LOCK 键的当前状态，或把 CAPS LOCK 键状态设置为"开"或"关"
Caption	指定在对象标题中显示的文本
CDOW()	从给定日期或日期时间表达式中返回星期值
CDX()	根据指定的索引位置编号，返回打开的复合索引（.CDX）文件名称
CEILING()	返回大于或等于指定数值表达式的最小整数
CHR()	根据指定的 ANSI 数值代码返回其对应的字符
CHRSAW()	确定一个字符是否出现在键盘缓冲区中
CHRTRAN()`	在一个字符表达式中，把与第二个表达式字符相匹配的字符替换为第三个表达式中相应的字符
CHRTRANC()	将第一个字符表达式中与第二个表达式的字符相匹配的字符替换为第三个表达式中相应的字符
CMONTH()	返回给定日期或日期时间表达式的月份名称
CNTBAR()	返回用户自定义菜单或 Visual FoxPro 系统菜单上菜单项的数目
CNTPAD()	返回用户自定义菜单栏或 Visual FoxPro 系统菜单栏上菜单标题的数目
COL()	返回光标当前所在的列号
COMPOBJ()	比较两个对象的属性。若两者的属性和属性值相同则返回为"真"（.T.）
COS()	返回数值表达式的余弦值
CPCONVERT()	把字符、备注字段或字符表达式转换到其他代码页

函　　数	说　　明
CPDBF()	返回一个打开表所使用的代码页
CREATEOBJECT()	从类定义或支持 OLE 的应用程序中创建对象
CREATEOFFLINE()	使一个存在的视离线
CTOT()	从字符表达式返回一个日期时间值
CURDIR()	返回当前目录或文件夹
CURSORGETPROP()	返回 Visual FoxPro 表或临时表的当前属性设置
CURSORSETPROP()	指定 Visual FoxPro 表或临时表的属性设置
CURVAL()	从磁盘上的表或远程数据源中直接返回字段值
DATE()	返回由操作系统控制的当前系统日期
DATETIME()	以日期时间值返回当前的时期和时间
DAY()	以数值型返回给定日期表达式或日期时间表达式是某月中的第几天
DBC()	返回当前数据库的名称和路径
DBF()	返回指定工作区中打开的表名，或根据表别名返回表名
DBGETPROP()	返回当前数据库的属性，或者返回当前数据库中字段、命名联接、表或视图的属性
DBSETPROP()	给当前数据库或当前数据库中字段、命名联接、表或视图设置一属性
DBUSED()	当前指定的数据库已达开时，返回"真"（.T.）
DELETED()	返回一个表名当前记录是否标有删除标记的逻辑值
DESCENDING()	返回一个逻辑值，该值表明是否用 DESCENDING 关键字创建了一个索引标识，或是否在 USE、SET INDEX 或 SET ORDER 中包含 DESCENDING 关键字
DIFFERENCE()	返回 0~4 间的一个整数，表示两个字符表达式间的相对语音差别
DISKSPACE()	返回默认磁盘驱动器上可用的字节数
DAY()	从一个日期型或日期时间型表达式返回一个"日_月_年"格式的字符表达式（例如，31 May 1995）。月名不缩写
DODEFAULT()	从一个子类中执行同名的父类事件或方法
DOW()	从日期表达式或日期时间表达式返回该日期是一周的第几天
DROPOFFLINE()	取消对离线视的所有改变
DTOC	由日期或日期时间表达式返回字符型日期
DTOR()	将度转换为弧度
DTOS()	从指定日期或日期时间表达式中返回 yyyymmdd 格式的字符的字符串日
DTOT()	从日期型表达式返回日期时间型值
EMPTY()	确定表达式是否为空值
EOF()	确定记录指针位置是否超出当前表或指定表中的最后一个记录
ERROR()	返回触发 ON ERROR 例程的错误编号
EVALUATE()	计算字符表达式的值并返回结果
EXP()	返回 e^x 的值，期中 x 是某个给定的数值型表达式
FCLOSE()	刷新并关闭低级文件函数打开的文件或通信端口
FCOUNT()	返回表中的字段数目

续表

函　　数	说　　明
FCREATE()	创建并打开一个低级文件
FDATE()	返回文件最近一次修改的日期
FEOF()	判断文件指针的位置是否在文件尾部
FERROR()	返回与最近一次低级文件函数错误相对应的编号
FFLUSH()	刷新低级函数打开的文件内容，并将它写入磁盘
FIELD()	根据编号返回表中的字段名
FILE()	如果在磁盘上找到指定的文件，则返回"真"（.T.）
FILTER()	返回 SET FILTER 命令中指定的表筛选表达式
FKLABEL()	根据功能键对应的编号，返回该功能键的名称（F1，F2，F3…）
FKMAX()	返回键盘上可编程功能键或该组合功能键的数目
FLDLST()	对于 SET FIELDS 命令指定的字段列表，返回期中的字段和计算结果字段表达式
FLOCK()	尝试锁定当前表或指定表
FLOOR()	对于给定的数值型表达式值，返回小于或等于它的最大整数
FONTMETRIC()	返回当前操作系统已安装字体的属性
FOPEN()	打开文件或通信端口，供低级文件函数使用
FOR()	返回一个已打开的单项索引文件或索引标识的索引筛选表达式
FOUND()	如果 CONTINUE、FIND、LOCATE 或 SEEK 命令执行，函数的返回值为"真"（.T.）
FPUTS()	向低级文件函数打开的文件或通信端口写入字符串、回车符及换行符
FREAD()	从低级文件函数打开的文件或通信端口返回指定数目的字符
FSEEK()	在低级文件函数打开的文件中移动文件指针
FSIZE()	以字节为单位，返回指定字段或文件的大小
FTIME()	返回最近一次修改文件的时间
FULLPATH()	返回指定文件的路径或相对于另一文件的路径
FV()	返回一笔金融投资的未来值
FWRITE()	向低级文件函数打开的文件或通信端口写入字符串
GETBAR()	返回用 DEFINE POPUP 命令定义的菜单或 Visual FoxPro 系统菜单上某个菜单项的编号
GETCOLOR()	显示 Windows 的"颜色"对话框，并返回选定颜色的颜色编号
GETCP()	显示"代码页"对话框，提示输入码页，然后返回选定代码页的编号
GETDIR()	显示"选择目录"对话框，从中可以选择目录或文件夹
GETENV()	返回指定的 MS-DOS 环境变量的内容
GETFILE()	显示"打开"对话框，并返回指定文件的名称
GETFLDSATE()	返回一个数值，表明表或临时表中的字段是否已被编辑，或是否有追加的记录，或者指明当前记录的删除状态是否已更改
GETFONT()	显示"字体"对话框，并返回所选字体的名称
GETNEXTMODIFIED()	返回一个记录号，对应于缓冲或临时表中下一个被修改的记录
GETOBJECT()	激活 OLE 自动化对象，并创建此对象的引用
GETPAD()	返回菜单栏给定位置上的菜单标题

函　　　数	说　　　明
GETPEM()	返回事件或方法的属性值或程序代码
GETPICT()	显示"打开"对话框，并返回选定图片文件的文件名
GOMONTH()	对于给定的日期表达式或日期时间表达式，返回指定月份数目以前的日期
HEADER()	返回当前或指定表文件的表头所占的字节数
HOME()	返回启动 Visual FoxPro 的目录名
HOUR()	返回日期时间表达式的小时部分
IDXCOLLATE()	返回索引或索引标识的排序序列
IIF()	根据逻辑表达式的值，返回两个值中的某一个
IMESTATUS()	打开或关闭 IME（输入编辑器）窗口或者返回当前的 IME 状态
INDBC()	如果指定的数据库对象在当前数据库中，则返回"真"；否则返回"假"
INKEY()	返回一个编号，该编号对应于键盘缓冲区中第一个鼠标单击或按键操作
INLIST()	判断一个表达式是否与一组表达式中的某一个相匹配
INSMODE()	返回当前的插入方式，或者把插入方式设置成 ON 或 OFF
INT()	计算一个数值表达式的值，并返回其整数部分
ISALPHA()	判断字符表达式的最左边一个字符是否为字母
ISBLANK()	判断表达式是否为空值
ISCOLOR()	判断当前计算机能否显示彩色
ISDIGIT()	判断字符表达式的最左边一个字符是否为数字（0~9）
ISEXCLUSIVE()	如果一个表或数据库是以独占方式打开的，则返回为"真"；否则返回"假"
ISFLOCKED()	返回表的锁定状态
ISLEADBYTE()	如果字符表达式第一个字符的第一个字节是前导字节，则返回"真"（.T.）
ISLOWER()	判断字符表达式最左边的字符是否为小写字母
ISMOUSE()	如果所用计算机具有鼠标，则返回"真"（.T.）
ISNULL()	如果一个表达式的计算结果为 null 值，则返回"真"；否则返回"假"
ISREADONLY()	判断是否以只读方式打开表
ISRLOCKED()	返回记录的锁定状态
ISUPPER()	判断字符表达式的第一字符是否为大写字母（A~Z）
KEY()	返回索引标识或索引文件的索引关键字表达式
KEYMATCH()	在索引标识或索引文件中搜索一索引关键字
LASTKEY()	返回最近一次按键所对应的整数
LEFT()	从字符表达式最左边一个字符开始返回指定数目的字符
LEFTC()	返回字符表达式中指定数目的字符，从最左边的字符开始计数
LEN()	返回字符表达式中字符的数目
LENC()	返回字符表达式或备注字段中字符的数目
LIKE()	确定一字符表达式是否与另一个字符表达式相匹配
LIKEC()	决定一个字符表达式是否与另一个字符表达式相匹配

续表

函　　数	说　　明
LOADPICTURE()	为位图、图标或 Windows 的图元文件创建对象引用
LOCFILE()	在磁盘上定位文件并返回带有路径的文件名
LOCK()	尝试锁定数值表中一个或更多的记录
LOG()	返回给定数值表达式的自然对数（底数为 e）
LOG10()	返回给定数值表达式的常用对数（以 10 为底）
LOOKUP()	在表中搜索字段值与指定表达式匹配的第一个记录
LOWER()	以小写字母形式返回指定的字符表达式
LTRIM()	删除指定的字符表达式的前导空格，然后返回得到的表达式
LUPDATE()	返回一个表最近一次更新的日期
MAX()	对几个表达式求值，并返回具有最大值的表达式
MCOL	返回鼠标指针在 Visual FoxPro 主窗口或用户自定义窗口中的列位置
MDX()	根据指定的索引编号返回打开的 .CDX 复合索引文件名
MDY()	以"月-日-年"格式返回指定日期或日期时间表达式其中月份名不缩写
MEMLINES()	返回备注字段中的行数
MEMORY()	返回可供外部程序运行的内存的大小
MENU()	以大写字符串形式返回活动菜单栏的名称
MESSAGE()	以字符串形式返回当前错误信息，或者返回导致这个错误的程序行内容
MESSAGEBOX()	显示一个用户自定义对话框
MIN()	计算一组表达式，并返回具有最小值的表达式
MINUTE()	返回日期时间型表达式中的分钟部分
MLINE()	以字符串形式返回备注字段中的指定行
MOD()	用一个数值表达式去除另一个数值表达式，返回余数
MONTH()	返回给定日期或日期时间表达式的月份值
MRKBAR()	确定是否已标记用户自定义菜单或 Visual FoxPro 系统菜单中的一个菜单项
MRKPAD()	确定是否已标记了用户自定义菜单或 Visual FoxPro 系统菜单中的一个菜单标题
MROW()	返回 Visual FoxPro 主窗口或用户自定义窗口中鼠标指针的行位置
MTON()	由一个货币型表达式返回一个数值型值
MWINDOW()()	返回鼠标指针所在的窗口名称
NDX()	返回为当前表或指定表打开的某一索引（.IDX）文件的名称
NORMALIZE()	把用户通过的字符表达式转换为可与 Visual FoxPro 函数返回值比较的格式
NTOM()	由一个数值表达式返回含有 4 位小数的货币值
NUMLOCK()	返回 Num Lock 键的当前状态，或者设置 Num Lock 键的状态为开或关
NVL()	从两个表达式返回一个非 null 值
OBJTOCLIENT()	返回一个控制或对象相对于表单的位置或尺寸
OCCURS()	返回一个字符表达式在另一个字符表达式中出现的次数
OEMTOANSI()	将字符表达式中的每个字符转换成 ANSI 字符集中的相应字符。包含此函数是为了提供向后兼容性

函　　数	说　　明
OLDVAL()	返回字段的初始值，该字段值已被修改但还未更新
ON()	返回为下列事件处理命令指定的命令：ON APLABOUT、ON ERROR　ON ESCAPE、ON KEY、ON KEY LABEL 、ON MACHELP 、ON PAGE
ORDER()	返回运行当前表或指定表的主控索引文件或标识
OS()	返回运行当前 Visual FoxPro 的操作系统的名称和版本号
PAD()	以大写字符串形式返回在菜单中最近选取的菜单标题
PADL()/PADR()/PADC()	由一个表达式返回一个字符串，并从左边、右边或同时从两边用空格或字符把该字符串填充到指定长度
PARAMETERS()	返回传递给程序/过程或用户自定义函数的参数数目，这里的程序、过程或用户自定义函数是指最近调用的程序、过程或用户自定义函数
PAYMENT()	返回固定利息贷款按期兑付的每一笔支出数量
PCOL()	返回打印机打印头的当前位置
PCOUNT()	对当前的程序、过程或用户自定义函数返回一串函数
PEMSTATUS()	返回一个属性、事件或方法的状态
PI()	返回数值常数 π
POPUP()	以字符串形式返回菜单名（一个逻辑值），该值指出是否定义了一个菜单
PRIMARY()	如果索引标识为主索引标识，就返回"真"（.T.）；否则返回"假"（.F.）
PRINTSTATUS()	如果打印机后打印设备已联机，则返回"真"（.T.）；否则返回"假"（.F.）
PRMBAR()	返回一个菜单项的文本
PRMPAD()	返回一个菜单标题的文本
PROGRAM()	返回当前正在执行的程序的名称，或者错误发生时所执行的程序的名称
PROMPT()	返回菜单栏中选定的菜单标题，或者菜单中选定菜单项的文本
PROPER()	从字符表达式中返回一个字符串，字符串中的每个字母大写
PROW()	返回打印机打印头的当前行号
PRTINFO()	返回当前的打印机设置
PUTFILE()	激活"另存为"对话框，并返回指定的文件名
PV()	返回某次投资的现值
RAND()	返回一个 0～1 之间的随机数
RATLINE()	返回一个字符表达式或备注字段在另一个字符表达式或备注字段中最后出现的行号，从最后一行开始计数
RDLEVEL()	返回当前 READ 命令的嵌套层数。包含此函数是为了提供向后兼容性，可用表单设计器代替
RECCOUNT()	返回当前或指定表中的记录数目
RECNO()	返回当前表或指定表中的当前记录号
RECSIZE()	返回表中记录的大小（宽度）
REFRESH()	在可更新的 SQL 视图中刷新数据
RELATION()	返回为给定工作区中打开的表所指定的关系表达式
REPLICATE()	返回一个字符串是将指定字符表达式重复指定次数后得到的

函　数	说　明
REQUERY()	为远程 SQL 视图再次检索数据
RGB()	根据一组红、绿、蓝颜色成分返回一个单一的颜色值
RGBSCHEME()	返回指定配色方案中的 RGB 颜色对或 RGB 颜色对列表
RIGHT()	从一个字符串的最右边开始返回指定数目的字符
RIGHTC()	从一个字符串中返回最右边指定数目的字符
RLCOK()	尝试给一个或多个表记录加锁
ROUND()	返回圆整到指定小数位数的数值表达式
ROW()	返回光标的当前位置
RTOD()	将弧度转化为度
RTRIM()	删除了字符表达式后续空格后，返回结果字符串
SAVEPICTURE()	用来创建图片对象引用的位图（BMP）文件
SCHEME()	返回指定配色方案中的颜色对列表或单个颜色对
SCOLS()	返回 Visual FoxPro 主窗口中可用列数
SEC()	返回日期时间型表达式中的秒钟部分
SECONDS()	以秒为单位返回自午夜以来经过的时间
SEEK()	在一个已建立索引的表中搜索一个记录的第一次出现位置，该记录的索引关键字与指定表达式相匹配。SEEK（）函数返回一个逻辑值，指示搜索是否成功
SELECT()	返回当前工作区编号或未使用工作区的最大编号
SET()	返回各种 SET 命令的状态
SETFLDSTATE()	为表或临时表中的字段或记录指定字段状态或删除状态值
SIGN()	当指定数值表达式的值为正、负、或 0 时，分别返回 1、–1 或 0
SIN()	返回一个角度的正弦值
SKPBAR()	确定是否可以用 SET SKIP OF 命令启用或废止一个菜单项
SKPPAD()	确定是否可以用 SET SKIP OF 命令启用或废止一个菜单标题
SOUNDEX()	返回指定的字符表达式的语音表示
SPACE()	返回由指定数目的空格构成的字符串
SQLCANCEL()	请求取消一条正在执行的 SQL 语句
SQLCOLUMNS()	把指定数据源表的列名和关于每列的信息存储到一 Visual FoxPro 临时表中
SQLCOMMIT()	提交一个事务
SQLCONNECT()	建立一个指向数据源的联接
SQLDISCONNECT()	终止与数据源的联接
SQLEXEC()	将一条 SQL 语句送入数据源中处理
SQLGETPROP()	返回一个活动的当前设置或默认设置
SQLMORERESULTS()	如果存在多个结果集和，则将另一个结果集合复制到 Visual FoxPro 临时表中
SQLPREPARE()	准备从 SQLEXEC()函数孤立执行的一个 SQL 状态
SQLROLLBACK()	取消当前事务处理期间所做的任何更改
SQLESETPROP()	指定一个活动联接的设置

续表

函　　数	说　　明
SQLSTRINGCONNECT()	使用一个联接字符串建立和数据源的联接
SQLTABLES()	把数据源中的表名存储到 Visual FoxPro 临时表中
SQRT()	返回指定设置表达式的平方根
SROWS()	返回 Visual FoxPro 主窗口中可用的行数
STR()	返回与指定数值表达式对应的字符
STRCONV()	返回指定表达式转换成另一种形式
STRTRAN()	在第一个字符表达式或备注字段中，搜索第二个字符表达式或备注字段，并用第三个字符表达式或备注字段替换每次出现的第二个字符表达式或备注字段
STUFF()	返回一个字符串，此字符串是通过用另一个字符表达式替换现有字符表达式中指定数目的字符得到的
STUFFC()	返回一个字符串，此字符串是通过另一个字符表达式替换现有字符表达式中指定数目的字符得到的
SYSMETRIC()	放弃返回操作系统屏幕元素的大小。放弃返回操作系统屏幕元素的大小
TABLEREVERT()	对缓冲行、缓冲表或临时表的修改，并且回复远程临时表 OLDVAL() 数据以及本地表和临时表的当前磁盘数值
TABLEUPDATE()	执行对缓冲行、缓冲表或临时表的修改
TAG()	返回打开的.CDX 多项复合索引文件的标识名，或者返回打开的.IDX 单项索引文件的文件名
TAGCOUNT()	返回复合索引文件（.CDX）标识以及打开的单项索引文件（.IDX）的数目。包含此函数是为了提供与 dBASE 的兼容性
TAGNO()	返回复合索引文件（.CDX）标识以及打开的单项索引（.IDX）文件的索引位置。包含此函数是为了提供与 dBASE 的兼容性
TARGET()	返回一个表的别名，该表示 SET RELATION 命令的 INTO 字句所指定关系的目标
TIME()	以 24 小时制、8 位字符串（时：分：秒）格式返回当前系统时间
TRANSFORM()	由字符表达式或数值表达式返回字符串，其格式由@...SAY 可以使用的 PICTURE 或 FUNCTION 代码确定
TRIM()	返回删除全部后缀空格后的指定字符表达式
TTOC()	从日期时间表达式中返回一个字符值
TTOD()	从日期时间表达式中返回一个日期值
TXNLEVEL()	返回一个表明当前事务级别的数值
TYPE()	计算字符表达式，并返回其内容的数据类型
UNIQUE()	当指定的索引标识或索引文件使用 UNIQUE 关键字或 SET UNIQUE ON 命令创建时，返回"真"（.T.）；否则，返回"假"（.F.）
UPDATED()	如果在当前 READ 期间交互地更改了数据，该函数返回"真"（.T.）。包含此函数是为了提供向后兼容性。可用 InteractiveChange 或 ProgrammaticChange 事件代替
	用大写字母返回指定的字符表达式
USED()	确定是否在指定工作区中打开了一个表
VAL()	由数字组成表达式返回数字值
VARREAD()	以大写字母返回用来创建当前控制的内存变量、数组元素或字段的名称。包含此函数是为了提供向后兼容性。可用 ControlSource 或 Name 属性代替

续表

函　　数	说　　明
VERSION()	返回一个字符串，该字符串包含了正在使用的 Visual FoxPro 版本号
WBORDER()	确定活动窗口或指定窗口是否有边框
WCHLD()	返回父窗口中子窗口的数目，或者按照子窗口在父窗口中排放的顺序返回子窗口的名称
WCOLS()	返回活动窗口或指定窗口的列数
WEEK()	从日期表达式或日期时间表达式中返回代表一年中第几周的数值
WEXIST()	确定所指定的用户自定义窗口是否存在
WFONT()	返回 Visual FoxPro、FoxPro for Windows 和 FoxPro for Macintosh 中窗口当前字体的名称、大小或字形
WLAST()	返回在当前窗口之前活动的窗口的名称，或者确定指定窗口在当前窗口之前是否是活动的
WLCOL()	返回活动窗口或指定窗口左上角的列坐标
WLROW()	返回活动窗口或指定窗口左上角的行坐标
WMAXIMUM()	确定活动窗口或指定窗口是否最大化
WMINIMUM()	确定活动窗口或指定窗口是否最小化
WONTOP()	确定活动窗口或指定窗口是否在所有其他窗口之前
WordWrap()	在调整 AutoSize 属性为真（.T.）的标签控制大小时，指定是否在垂直方向或水平方向放大该控制，以容纳 Caption 属性指定的文本
WOUTPUT()	确定输出是否定向到活动窗口或指定窗口
WPARENT()	返回活动窗口或指定窗口的父窗名
WREAD()	返回活动窗口或指定窗口的父窗名
WROWS()	返回活动窗口或指定窗口的行数
WTITLE()	返回活动窗口或指定窗口的标题
WVISIBLE()	确定指定窗口是否激活并且没有隐藏
YEAR()	从指定的日期表达式或日期时间表达式中返回年份

参 考 文 献

[1] 刘卫国. 数据库基础与应用教程[M]. 北京：北京邮电大学出版社，2006.

[2] 萨师煊，王珊. 数据库系统概论[M]. 3 版. 北京：高等教育出版社，2000.

[3] 石树刚，郑振梅. 关系数据库[M]. 北京：清华大学出版社，1993.

[4] 邓洪涛. 数据库系统及其应用（Visual FoxPro）[M]. 北京：清华大学出版社，2004.

[5] 朱珍. Visual FoxPro 数据库程序设计[M]. 北京：中国铁道出版社，2008.

[6] 魏茂林. 数据库应用技术 Visual FoxPro6.0[M]. 北京：电子工业出版社，2004.

[7] 余文芳. Visual FoxPro 程序设计教程[M]. 北京：人民邮电出版社，2009.

[8] 高怡新. Visual FoxPro 程序设计[M]. 北京：人民邮电出版社，2006.

[9] 王利. 二级教程：Visual FoxPro 程序设计[M]. 北京：高等教育出版社，2001.

[10] 史济民. Visual FoxPro 及其应用系统开发[M]. 北京：清华大学出版社，2002.